Ehrmann
Kompakt-Training
Strategische Planung

Sie finden uns im Internet unter: www.kiehl.de

Kompakt-Training
Praktische Betriebswirtschaft

Herausgeber Prof. Dipl.-Kfm. Klaus Olfert

Kompakt-Training

Strategische Planung

von

Prof. Dr. Harald Ehrmann

Herausgeber:

Prof. Dipl.-Kfm. Klaus Olfert
Hochschule für Technik, Wirtschaft und Kultur Leipzig
Fachbereich Wirtschaftswissenschaften
Postfach 66, 04251 Leipzig

ISBN 13: 978 3 470 **54741** 1 · 2006

ISBN 10: 3 470 **54741** 6 · 2006

Druck: Druckpartner Rübelmann, Hemsbach – wa

Kompakt-Training
Praktische Betriebswirtschaft

Das *Kompakt-Training Praktische Betriebswirtschaft* ist aus der Notwendigkeit entstanden, dass Wissen immer häufiger unter erheblichem Zeit- und Erfolgsdruck erworben oder reaktiviert werden muss. Den vielfältigen betriebswirtschaftlichen Fakten und Zusammenhängen, die aufzunehmen sind, stehen eng begrenzte Zeitbudgets gegenüber.

Die vorliegende Fachbuchreihe ist darauf ausgerichtet, die Leser darin zu unterstützen, rasch und fundiert in die verschiedenen betriebswirtschaftlichen Themenbereiche einzudringen sowie diese aufzufrischen. Sie eignet sich in besonderer Weise für:

❑ Studierende an Fachhochschulen, Akademien und Universitäten
❑ Fortzubildende an öffentlichen und privaten Bildungsinstitutionen
❑ Fach- und Führungskräfte in Unternehmen und sonstigen Organisationen.

Das *Kompakt-Training Praktische Betriebswirtschaft* ist auch zum Selbststudium sehr gut geeignet, nicht zuletzt wegen seiner herausragenden Gestaltungsmerkmale. Jeder einzelne Band der Fachbuchreihe zeichnet sich u. a. aus durch:

❑ Kompakte und praxisbezogene Darstellung
❑ Systematischen und lernfreundlichen Aufbau
❑ Viele einprägsame Beispiele, Tabellen, Abbildungen
❑ 50 praxisbezogene Übungen mit Lösungen
❑ MiniLex mit 150 - 200 Stichworten.

Für Anregungen, die der weiteren Verbesserung dieses Lernkonzeptes dienen, bin ich dankbar.

Prof. Klaus Olfert

Vorwort

Die sich permanent verändernde Umwelt macht das Geschehen in den Unternehmen immer komplexer und komplizierter. Die technische Entwicklung, der Konkurrenzdruck aus dem Inland und Ausland, zunehmende Käufermacht und verschiedene andere wirtschaftliche, politische und rechtliche Einflüsse zwingen die Unternehmen ständig zu vorausschauendem Agieren und Reagieren.

Ein überlegtes, zielgerichtetes Vorgehen bei Kenntnis der eigenen Möglichkeiten und der Bedingungen der Umwelt ist Voraussetzung für erfolgreiche Unternehmenstätigkeit. Die zu treffenden Entscheidungen müssen gut vorbereitet werden, d. h. das künftige Handeln muss gedanklich systematisch gestaltet werden; dies ist Aufgabe der Unternehmensplanung.

Die Planung darf sich nicht auf das operative Geschäft beschränken, sondern sie muss ihr Augenmerk in besonderem Maße auf Grundsatzentscheidungen zur Sicherung des langfristigen Erfolges des Unternehmens richten. Das Erkennen, Gestalten und Erschließen der Erfolgspotenziale eines Unternehmens, die Feststellung, wie das Unternehmen seine gegenwärtigen und potenziellen Stärken einzusetzen hat, um den Herausforderungen der Umwelt optimal zu begegnen, führt zur Bildung von Strategien. Der Prozess ihrer Entwicklung und Implementierung ist Gegenstand der strategischen Planung.

Dieses Buch wendet sich an Studierende und Praktiker gleichermaßen. Es will die Bedeutung der strategischen Planung für Lehre und Praxis durch die Behandlung ihrer wichtigsten Bereiche darstellen.

Die Ausführungen gehen von der Darstellung der Grundlagen der Planung, ihren Voraussetzungen, Aufgaben, Arten und den verwendeten Instrumenten und Entscheidungshilfen aus. Es schließen sich umfangreiche Ausführungen über die strategische Analyse, die Analyse von Umwelt und Unternehmen an. Diese ist der Ausgangspunkt der strategischen Planung und wird von zahlreichen Fachleuten als ihr wichtigster Teil angesehen.

Der Entwicklung der Strategien wird breiter Raum gewidmet. Neben der Beschreibung wichtiger Strategien wird der Prozess der Alternativensuche, der Bewertung von Strategien und der Entscheidung dargestellt.

Die Implementierung der Strategien ist in den Unternehmen häufig mit dem gleichen Aufwand verbunden wie mit deren Entwicklung; dieser Tatsache trägt ein wichtiger Buchabschnitt Rechnung. Auf die „Balanced Scorecard", die bei der Strategierealisierung eine wichtige Rolle spielen kann, wird dabei intensiv eingegangen.

Den Abschluss des Buches bildet die Darstellung der strategischen Kontrolle, eines Bereichs, der sowohl in der Praxis als auch in der Literatur manchmal stiefmütterlich behandelt wird. Das Kapitel umfasst neben der Schilderung der Aufgaben der strategischen Kontrolle die Beschreibung ihrer Bausteine und des strategischen Kontrollsystems.

Bielefeld/Bad Ischl, im Juli 2006

Prof. Dr. Harald Ehrmann

Inhaltsverzeichnis

A. Grundlagen

Die Planung im Unternehmen zählt zu den wichtigsten Führungsinstrumenten; sie zu vernachlässigen bedeutet die Gefahr, das Betriebsgeschchen in seiner Komplexität und Kompliziertheit nicht erfolgreich zu steuern.

Ihre Grundlagen sollen im Folgenden behandelt werden. Im Einzelnen ist einzugehen auf:

Grundlagen	Bedeutung der Planung für das Unternehmen
	Begriffliche Abgrenzungen
	Planarten
	Planungssysteme
	Planungsträger
	Grundlagen der strategischen Planung

1. Bedeutung der Planung für das Unternehmen

Die Planung stellt eine Hauptfunktion der Unternehmensführung dar, sie bedeutet antizipatives Entscheiden.

Sie trägt dazu bei, wichtige Ziele zu erreichen und wichtige Maßnahmen zu ergreifen, Erwartungen und Einstellungen zu bilden und zu überprüfen; sie veranlasst zu agieren und zu reagieren.

Folgende Punkte dokumentieren im Einzelnen die Bedeutung der Planung für das Unternehmen:

❑ Die Planung ist ein vorausschauender Lernprozess zur geistigen Durchdringung von Ereignissen und Zusammenhängen

❑ Die Planung hilft beim Erkennen und Strukturieren von Problemen

❑ Die Planung zwingt zu wirtschaftlichem Denken und sachlichem Vorgehen

❑ Die Planung trägt zu kreativem Denken bei

❑ Die Planung veranlasst neben dem Denken in Zeitabschnitten zu längerfristigem Denken und zum Erkennen von Horizonten

❑ Die Planung fördert problemorientiertes und problemlösungsorientiertes Vorgehen

❑ Die Planung fördert Kommunikation auf allen Hierarchieebenen

❑ Die Planung zwingt zum Überdenken von ad-hoc-Entscheidungen

❑ Die Planung ist an Soll-Ist-Vergleiche gebunden und schafft damit Kontrollmöglichkeiten

❑ Die Planung zwingt zum schnellen Reagieren auf sich ändernde Situationen.

2. Begriffliche Abgrenzungen

Im Folgenden sollen diese Begriffe erläutert werden:

- **Planung**
- **Plan**
- **Ziele**
- **Strategien**
- **Maßnahmen**.

2.1 Planung

Planung ist der Entwurf einer Ordnung, nach der sich das betriebliche Geschehen in der Zukunft vollziehen soll *(Gutenberg)*. Sie ist das gedankliche, sytematische Gestalten des zukünftigen Handelns. *Kreikebaum* sieht in der Planung die kollektive Tätigkeit in Organisationen, die zum gegenwärtigen Zeitpunkt eine Entscheidung vorbereitet und unter verschiedenen Handlungsmöglichkeiten eine Alternative auswählt. Die Planungsart bestimmt die Struktur des Planungssystems und den Ablauf des Planungsprozesses.

2.2 Plan

Der Plan ist das Objekt bzw. das Resultat der Planung und ist unabhängig von einer bestimmten Form. Er kann konventionell in schriftlicher Form ausgedrückt oder auf einer Diskette gespeichert werden, nach strengen Regeln aufgebaut oder formfrei gestaltet werden. Selbst ein lediglich „im Kopf" festgehaltenes Planungsergebnis stellt einen Plan dar.

2.3 Ziele

Eine Unternehmensplanung kann nicht ohne Vorgaben der Unternehmensleitung und Rahmenbedingungen, die von dieser gesetzt werden, vorgenommen werden. Inhaltlich werden diese durch die Ziele verkörpert.

Ziele beschreiben zukünftige Zustände, die das Unternehmen anstrebt. Mit ihnen erhalten die im Unternehmen tätigen Personen eine Orientierung sowie die Grundlagen für ihr Handeln *(Olfert / Pischulti)*.

Diese Ziele sind zum einen die übergeordneten Ziele in Form der obersten grundsätzlichen Ziele und der strategischen Ziele und zum anderen die operationalisierten Ziele. Auf beide Gruppen wird in den folgenden Kapiteln eingegangen, wobei den für die strategische Planung relevanten Zielarten ein Vorrang eingeräumt wird.

Befasst man sich mit der Zielsuche und Zielfindung, sind folgende Bereiche zu berücksichtigen:

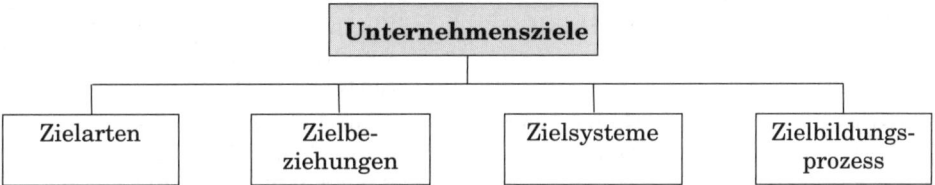

2.3.1 Zielarten

Zunächst wird ein Überblick über die Zielarten gegeben und anschließend auf die für die strategische Planung wichtigsten Ziele eingegangen.

Einteilungskriterien	Ziele	Charakteristika
Gewichtung	**Hauptziele**	Gegenüber anderen Zielen wird ihnen ein höherer Rang zugewiesen. Sie spielen in der Grundsatzplanung und in der strategischen Planung eine wichtige Rolle.
	Nebenziele	Sie werden in einer Rangordnung niedriger eingestuft. Nebenziele haben nur geringe grundsätzliche Bedeutung.

Hierarchische Beziehung	**Oberziele**	Sie stehen in keiner Konkurrenzbeziehung zu den Unterzielen und sind Ausgangspunkt von Zielhierarchien (Zielsystemen).
	Unterziele	Sie werden aus den Oberzielen abgeleitet und stellen Handlungsanweisungen dar.
Messbarkeit	**Quantitative Ziele**	Sie werden in Geld- oder Mengengrößen ausgedrückt.
	Qualitative Ziele	Sie können nicht oder nur schwer in Zählgrößen gemessen werden und können sowohl ökonomische als auch außer- bzw. vorökonomische Ziele sein.
Formalisierungsgrad	**Formalziele**	Sie erstrecken sich auf die Art und Weise des betrieblichen Handelns und nicht direkt auf den Leistungserstellungsprozess.
	Sachziele	Sie stehen im Dienste der Realisierung der Formalziele und stellen Leistungsziele dar.
Fristigkeit	**Kurzfristige Ziele**	Je nach Auffassung erstrecken sie sich auf einen Zeitraum von einem halben Jahr bis zu einem Jahr.
	Mittelfristige Ziele	Sie umfassen einen Zeitraum bis zu fünf Jahren.
	Langfristige Ziele	Sie reichen über fünf Jahre hinaus und spielen vor allem in der strategischen Planung eine Rolle.
Elemente eines Planungssystems	**Strategische Ziele**	Sie sind im Zusammenhang mit der strategischen Planung zu sehen. Sie sind zum einen Unternehmensziele, die Auswirkungen auf das ganze Unternehmen haben und zum anderen Geschäftsbereichsziele sowie Funktionsbereichsziele. Unternehmensziele sind eher qualitativ als quantitativ.
	Operationale Ziele	Sie konkretisieren die strategischen Ziele und tragen zu deren Erreichen bei. Sie haben Auswirkungen auf einzelne Unternehmensbereiche und sind kurz- bzw. mittelfristig angelegt. Operationale Ziele haben quantitative Inhalte. Die Zielbildung erfolgt auf den Ebenen unterhalb des Top Managements.

Darüber hinaus sind weitere Unterscheidungskriterien denkbar. So lassen sich Ziele auch nach betroffenen Interessengruppen einteilen, wie z. B. nach

- Anteilseignern
- dem Management
- Mitarbeitern
- Staat und Gesellschaft u. Ä.

Die für die **strategische Planung relevanten Ziele** sind

- die obersten grundsätzlichen Ziele
- die strategischen Ziele (vgl. Kap. D. 2),

wobei letzteren besondere Bedeutung zufällt.

Strategische Ziele sind ein angestrebter, künftiger Zustand der Realität, den ein Unternehmen auf der Basis der in der Situationsanalyse (Umwelt- und Unternehmensanalyse) ermittelten internen und externen Rahmenbedingungen definiert *(Nieschlag / Dichtl / Hörschgen).*

Die strategischen Ziele konkretisieren und präzisieren die sich in den Unternehmensgrundsätzen äußernde Unternehmenskultur und die Unternehmensvision (vgl. Kap. D. 1).

Sie werden zunächst als Unternehmensziele gebildet, werden aber in deren Ableitung auch als Geschäftsbereichs- und Funktionsbereichsziele formuliert.

Die **strategischen Unternehmensziele** haben folgende Merkmale:

❏ ihre Formulierung erfolgt durch die oberste Unternehmensleitung
❏ sie haben Langfristcharakter
❏ sie betreffen das ganze Unternehmen
❏ sie sind mehr qualitativ als quantitativ ausgerichtet
❏ sie sollen nach neuerer Auffassung im Unternehmen publiziert werden.

In der strategischen Planung spielt seit einigen Jahren die Planung von Produkt- und Marktzielen eine immer größere Rolle. Diese Ziele werden als besonders erstrebenswert angesehen, um ein oberstes grundsätzliches Ziel, die Rentabilitätsmaximierung zu erreichen.

Die nicht einheitliche Auffassung des Begriffs strategische Ziele hat *Kreikebaum* veranlasst, ein eigenes interessantes Konzept zu entwickeln. Er nimmt eine Aufspaltung der Ziele in **Zielinhalt** und **Zielausmaß** vor und verwendet den Begriff **Absichten**.

Die folgende Darstellung verdeutlicht die Zusammenhänge:

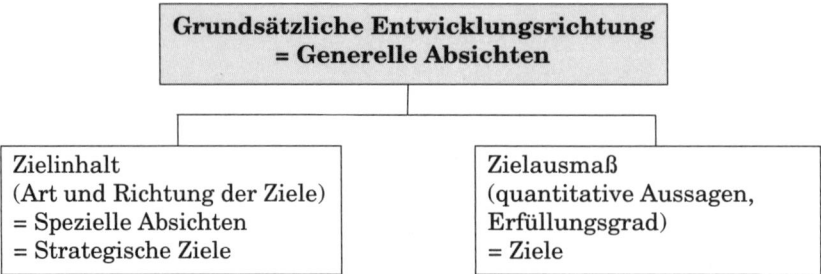

Generelle Absichten sind die obersten grundsätzlichen Ziele, die Unternehmensgrundsätze und Verhaltensnormen eines Unternehmens, während **spezielle Absichten** die qualitativen Aussagen über die Art und Richtung der Ziele darstellen. Die quantitativen Aussagen über das Zielausmaß (Erfüllungsgrad) werden als die **eigentlichen Ziele** betrachtet. Sie sind quantifizierte operationale Ziele.

Die speziellen Absichten, also die Zielinhalte stellen übergeordnete Ziele dar, in denen *Kreikebaum* die strategischen Ziele sieht.

Beispiel für ein Unternehmensziel:

Grundsätzliche Entwicklungsrichtung	Zielinhalt = strategisches Ziel	Zielausmaß
Wahrung der finanziellen Unabhängigkeit	Verminderung des Fremdkapitalanteils	Verbesserung der Relation EK : FK von 1 : 3 auf 1 : 2

2.3.2 Zielbeziehungen

Die meisten Ziele sind keine isolierten Ziele, sondern stehen in bestimmten Beziehungen zu anderen Zielen. Das Erreichen eines Zieles tangiert die Erfüllung eines anderen Zieles.

Zielbeziehungen ergeben sich aus (vgl. Kap. A. 2.3.1)

❑ der **unterschiedlichen Zielgewichtung**. Man unterscheidet Haupt- und Nebenziele

❑ der **hierarchischen Beziehung**. Man erhält Oberziele und Unterziele

❑ der **Beziehung der Ziele** zueinander. Daraus ergeben sich komplementäre Ziele, konkurrierende Ziele und indifferente Ziele.

Bei den **komplementären Zielen** bewirkt die Erfüllung eines Zieles auch das Erreichen eines anderen, während bei **konkurrierenden Zielen** das Erreichen eines Zieles das Erreichen des anderen Zieles verhindert. Bei den selten anzutreffenden **indifferenten Zielen** hat das Erreichen eines Zieles keine Auswirkungen auf das Erfüllen eines anderen Zieles.

2.3.3 Zielsysteme

Zielsysteme stellen eine Definition und Ordnung von Zielen dar.

Unternehmen haben eine oberste Zielsetzung, deren Erfüllung unter Berücksichtigung weiterer Ziele angestrebt wird, sodass ein Zielbündel entsteht, das als Zielsystem bezeichnet werden kann.

Je größer und komplexer ein Unternehmen ist, umso mehr Ziele ergeben sich und umso klarer müssen sie formuliert und geordnet werden.

Ein Zielsystem ist hierarchisch aufgebaut „um die Kompatibilität von Vor- und Hauptzielen zu sichern" *(Bramsemann)*. Es kann als eine Pyramide dargestellt werden. An deren Spitze erscheinen die Wertvorstellungen des Unternehmens. Aus ihnen ergibt sich auf der nächsten Stufe der eigentliche Unternehmenszweck, aus dem sich die konkreten Unternehmensziele ableiten lassen. Diese sind Orientierungsgrößen für die nachfolgenden Bereichs-, Aktionsfeld- und Instrumentalziele.

Die hierarchische Struktur der Ziele führt von Stufe zu Stufe zu einer Vermehrung, aber auch zu einer Konkretisierung der Ziele.

Die folgende Darstellung gibt eine Zielpyramide wieder *(Becker)*:

Häufig werden Ziele in Form von Kennzahlen ausgedrückt. Das Zielsystem hat dann die Form einer **Kennzahlenpyramide** (vgl. Kap. C. 2.6).

2.3.4 Zielbildungsprozess

Der Zielbildungsprozess zeigt den Weg von der Zielsuche bis zur Zielkontrolle auf. Er ist im Wesentlichen ein **Suchprozess**, der eine Vielzahl von Informationen benötigt.

Schwierigkeiten können sich ergeben, wenn an der Zielbildung verschiedene Mitarbeiter unterschiedlicher hierarchischer Stufen mit unterschiedlichen Zielvorstellungen beteiligt sind. Dies erfordert weitgehende Abstimmungshandlungen.

Der Zielbildungsprozess läuft in folgenden Stufen ab *(Diller)*:

1.	Zielsuche
2.	Operationalisierung der Ziele
3	Zielanalyse und Zielordnung
4.	Prüfung auf Realisierbarkeit
5.	Zielentscheidung (Selektion)
6.	Durchsetzung der Ziele
7.	Zielüberprüfung und -revision

Bei der Zielbildung ist neben dem Zielinhalt und dem Zielausmaß auch der Zeitbezug zu berücksichtigen.

2.4 Strategien

Der Begriff Strategie ergibt sich aus dem griechischen Wort „strategos" = Heerführer. Als Strategie bezeichnet man die Kunst der Heerführung, die geschickte Kampfplanung. Die militärische Strategie spielte im 19. Jahrhundert eine wichtige Rolle und steht in Verbindung mit dem Namen *von Clausewitz*.

Die Betriebswirtschaftslehre machte sich den Begriff zu eigen und verwendete ihn in erster Linie im Bereich der Planung.

Der Begriff Strategie wird heute recht unterschiedlich verwendet, sodass es einer Definition bedarf:

> Strategien zu entwickeln, bedeutet im betriebswirtschaftlichen Sinne Grund-
> satzentscheidungen zur Sicherung des langfristigen Erfolges eines Unterneh-
> mens zu treffen.

Kreikebaum sieht in den Unternehmensstrategien den Ausdruck, wie ein Unternehmen seine vorhandenen und potenziellen Stärken einsetzt, um Veränderungen
der Umweltbedingungen zielgerichtet zu begegnen. Strategien deuten die Richtung
an, in die sich ein Unternehmen entwickelt. Für *Nieschlag / Dichtl / Hörschgen* sind
Strategien mittel- bis langfristig wirkende Grundsatzentscheidungen mit Instru-
mentalcharakter.

Aus der Natur der Strategien ergibt sich, dass ihre Bildung Aufgabe des **obersten
Managements** ist.

Nicht selten werden die **Unterschiede** zwischen den **Zielen** und **Strategien** nicht
eindeutig herausgestellt. Es ist deshalb angebracht, die beiden Begriffe einander
gegenüberzustellen.

Strategien	Es handelt sich um langfristige Entscheidungen mit Grundsatz-charakter. Mit ihnen wird der notwendige Handlungsrahmen bzw. die Route festgelegt, um sicherzustellen, dass alle operativen Instrumente zielführend eingesetzt werden *(Becker)*. Strategien beantworten die Frage, **wie** gelangen wir dahin.
Ziele	Sie sind der angestrebte künftige Zustand. Sie stellen Orien-tierungs- bzw. Richtgrößen für unternehmerisches Handeln dar *(Nieschlag / Dichtl / Hörschgen)*. Ziele sind Wunschorte oder Wunschzustände. Sie beantworten die Frage nach dem **was** und **wohin**.

Ausführlicher werden die Strategien in Kap. D. 1 - 6 dargestellt.

2.5 Maßnahmen

Während Strategien gedankliche Beiträge zur Realisierung der Absichten der Unternehmensleitung darstellen, dienen die Maßnahmen dem konkreten Vollzug der
Strategien. Sie tragen dazu bei, die angepeilten Ziele zu quantifizieren. Die Planung
von Maßnahmen erstreckt sich sowohl auf Aktivitäten als auch auf Termine.

Neben den **Routinemaßnahmen**, die für die strategische Planung keine Rolle
spielen, unterscheidet man noch **Sondermaßnahmen** als:

• **Primäre Maßnahmen** mit unmittelbaren Auswirkungen auf den Erfolg

• **Sekundäre Maßnahmen**, die kostenneutral oder kostenverursachend sein
  können und die primären Maßnahmen unterstützen oder erst ermöglichen (z. B.
  Einführung der Planung im Unternehmen).

3. Planarten

Die Planung umfasst das gesamte Betriebsgeschehen und erfüllt dabei unterschiedliche Aufgaben. Demnach kommen auch unterschiedliche Planarten zum Einsatz.

Die folgende Übersicht gibt einen Überblick über die wichtigsten Planarten.

Einteilungs-kriterium	Planarten	Beschreibung
Zeitraum	**Langfristige Planung**	Sie erstreckt sich auf Zeiträume über fünf Jahre.
	Mittelfristige Planung	Sie umfasst Zeiträume von ca. zwei bis fünf Jahren.
	Kurzfristige Planung	Sie ist eine Planung bis zu einem Jahr.
Hierarchisches Überordnungsverhältnis der Planungsstufen	**Strategische Planung**	Sie umfasst die Faktoren, Quellen und Tätigkeiten des Unternehmens, aus denen Erfolge resultieren. Die strategische Planung legt die Strategien für bestimmte Geschäftsfelder für die nächsten fünf bis 10 Jahre fest. Die erkennbaren und erkannten Erfolgspotenziale werden in eine geeignete Form gebracht und quantifiziert. Die strategische Planung erfolgt auf der obersten Leitungsebene.
	Operative Planung	Sie wird aus der strategischen Planung abgeleitet und steht im Dienste der Realisierung der geplanten Strategien. Die operative Planung ist eine detaillierte Planung. Sie erfolgt auf der Führungsebene der Geschäftsbereiche und erstreckt sich in der Regel auf einen Zeitraum bis etwa fünf Jahre.
	Taktische Planung	Sie ist eine weit aufgegliederte und exakte Planung und legt die Aktionsprogramme bzw. Teilaktionen für die einzelnen Funktionsbereiche fest. Die taktische Planung erfolgt auf der untersten hierarchischen Planungsstufe im Monatsrhythmus.

		Die Literatur sieht die operative und die taktische Planung uneinheitlich. Autoren wie *Hammer* und *Olfert* ordnen die operative Planung der untersten Planungsebene zu, andere wie *Bramsemann*, *Ehrmann*, *Koch* siedeln die taktische Planung dort an.
Integrationsgrad	**Integrierte Gesamtplanung**	Die Planung aller Unternehmensbereiche erfolgt unter völliger gegenseitiger Abstimmung in sachlicher und zeitlicher Hinsicht.
	Nichtintegrierte Teilplanung	Die einzelnen Unternehmensbereiche werden relativ isoliert geplant.
Datensituation	**Planung unter Sicherheit**	Die benötigten Daten sind bekannt und eindeutig.
	Planung unter Unsicherheit	Mehrere Datensituationen sind denkbar, die die Planer berücksichtigen müssen. Mehrere Situationen sind durch entsprechende Planungsmethoden zu berücksichtigen.
Inhalt	**Grundsatzplanung Zielplanung Strategieplanung Maßnahmenplanung**	Der Planungsinhalt bestimmt die Vorgehensweisen.
Bereich	**Beschaffungsplanung Lagerplanung Produktionsplanung Absatzplanung Finanzplanung Kostenplanung Ergebnisplanung Bilanzplanung usw.**	Planung einzelner Bereiche, jedoch nicht unabhängig von der Planung anderer Bereiche.

4. Planungssysteme

Die einzelnen Planarten, die Beziehung der Pläne untereinander und die Planungsträger machen das Planungssystem aus. Es ist die Ordnung der sich bei der Ausübung der Planungsfunktionen ergebenden Haupttätigkeiten der Situationsanalyse, der Ziel-, Strategie- und Maßnahmenfestlegung.

5. Planungsträger

Planungsträger sind Personen und Instanzen, denen Planungsaufgaben zugeordnet werden. Die Art der Planung und die organisatorische Struktur des Unternehmens bestimmen in erster Linie den Einsatz der Planungsträger.

Als Planungsträger kommen infrage:

❑ einzelne Funktionsträger
❑ übergeordnete Funktionseinheiten
❑ Bereichsleitungen
❑ zentrale Planungsstellen, einschließlich Planungsstäbe
❑ Controller
❑ Planungsteams
❑ Ausschüsse und Kommissionen
❑ Planungsinstanzen von Unternehmenszusammenschlüssen
❑ externe Stellen (z. B. Unternehmensberater, Wirtschaftsprüfer).

> ⓪①   In einem mittelständischen Unternehmen der Schuhproduktion werden Überlegungen über eine Neuordnung der Unternehmensplanung angestellt.
>
> Wirken Sie bei diesen Überlegungen mit, indem Sie klarstellen,
>
> ❑ welche Planungsträger für die Planungen infrage kommen, wenn man die hierarchischen Überordnungsverhältnisse zu Grunde legt,
>
> ❑ was jeweils Gegenstand der Planung ist.

Seite
211

6. Grundlagen der strategischen Planung

In diesem Kapitel werden die Grundlagen der strategischen Planung behandelt, wobei auf folgende Bereiche einzugehen ist:

6.1 Strategische Unternehmensführung

Lange Zeit dominierte in der Unternehmensführung der operative Bereich, das Tagesgeschäft war vielfach Hauptgegenstand der Managementaufgaben. Diese Sichtweise der Unternehmensführung ist in sehr vielen Unternehmen überwunden, prinzipielle und innovative Denk- und Vorgehensweisen bilden den Kern der Führungsarbeit.

Die strategische Unternehmensführung lässt sich als ein Führungskonzept beschreiben, das die Steuerung und Koordination zukünftiger Entwicklungen des Unternehmens als wichtiges Ziel hat und bei der zwar primär doch nicht ausschließlich rational-ökonomische Überlegungen vorherrschen aber auch das soziologische und soziale Umfeld eine wesentliche Rolle spielt (vgl. *Zerres*).

Die strategische Unternehmensführung umfasst das vorausschauende Gestalten, Erkennen und Erschließen der zukünftigen Erfolgspotenziale eines Unternehmens. Ihre schriftliche Formulierung und Konkretisierung erfolgt in der strategischen Planung. Damit bildet die strategische Unternehmensführung die Basis der strategischen Planung.

Die strategische Unternehmensführung kann als Ausgangspunkt der zahlreichen „modernen" Managementsysteme angesehen werden. Diese haben alle das Erkennen und Nutzen der Erfolgspotenziale als Aufgabe.

6.2 Vision

Die Vision ist ein Ausgangspunkt der strategischen Planung. Jedes kreative Unternehmen hat Visionen. Sie sind die Wunschvorstellungen der Unternehmen, die vielfach noch recht vagen obersten Ziele, die noch der Konkretisierung bedürfen. Visionen können ein Antrieb zum Handeln sein.

6.3 Unternehmenskultur

Die Unternehmenskultur wird gelegentlich mit der Vision gleichgesetzt, was sich nicht rechtfertigen lässt. Sie ist das innere Wesen eines Unternehmens, seine unverwechselbare Persönlichkeit. Die Unternehmenskultur ergibt sich aus der Geschichte des Unternehmens, den Umwelteinflüssen und aus den Einstellungen der Führungspersönlichkeiten.

Die Basis der Unternehmenskultur stellt die **Unternehmensphilosophie** dar, sie ist das Wertesystem des Unternehmens, an dem sich das unternehmerische Denken und Handeln ausrichtet.

6.4 Unternehmensgrundsätze

Die Unternehmenskultur und die Unternehmensphilosophie weisen einen hohen Abstraktionsgrad aus und sind schwer oder überhaupt nicht messbar. Durch die Unternehmensgrundsätze kann eine Konkretisierung erreicht werden.

Die Unternehmensgrundsätze sind „die Gesamtheit der Grundprinzipien, die den Maßnahmen zur Erreichung der Unternehmensziele gemeinsam zu Grunde liegen" *(Koch)*. Sie sagen aus, was man sich „vorgenommen" hat.

Unternehmensgrundsätze definieren prinzipielle Wertvorstellungen des Unternehmens mit Verbindlichkeitscharakter. Sie lassen sich wie folgt strukturieren:

❑ Stellung in der Gesellschaft
❑ Einstellung gegenüber Mitarbeitern
❑ Verhalten gegenüber Kunden
❑ Verhalten gegenüber Lieferanten
❑ Umweltgrundsätze
❑ Einstellungen gegenüber der Konkurrenz
❑ Entscheidungsgrundsätze.

02 ▷ Formulieren Sie eine Vision

a) für ein Kaufhaus
b) für einen Hersteller von elektrischen Haushaltsgeräten

und stellen Sie heraus, worauf wichtige Unternehmensgrundsätze im Hinblick auf die Einstellung gegenüber Mitarbeitern gerichtet sein können.
Seite 211

6.5 Umweltbedingungen

Die Planung hat sich an den Umweltbedingungen auszurichten; zu berücksichtigen sind

❑ die gesetzlichen Umweltbedingungen
❑ die politischen Umweltbedingungen
❑ die gesellschaftlichen Umweltbedingungen
❑ die gesamtwirtschaftlichen Bedingungen
❑ die ökologischen Umweltbedingungen
❑ die technologischen Umweltbedingungen (vgl. Kap. C. 1).

6.6 Eigenes Potenzial

Bei der Planung von Strategien darf das eigene Potenzial auf keinen Fall vernachlässigt werden. Aus diesem Grund müssen intensive Analysen der gegenwärtigen Unternehmenssituation und wegen des Zukunftsbezuges der Strategien auch der erwarteten Situation vorgenommen werden.

Hauptsächlich sind folgende Analysen durchzuführen:

❑ Potenzialanalyse
❑ Stärken-Schwächenanalyse
❑ Chancen-Risikenanalyse
❑ Portfolio-Analyse
❑ Kennzahlen-Analyse

worauf in Kapitel C. 2. noch einzugehen ist.

03   Erläutern Sie, was unter den in diesem Kapitel behandelten Begriffen zu verstehen ist!

❑ Planung	❑ Strategien
❑ Plan	❑ Maßnahmen
❑ Ziele	❑ Strategische Planung
❑ Zielbeziehungen	❑ Operative Planung
❑ Zielsysteme	❑ Taktische Planung
❑ Hauptziele	❑ Planungsträger
❑ Nebenziele	❑ Vision
❑ Unterziele	❑ Unternehmenskultur
❑ Oberziele	❑ Unternehmensgrundsätze

Seite 211

B. Ausgangspunkte der strategischen Planung

Bevor in einem Unternehmen die strategische Planung in Angriff genommen wird, sind einige wichtige Vorarbeiten zu leisten. Diese reichen von der Vorbereitung der Mitarbeiter auf ihre neuen Aufgaben über die Informationsbeschaffung bis zur Abgrenzung der Strategischen Geschäftseinheiten. Diese Ausgangspunkte der strategischen Planung sind im Einzelnen:

Ausgangspunkte der strategischen Planung	Vorbereitung der Mitarbeiter
	Schaffung von Zugriffsmöglichkeiten auf Informationen
	Festlegung der Vorgehensweise
	Instrumente und Entscheidungshilfen
	Bildung Strategischer Geschäftseinheiten

1. Vorbereitung der Mitarbeiter

Es herrscht Einigkeit darüber, dass die strategische Planung die Aufgabe der Unternehmensleitung ist, was aber nicht ausschließt, dass eine Reihe von Mitarbeitern daran beteiligt ist.

Ihre Mitwirkung erstreckt sich dabei nicht nur auf die Zuarbeitung, etwa in Form der Informationsbeschaffung und Informationsaufbereitung oder von arbeitstechnischer Unterstützung, sondern auch auf eine Beteiligung an Planungsaufgaben. Wie weit diese reicht, hängt von der Unternehmensgröße, von unternehmensindividuellen Gegebenheiten und vor allem von der Auffassung über die strategische Planung ab.

Wird nämlich die Auffassung vertreten, die strategische Planung sei identisch mit dem Fällen strategischer Entscheidungen, ist die Unternehmensleitung alleiniger Planungsträger. Wird diese Meinung nicht vertreten, werden Teilaufgaben der strategischen Planung auf andere Stellen übertragen. Infrage kommen dabei Geschäftsbereichsleiter und Funktionsbereichsleiter, u. U. unter Mitwirkung der folgenden Instanz (Hammer).

Die Vorbereitung der Mitarbeiter erstreckt sich auf:

❏ die Auswahl der Beteiligten
❏ die Aufgabenverteilung und Koordination
❏ die Informationsbeschaffung

❑ den sachlichen Ablauf
❑ den zeitlichen Ablauf
❑ den Einsatz von Entscheidungshilfen und Instrumenten.

Die erforderlichen Aufklärungs- und Vorbereitungsaufgaben können von entsprechend erfahrenen Mitgliedern der Unternehmensleitung, qualifizierten Mitarbeitern mit hervorgehobenem Status oder von externen Stellen (Unternehmensberater, Wirtschaftsprüfer) vorgenommen werden. Die Federführung und Verantwortung liegt auf jeden Fall beim Top Management.

2. Schaffung von Zugriffsmöglichkeiten auf Informationen

Ausreichende und relevante Informationen sind die Grundlage jeder Planung, deshalb ist es unumgänglich, dass die Planungsträger jederzeit Zugriff auf die von ihnen benötigten Informationen haben. Dieser ist gewährleistet, wenn im Unternehmen ein funktionierendes Informationswesen mit den in diesem Kapitel beschriebenen Aufgabenbereichen existiert oder geschaffen wird.

Es werden dargestellt:

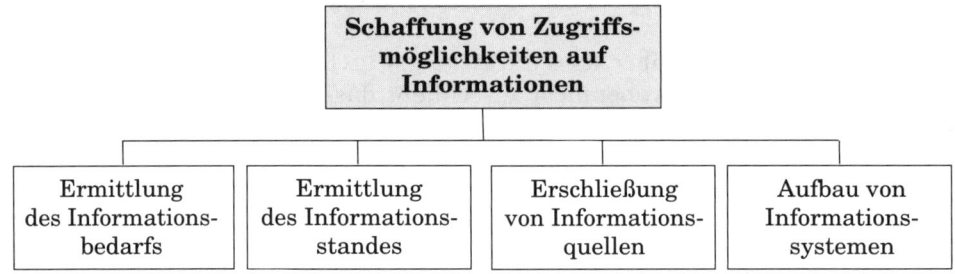

2.1 Ermittlung des Informationsbedarfs

Vor Beginn der Planung müssen die Planungsträger Klarheit darüber haben, welche Informationsmengen für ihre Aufgabe objektiv relevant sind. Oft besteht zwischen diesem und einem subjektiv empfundenen Bedarf Diskrepanz. Aus diesem Grund empfiehlt es sich, den vom Planer geäußerten Informationsbedarf von Personen, die die Aufgabengebiete zwar gut kennen, jedoch eine neutrale Stellung einnehmen, überprüfen zu lassen. Dafür infrage kommen Controller. Diesen wird in einigen Unternehmen die Informationsbedarfsermittlung übertragen.

Zur Feststellung des Informationsbedarfs kann man von **zwei Ansätzen** ausgehen *(Heinzelbecker)*:

Datenorien- tierter Ansatz	Bereits existierende Aufgabenbeschreibungen, Organisationsplä- ne u. Ä. werden ergänzt durch die Analyse von Beobachtungen von Arbeitsabläufen, Datenflüssen, Interviews und schriftlichen Befragungen. Diese werden komplettiert durch **empirisch-sta- tistische Methoden** der quantitativen Ermittlung, wie ○ Hochrechnungen ○ Rückrechnungen ○ Extrapolationen.
Entscheidungs- orientierter Ansatz	Hierbei handelt es sich um eine **deduktive** Vorgehensweise. Die Planer sind in der Lage, den exakten Informationsbedarf zu erkennen und zu äußern. In einer Aufgabenanalyse werden Teilaufgaben zerlegt, bis man diesen bestimmte Informationen zuordnen kann. Diese wiederum werden aufgrund gewonnener Erfahrungen oder Expertenurteile bzw. von Modellvorstellungen deduktiv abgeleitet.

In der Unternehmenspraxis werden normalerweise beide **Ansätze kombiniert**. Die Aufgabenanalyse wird mit der Befragung der mittleren und internen Füh- rungsebenen mithilfe von Informationskatalogen und der obersten Führungsebene durch Interviews (z. B. Methode der kritischen Erfolgsfaktoren) verknüpft. Diese Vorgehensweise bietet annähernd die Gewähr für eine vollständige und richtige Ermittlung des Informationsbedarfs.

2.2 Ermittlung des Informationsstandes

In enger Beziehung zur Ermittlung des Informationsbedarfs steht die Feststellung des Informationsstandes. In der Regel wird sich bereits bei der Informationsbe- darfsermittlung herausstellen, welche benötigten Informationen bereits vorhanden sind. Lässt sich der Informationsstand bei der Bedarfsermittlung nicht feststellen, sind zusätzliche Erhebungen durch Befragungen in schriftlicher und mündlicher Form erforderlich.

Bewährt haben sich **Checklisten** etwa mit folgendem Inhalt:

❑ Welche benötigten externen und internen Informationen werden regelmäßig (zu welchen Zeitpunkten?), welche nur sporadisch gewonnen?

❑ Sind die Informationen vollkommen, wenn nicht, worauf bezieht sich die Unvoll- kommenheit?

❑ Erfüllen die vorhandenen Informationen ihren Zweck?

❑ Sind die Informationen präzise?

❑ Sind die Informationen zuverlässig und richtig?

❑ Sind die Informationen bereits entscheidungsrelevant?

❑ Sind die Informationen ohne weiteres auswertbar?

❑ Müssen die Informationen durch Translation oder Transformation noch verändert werden?

❑ Liegen nicht auswertbare Informationen vor?

❑ Liegen überflüssige Informationen vor?

❑ Welche Informationen sind zu teuer?

❑ Bei welchen Informationen ist der Beschaffungsweg zu lang?

❑ Unterliegen bestimmte Informationen der Geheimhaltung?

❑ Sind die Informationen mit dem Informationsbedarf anderer Bereiche abgestimmt?

04 ⟩ Stellen Sie bitte kurz dar, welche Gefahren sich ergeben können, bei
a) einer falschen Informationsstandsermittlung
b) einer falschen Informationsbedarfsermittlung.   Seite 211 ⟩

2.3 Erschließung von Informationsquellen

Die Ermittlung des Informationsstandes und des Informationsbedarfs vermittelt bereits einen Überblick über die Informationsquellen. Als Informationsquellen kommen infrage:

❑ Interne Quellen
❑ Externe Quellen.

Als **interne Quellen** werden alle Stellen bezeichnet, die im Betrieb oder vom Betrieb aus Informationen liefern, unabhängig davon, ob sich diese auf das interne Betriebsgeschehen oder auf das Geschehen auf dem Markt erstrecken.

Folgende häufig genutzte interne Informationsquellen sind zu erwähnen:

Informationsquellen	Informationsinhalte
Allgemeines Rechnungswesen	Hauptinformationen sind: ○ Umsätze ○ Lagerbestände ○ Außenstände ○ Verbindlichkeiten ○ Finanzielle Mittel ○ Kapitalquellen ○ Aufwendungen für den Einsatz der Produktionsfaktoren ○ Erträge ○ Verflechtungen. Durch Verbindung oder Verknüpfung mit anderen Einzelinformationen des Rechnungswesens erhält man Kennzahlen, wie: ○ Rentabilität ○ Wirtschaftlichkeit ○ Produktivität ○ Liquidität ○ Verschuldungsgrad ○ Cash-flow ○ Return-on-Investment ○ Umschlag des Kapitals, der Forderungen, der Produkte ○ verschiedene Intensitätskennzahlen Weitere Kennzahlen erhält man, wenn Größen, wie der Umsatz, der Absatz, Marktanteile oder bestimmte Aufwendungen auf andere Einzelinformationen bezogen werden, wie z. B. Produkte, Kunden, Verkaufsbezirke, Zeitabschnitte, Bestände, Mitarbeiter. Zu beachten ist, dass das Allgemeine Rechnungswesen eine Stichtagsrechnung ist.
Kostenrechnung	Die Kostenrechnung vermittelt Informationen über: ○ entstandene bzw. geplante Kostenarten ○ Kostenverursachungsbereiche ○ Kostenbelastung der Kostenträger ○ Deckungsbeiträge. Die Kostenrechnung stellt als **Teilkostenrechnung** (Deckungsbeitragsrechung) Zahlen für wichtige Entscheidungen zur Verfügung, u. a. für ○ die Ermittlung von Preisuntergrenzen ○ die Ermittlung des Break-even-points ○ die Ermittlung von Mindestauftragsgrößen ○ die Ermittlung optimaler Losgrößen ○ die Entscheidung Eigenfertigung/Fremdbezug ○ Wirtschaftlichkeitsrechnungen usw. Als **Vollkostenrechnung** wird die Kostenrechnung in der Preisbildung, im Rahmen von Ausschreibungen, bei der Bilanzbewertung u. Ä. eingesetzt.
Statistiken	Statistiken über das betriebliche Geschehen sind wertvolle Informationsinstrumente. Sie können sein u. a.:

	○ Produktionsstatistiken ○ Angebotsstatistiken
	○ Materialstatistiken ○ Reklamationsstatistiken
	○ Kostenstatistiken ○ Statistiken über Zah-
	○ Personalstatistiken lungsgepflogenheiten
	○ Auftragseingangs- ○ Statistiken über Tätig-
	   statistiken keiten des Außen-
	○ Umsatz- und dienstes
	   Absatzstatistiken

Berichte	Sie enthalten unter bestimmten Aspekten gesammelte und geordnete Daten. Sie können eingeteilt werden nach: ○ dem Berichtszeitpunkt ○ Sachgebieten ○ der Funktion ○ dem Grad der Verdichtung ○ der Art der Darstellung ○ dem Empfänger usw. Berichte können sein: ○ Standardberichte ○ Bedarfsberichte ○ Abweichungsberichte
Primärforschung der eigenen Markt-forschung	Verfügt ein Unternehmen über eine eigene Marktfor-schung, erhält es im Rahmen der ○ Marktbeobachtung ○ Marktanalyse ○ Marktprognose Informationen über die Komponenten des Absatzerfol-ges.
Investitions-rechnungen	Die in statischer und dynamischer Form durchgeführten Investitionsrechnungen (auch unter Einsatz von OR-Ver-fahren) geben Auskunft über die Wirtschaftlichkeit von In-vestitionsprojekten – siehe ausführlich *Olfert/Reichel*.

Weitere interne Informationsquellen sind:

❑ Kunden- und Interessentendateien
❑ die Arbeitsvorbereitung
❑ Kapitalbedarfsberechnungen
❑ Kapazitätsangaben
❑ Liquiditätsübersichten u. Ä.

Externe Informationsquellen befinden sich außerhalb des Unternehmens. Bei ihnen ist zu berücksichtigen, dass ihre Erschließung mit zum Teil hohen Kosten verbunden ist.

Externe Informationsquellen sind:

❑ Veröffentlichungen staatlicher und überstaatlicher Behörden
❑ Veröffentlichungen der statistischen Ämter

❏ Veröffentlichungen von Kammern und Wirtschaftsverbänden
❏ Veröffentlichungen wirtschaftswissenschaftlicher Institute
❏ Forschungsberichte
❏ Veröffentlichungen von Informationsdiensten
❏ Geschäftsberichte und Firmenveröffentlichungen
❏ Untersuchungen beauftragter Marktforschungs-/Meinungsforschungsinstitute
❏ Beauftragte Werbeagenturen
❏ Datenbanken
❏ Prospekte und Kataloge
❏ Banken
❏ Unternehmensberater
❏ Fachbücher
❏ Nachschlagewerke
❏ Zeitungen und Zeitschriften
❏ Indiskretionen.

2.4 Aufbau von Informationssystemen

Um den Zugriff auf die benötigten Informationen jederzeit zu gewährleisten, muss der Umgang mit ihnen geordnet und systematisiert werden. Dies geschieht mithilfe von Informationssystemen.

Der Begriff Informationssystem wird in der Literatur nicht einheitlich verwendet. Hier wird darunter das planvolle, zielgerichtete, systematische Vorgehen beim Initiieren, Organisieren und Steuern von **Informationsprozessen** verstanden. Diese erstrecken sich auf die Beschaffung, Speicherung, Bearbeitung und Weitergabe von Informationen.

Je übersichtlicher und „bedienungsfreundlicher" ein Informationssystem aufgebaut ist, umso effizienter können die Planungsträger ihre Aufgaben erfüllen.

Bei der Bildung von Informationssystemen sind folgende Aspekte zu berücksichtigen:

❏ Anforderungen an ein Informationssystem
❏ Entwicklungskonzepte.

2.4.1 Anforderungen an ein Informationssystem

Ein Informationssystem kann nur erfolgreich eingesetzt werden, wenn bestimmte Anforderungen erfüllt werden. Es handelt sich in erster Linie um:

❏ Empfängerorientierung
❏ Aktualität
❏ Konstanz

❏ Redundanzarmut
❏ Problemadäquanz
❏ Verdichtung der Informationen
❏ Beschränkung der Informationen auf das Wesentliche.

2.4.2 Entwicklungskonzepte

Informationssysteme werden unternehmensindividuell aufgebaut. Welches Konzept zu Grunde gelegt wird, hängt von der Unternehmensgröße, der Unternehmensstruktur und dem Informationsbedarf ab. Eine Grenze bildet die Wirtschaftlichkeit.

2.4.2.1 Aufbaustufen

Bei der Einführung von Informationssystemen muss entschieden werden, ob gleich ein fertiges Konzept auszuarbeiten ist, oder ob man einem stufenweisen Vorgehen den Vorzug geben soll.

Für ein stufenweises Vorgehen spricht, dass eine allmähliche Entwicklung die Angst vor der Bewältigung einer zu großen Aufgabe nimmt, die Durchsetzung erleichtert, überschaubare Bereiche bearbeitet werden, Erfahrungen gesammelt werden können und schnelle Möglichkeiten zu Änderungen gegeben sind.

Die **Art** und **Zahl** der Aufbaustufen hängt ab

❏ vom Vorhandensein von informationsbildenden Basissystemen im Unternehmen
❏ von der Möglichkeit der Verwendung der Informationen auf mehreren Managementebenen
❏ vom Schwierigkeitsgrad bei der Verarbeitung von Informationen
❏ von der Dringlichkeit des Informationsbedarfs
❏ von den Zugriffsmöglichkeiten auf interne und externe Informationsquellen.

Die Analyse dieser Fakten kann z. B. zu folgenden **Aufbaustufen** führen:

❏ Kostenrechnung (in verschiedenen Systemen)
❏ Berichtswesen
❏ Statistiken
❏ Absatzplanung.

Sind im Unternehmen Teilsysteme, etwa die Kostenrechnung, bereits vorhanden, sind diese zu überprüfen, zu aktualisieren und zu koordinieren, sodass ein Optimum an Informationen verfügbar wird.

2.4.2.2 Arten von Informationssystemen

Informationssysteme findet man in mehreren Ausprägungen. Einige wichtige Arten werden im Folgenden kurz dargestellt:

Einteilungs-kriterium	Informationssysteme
Vollständigkeit des Systems	o **Isolierte Informationssysteme.** Diese Form ist selten, z. B. zählt die Lagerbestandsrechnung dazu. o **Teilintegrierte Informationssysteme** liegen vor, wenn Daten aus mehrfach genutzten Quellen beschafft werden, eine Informationsbasis für mehrere Entscheidungen verwendet wird und ein reger Informationsaustausch zwischen mehreren Entscheidungsträgern stattfindet. o **Vollintegrierte Informationssysteme.** Vollintegriert sind Informationssysteme, wenn der Infomationsbedarf aller Entscheidungsträger von einem System befriedigt werden kann, das diese Entscheidungsinstanzen durch den Informationsfluss zu einer Einheit verbindet. Systeme, die Informationsprozesse so gestalten, dass die Entscheidungsträger durch ein geschlossenes, stets aktuelles System unter Wahrung der Wirtschaftlichkeit bedient werden, sind kaum zu finden.
Systemansätze	o **Informationsorientierte Systeme** sind für die Speicherung und Bereitstellung entscheidungsrelevanter interner und externer Daten bestimmt. Diese Systeme sind als **Management Informations Systems (MIS)** oder als **Marketing Informations Systems (MAIS)** computergestützt ausgestaltet. Sie selektieren und integrieren Daten unterschiedlicher Herkunft und machen sie sowohl periodisch als auch ad hoc als entscheidungsrelevante Informationen Entscheidungsträgern auf allen möglichen Hierarchiebenen verfügbar. o **„Modellorientierte Systeme"** ermöglichen die Analyse von Beziehungen zwischen den Daten, und zwar unter besonderer Berücksichtigung konzeptioneller Alternativen und situativer Markt- und Umweltkonstellationen. In dieser Hinsicht hat man sog. **Decision Support Systems (DSS)** aufzubauen versucht, die typischerweise vier Bausteine (Komponenten) umfassen: „Daten-, Modell- und Methodenbank sowie Benutzerschnittstelle" *(Becker)*. Diese DSS dienen der Unterstützung der Entscheidungsträger bei schlecht-strukturierten Problemen. Eingesetzt werden dabei sowohl relativ einfache mathematisch-statistische Verfahren als auch Verfahren des „Operations Research" und Entscheidungsmodelle.

	○ **Wissensorientierte Systeme** versuchen menschliche Fähigkeiten nachzubilden (Artificial Intelligence, AI). Diese auch als Expertensysteme bezeichneten Systeme können komplexe Problemstellungen aus abgegrenzten Entscheidungsbereichen lösen. Das Problemlösungsverhalten wird von Experten simuliert. Diese Systeme stellen dem Benutzer qualitatives Wissen, Erfahrungen, subjektive Einschätzungen und Faustregeln zur Lösung von Problemen zur Verfügung. Die informations-, modell- und wissensorientierten Systeme können zu sog. **Integrierten Entscheidungsunterstützungssystemen (IEUS)** verbunden werden. (Ausführlicher s. *Becker, Meffert, Gaul / Both, Mülder / Weis, Wassmer*).
Geltungsbereich	○ **Unternehmensinterne Informationssysteme.** Sie erstrecken sich im Wesentlichen auf das eigene Unternehmen. ○ **Unternehmensübergreifende Informationssysteme.** Diese Systeme sprengen den Unternehmensrahmen. Durch elektronischen Austausch von Informationen werden Geschäftspartner und Kunden, Lieferanten und Dienstleister miteinander verbunden. ○ **EDI** (Electronic Data Interchange) beispielsweise ermöglicht die direkte Übertragung strukturierter Geschäftsinformationen in elektronischer Form von Computer zu Computer. Eine EDI-Nachricht besteht aus mehreren funktionalen Teilen, verpackt in einen elektronischen Umschlag. Von EDI existieren mehrere Varianten wie EDIFACT oder ANSI ASC 12.

BWL-Studenten diskutieren in einem Seminar über den Aufbau von Informationssystemen. Der Student A. Lindemann stellt die Behauptung auf, Informationssysteme seien so kompliziert, dass sie nur nach einem Informatik- oder Mathematikstudium verstanden werden könnten. Einige Kommilitonen widersprechen ihm mit der Behauptung, es gäbe auch einfache Informationssysteme, die mit den üblichen Kenntnissen der BWL errichtet werden könnten.

Wer hat Recht?

Seite 211

3. Festlegung der Vorgehensweise

Bei der Festlegung der Vorgehensweise werden zeitliche und sachliche Regelungen getroffen sowie Anweisungen im Sinne von Richtlinien erarbeitet.

Folgende Bereiche werden dargestellt:

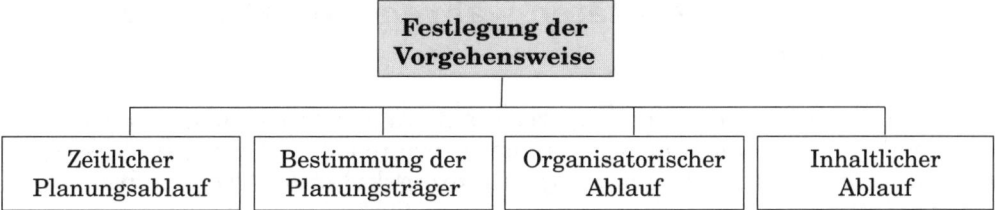

3.1 Zeitlicher Planungsablauf

Im Gegensatz zur operativen Planung ist die strategische Planung nicht eng an Fristen gebunden. Hinsichtlich des zeitlichen Planungsablaufs sind zu unterscheiden:

• der Planungszeitraum
• zeitliche Aktivitäten während des Planungsprozesses.

3.1.1 Planungszeitraum

Der Planungszeitraum bedeutet die Planperiode, die Zeitdauer, für die der Plan Geltung hat. Die strategische Planung erstreckt sich über einen längeren Zeitraum von ca. fünf bis zehn Jahren und manchmal noch länger, wobei nicht der Fehler begangen werden darf, langfristige Planung und strategische Planung gleichzusetzen.

Der Planungszeitraum kann in keinem Unternehmen eine starre Größe sein, sondern ist individuell zu sehen. Folgende **Bestimmungsgrößen** wirken auf die Planperiode ein:

❑ Möglichkeit der Informationsgewinnung über den ins Auge gefassten Zeitraum
❑ Erkennbarkeit der Zukunft
❑ zeitliche Reichweite bis zum Wirksamwerden der Maßnahmen
❑ Planungsobjekte und langfristige Orientierungsdaten der Planung *(Kreikebaum)*.

Der Planungshorizont wird zum einen von Faktoren bestimmt, die relativ leicht erkennbar sind, wie etwa die Entwicklungsdauer von Produkten oder der Produktlebenszyklus, zum anderen aber auch von nur schwer erkennbaren Fakten wie Entwicklungen auf bestimmten Märkten oder das Kundenverhalten sowie politische und gesellschaftliche Trends.

3.1.2 Zeitliche Aktivitäten während des Planungsprozesses

Während die Festlegung der Planperiode mit einigen Problemen verbunden ist, bereitet die zeitliche Planung der Aktivitäten während des Planungsprozesses geringere Schwierigkeiten. In einem sog. **„Planungskalender"** werden fixiert:

❏ die zeitliche Reihenfolge der Aktivitäten
❏ die Dauer der Aktivitäten
❏ die Anfangs- und Endtermine.

Ein Planungs-Terminkalender lässt sich wie folgt aufbauen:

Planungskalender 20..			
Planungsschritte	Für die einzelnen Schritte verantwortliche Planer	Termine	
		Beginn	Ende
1. 2. 3. 4.			

Der Planungszeitraum wird in Jahren angegeben, die Dauer der einzelnen Planungsaktivitäten innerhalb eines Jahres in Monaten. Die Planung der einzelnen Aktivitäten geschieht nicht insgesamt zeitlich nacheinander. Einige Planungsschritte verlaufen in einer aufeinanderfolgenden Reihenfolge, andere parallel, sodass sich Überlappungen ergeben.

Die folgende Darstellung verdeutlicht die **Vorgehensweise**:

Okt.	Nov.	Dez.	Jan.	Feb.	März	April	Mai	Juni	Juli	Aug.	Sept.	Okt.	Nov.	Dez.

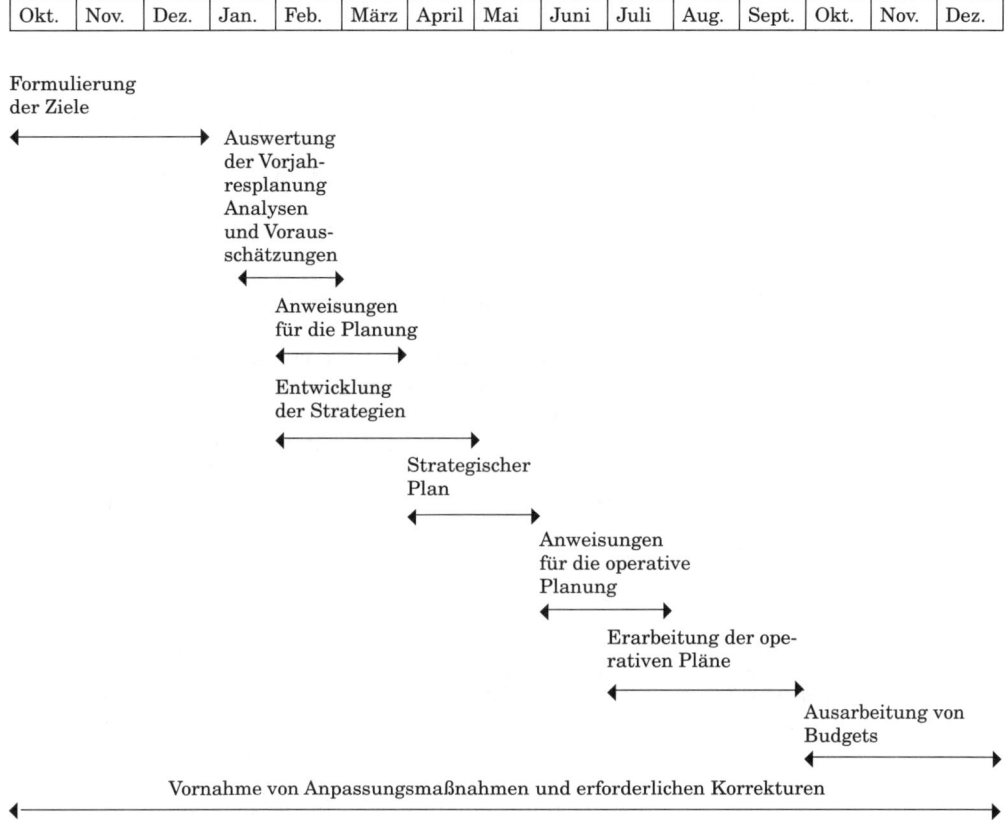

Formulierung
der Ziele

Auswertung
der Vorjah-
resplanung
Analysen
und Voraus-
schätzungen

Anweisungen
für die Planung

Entwicklung
der Strategien

Strategischer
Plan

Anweisungen
für die operative
Planung

Erarbeitung der ope-
rativen Pläne

Ausarbeitung von
Budgets

Vornahme von Anpassungsmaßnahmen und erforderlichen Korrekturen

3.2 Bestimmung der Planungsträger

3.2.1 Beteiligte hierarchische Ebenen

Es wurde bereits im Kapitel B.1 erwähnt, dass in der strategischen Planung die letzten Entscheidungen von der Unternehmensleitung getroffen, jedoch weitere Hierarchieebenen in die Planung eingebunden werden. Inwieweit diese an der Planung beteiligt werden, hängt von einer Reihe von unternehmensinternen und unternehmensexternen Faktoren ab. Im Einzelnen sind zu nennen:

❑ Unternehmensgröße
❑ Unternehmensstruktur
❑ Delegierbereitschaft der Unternehmensleitung
❑ Qualifikation der Mitarbeiter
❑ Art und Intensität der Entwicklungen im Unternehmen und in der Umwelt.

Einen Überblick über die an der strategischen Planung insgesamt beteiligten hierarchischen Ebenen gibt folgende Darstellung:

Hierarchische Ebene/ beteiligte Institutionen	Mögliche Aufgaben
Unternehmensleitung	○ Entwickeln von Grundgedanken und Absichten ○ Treffen strategischer Entscheidungen ○ Initiieren von Planungshandlungen anderer Ebenen ○ Koordinierung und Kontrolle von Planungshandlungen.
Geschäftsbereichs- leiter	○ Mitwirkung bei der Strategieplanung für den eigenen Geschäftsbereich ○ Erfüllen von Einzel- bzw. Teilaufgaben bei der Strategieentwicklung auf der Ebene des Gesamtunternehmens ○ Kooperation mit den Leitungen anderer Geschäftsbereiche ○ Kooperation mit zentralen Planungs- und Kontrollinstanzen.
Funktionsbereichs- leiter	○ Abstimmung der Strategien auf ihren Bereich ○ Enge Zusammenarbeit mit den Geschäftsbereichsleitungen und der Unternehmensleitung ○ Zuarbeitung bei der Informationsbeschaffung
(Zentrale) Planungs- abteilungen	Sie sind im Großunternehmen zu finden, haben den Charakter von Stabsstellen und sind der Unternehmensleitung bzw. den Bereichsleitern zuzuordnen. Die Abteilungen arbeiten diesen zu und sind an der Strategieformulierung nur redaktionell beteiligt.
Controlling	Es wirkt in erster Linie bei der Informationsbeschaffung, Systemeinführung und -weiterentwicklung mit und begleitet die Planung organisatorisch. In manchen Unternehmen werden dem Controlling auch Koordinierungs- und Kontrollaufgaben zugewiesen.
Planungsgremien	Als **Planungsausschüsse**, die in der Regel im Großunternehmen fungieren, setzen sie sich meistens aus Mitgliedern der Unternehmensleitung und neutralen Experten aus dem Unternehmen selbst und von außen zusammen. Ihre **Hauptaufgaben** bestehen aus der Festlegung des Planungsrahmens und der Koordinierung. Von Bedeutung ist dabei der Ausgleich der Interessen der einzelnen Bereichsleiter.

In Unternehmen, in denen die **Balanced Scorecard** eingeführt ist, haben die Geschäftsbereichsleiter und Funktionsbereichsleiter erweiterte Kompetenzen. Insbesondere sind sie wesentlich an der Ableitung von Bereichszielen aus den Unternehmensstrategien beteiligt, vgl. Kap. E. 3.3.

3.2.2 Planungsrichtung

Im Rahmen der Bestimmung der Planungsträger ist auch die Festlegung der Planungsrichtung zu sehen. Folgende drei Richtungen sind möglich:

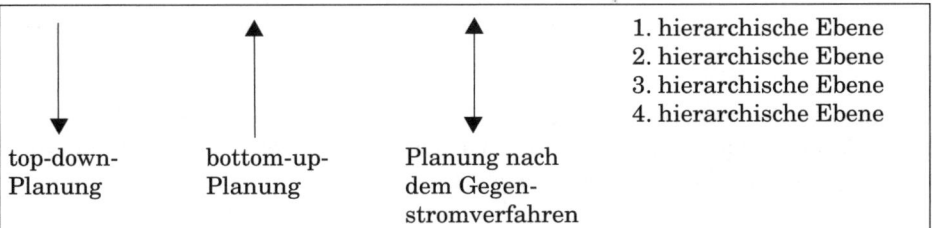

Dementsprechend sind zu unterscheiden:

❏ Die **retrograde Planung**, die eine „top-down-Planung" ist. Die Zielvorstellungen und Rahmendaten werden von der obersten Führungsebene konzipiert und die entsprechenden Bedingungen festgelegt.

Die strategischen Ziele und Maßnahmenpläne stellen für die nachgelagerten Hierarchieebenen Fixdaten dar, sie sind die Grunddaten für ihre Maßnahmenplanungen. Die Plandaten der vorgelagerten Ebene sind für die jeweils nächste Ebene zwingend vorgeschriebene Unterlagen für die eigene Bereichsplanung.

Der **Vorteil** dieser Vorgehensweise, die typische zentralistische Züge hat, besteht darin, dass zeitraubende und aufwändige Koordinationsarbeiten weitgehend entfallen können.

Der **Hauptnachteil** ist die Gefahr der schlechten Akzeptanz der Planungsebenen, die nicht an der inhaltlichen Planung beteiligt waren, diese können sich übergangen fühlen.

❏ Die **progressive Planung**, deren Ausgangspunkt auf den unteren hierarchischen Ebenen liegt. Diese legen den Planungsinhalt auf der Grundlage der ihnen relevant erscheinenden Daten fest. Geplant wird „bottom-up".

Die unteren und mittleren Ebenen erstellen die operativen Ziel- und Maßnahmenpläne, die von Ebene zu Ebene weiterentwickelt werden. Der Aggregationsgrad nimmt dabei permanent zu. Die taktische und die operative Planung werden zur strategischen Planung entwickelt, die Abteilungspläne werden zu Bereichsplänen, die schließlich zur gesamten Unternehmensplanung verknüpft werden.

Der große **Vorteil** der bottom-up-Planung besteht in der Motivation der Mitarbeiter. Die **Nachteile** überwiegen allerdings. Da keine konkreten Ziele von „oben" vorgegeben werden, besteht das Risiko, dass alte Pläne lediglich fortgeschrieben werden. Darüber hinaus ergibt sich die Gefahr, dass die Planer solche Sicherheitszonen einbauen, dass die Planerfüllung fast immer gewährleistet ist. Zusätzlich droht eine Vermischung des operativen/taktischen Bereichs mit dem strategischen.

❑ Die **Planung nach dem Gegenstromverfahren**, wobei es sich um eine Kombination der beiden anderen Planungsrichtungen handelt.

Der Start des Planungsprozesses erfolgt auf der obersten Führungsebene. Hier werden die übergeordneten Grundsatzentscheidungen getroffen und vorläufige strategische Ziele und Maßnahmenpläne mit anspruchsvollen, aber realistischen Vorgaben entwickelt.

Die gemachten Vorgaben sind für die nächste hierarchische Ebene der Planrahmen, der mit Alternativplänen auszufüllen ist. Diese Vorgehensweise wird bis auf die unterste hierarchische Ebene fortgesetzt.

In der nächsten Phase wird eine konkret werdende Planung in bottom-up-Vorgehensweise durchgeführt. Hierbei stellt sich heraus, ob die vorgegebenen Einzelziele erreicht werden können. Eine Korrektur von Teilzielen ist auf der nächsthöheren Ebene durchaus möglich, wenn dadurch nicht Hauptziele gefährdet werden. Ist das Hauptziel trotz der Korrekturen nicht erreichbar, werden auf der folgenden höheren Ebene Koordinierungshandlungen erforderlich.

Es kann notwendig werden, die unteren hierarchischen Ebenen wieder einzuschalten, um Alternativen zur Zielerreichung zu entwickeln. In dieser Vorgehensweise werden ständig Rückkopplungen vorgenommen.

Der **Vorteil** des Verfahrens liegt im Motivationsbereich, der **Nachteil** im großen Zeitaufwand. Nachteilig kann sich auch auswirken, dass unterschiedliche Mitarbeiter mit unterschiedlichen Interessen an der Planung mitwirken können.

In der Literatur und Praxis herrscht Einigkeit darüber, dass die strategische Planung Aufgabe der Unternehmensleitung sei, aber weitere hierarchische Ebenen in den Planungsprozess einzuschalten seien.

Geben Sie einige Gründe an, die eine Unternehmensleitung veranlassen könnte, den Kreis der an der Planung Beteiligten möglichst klein zu halten!

Seite 212

3.3 Organisatorischer Ablauf

Im Rahmen der strategischen Planung entstehen einige organisatorische Aufgaben, die wie folgt strukturiert werden können:

• die Planung vorbereitende und begleitende organisatorische Aufgaben
• sich aus der Planung ergebende organisatorische Aufgaben.

3.3.1 Die Planung vorbereitende und begleitende organisatorische Aufgaben

Bei den organisatorischen Aufgaben, die die strategische Planung vorbereiten bzw. begleiten, spielen folgende Komplexe eine Rolle:

- die Aufgabenzuweisung an die Planungsträger
- die Organisation des Lernprozesses der an der Planung Beteiligten
- die leicht handhabbare und akzeptierbare Gestaltung des Systems
- die Organisation der Informationsflüsse.

3.3.1.1 Aufgabenzuweisung an die Planungsträger

Hierzu gehört die Aufgaben- und Kompetenzzuweisung mit detaillierten Beschreibungen der Tätigkeitsbereiche (vgl. dazu Kap. B. 3.2).

3.3.1.2 Organisation des Lernprozesses

Diese Aufgabe betrifft die rechtzeitige und umfassende Aufklärung und ggf. Schulung der Mitarbeiter vor Beginn der Planung und die Gestaltung der laufenden Information über den Stand der Planung, erforderliche inhaltliche Änderungen und neu zu berücksichtigende Verfahren und Techniken (vgl. dazu Kap. B. 1).

3.3.1.3 Leicht handhabbare und zu akzeptierende Gestaltung des Systems

Jedes neu eingeführte System muss, um akzeptiert zu werden, benutzerfreundlich sein, dies gilt auch für die strategische Planung. Sie darf nicht zu kompliziert aufgebaut sein, muss die besonderen Gegebenheiten des Unternehmens berücksichtigen, flexibel sein und jeden Anschein des „Bürokratischen" vermeiden. Folgende Instrumente, die keinesfalls isoliert betrachtet werden dürfen, sondern in einem Verbund gesehen werden müssen, können dazu beitragen, dies zu erreichen:

❑ Die **Formalisierung**, die die klare und eindeutige formale Ausgestaltung des Planungssystems regelt. Sie soll dazu beitragen, „dass den Planungsträgern ein übersichtliches, verlässliches und geschlossenes Instrumentarium angeboten wird, welches die Anforderungen an jeden einzelnen Planungsträger spezifiziert und den Planungsablauf verbindlich und personenunabhängig regelt" *(Kreikebaum)*. Zudem steht die Formalisierung im Dienste der Transparenz.

Bei der Formalisierung muss unbedingt Sorge getragen werden, dass die Planungsträger in ihren Ideen und Gestaltungsmöglichkeiten nicht zu sehr eingeengt werden.

❑ Die **Standardisierung**, die der Vereinheitlichung der Planung dient. Sich wieder-
holende Planungsprobleme sollen auch jeweils auf die gleiche Art und Weise gelöst
werden. Sie umfasst die Vereinheitlichung der verwendeten Begriffe, Verfahren,
Formulare, Hilfsmittel.

Auch die Standardisierung muss so vorgenommen werden, dass den Planern noch
ausreichend Spielräume für Eigeninitiative und Kreaitivität verbleiben.

❑ Die **Dokumentation**, welche die Elemente, Inhalte und Methoden der strategischen
Planung festhält. Sie bedient sich eines **Planungshandbuches**, dem die Planer
ihre Aufgaben und die der anderen Planer entnehmen können. Es enthält:

> ○ die Regelungen im Hinblick auf die Planungsträger
> ○ den zeitlichen Ablauf der Planung
> ○ die Planungsrichtung
> ○ die Planungstechniken.

Dem Handbuch sind die verwendeten Planungsformulare und ein Verzeichnis der
organisatorischen Hilfsmittel beizufügen.

3.3.1.4 Organisation der Informationsflüsse

Es wurde bereits darauf hingewiesen, dass Informationen die Basis der strategischen Planung bilden. Um die Versorgung der Planungsträger zu gewährleisten,
muss festgelegt werden, wer welche Informationen auf welchem Weg erhält. Dies
geschieht durch den Aufbau von Informationssystemen. In diesen werden die Infor-
mationsprozesse, also die Beschaffung, Speicherung, Bearbeitung und Weitergabe
von Informationen geregelt (vgl. dazu Kap. B. 2.4).

3.3.2 Sich aus der Planung ergebende organisatorische Aufgaben

Neben der organisatorischen Vorbereitung und Begleitung der strategischen Planung
können organisatorische Maßnahmen als Folge der strategischen Planung erforderlich werden. Diese müssen rechtzeitig, am besten noch vor Beginn der Planung
ins Auge gefasst werden.

Finden wesentliche strategische Änderungen statt, hat dies oft auch Änderungen
der Aufbauorganisation und von betrieblichen Abläufen zur Folge. Verändert sich
beispielsweise durch eine bestimmte Marketingstrategie die Situation auf einem
Markt, kann dies zu organisatorischen Änderungen sowohl in der Leitungsstruktur als etwa auch im Bezug auf Fragen der Absatzlogistik oder der Lagerhaltung
führen.

 Stellen Sie dar, welche Folgen, insbesondere organisatorischer Art, der Übergang von der Strategie des zentralen Einkaufs zu der des dezentralen Einkaufs verursachen kann! Seite 212

3.4 Inhaltlicher Ablauf

Die Festlegung des inhaltlichen Planungsablaufs kann nicht isoliert betrachtet werden, sondern ist im Zusammenhang mit der Fixierung des zeitlichen Planungsablaufs und mit der Bestimmung der Planungsträger zu sehen.

Bei der Bestimmung des inhaltlichen Planungsablaufs dürfen nicht nur die formalen Planungsphasen berücksichtigt werden, sondern es ist auch auf konkrete Planungs- und Teilplanungsaktivitäten einzugehen. Darüber hinaus sind die wichtigsten Beziehungen zu den aufbauorganisatorischen und technischen Richtlinien herzustellen *(Kiener)*.

Die Fixierung des inhaltlichen Planungsablaufs bedeutet eine Einordnung von Planungsschritten in eine bestimmte Reihenfolge. Man kann dabei von folgenden **Hauptphasen** ausgehen:

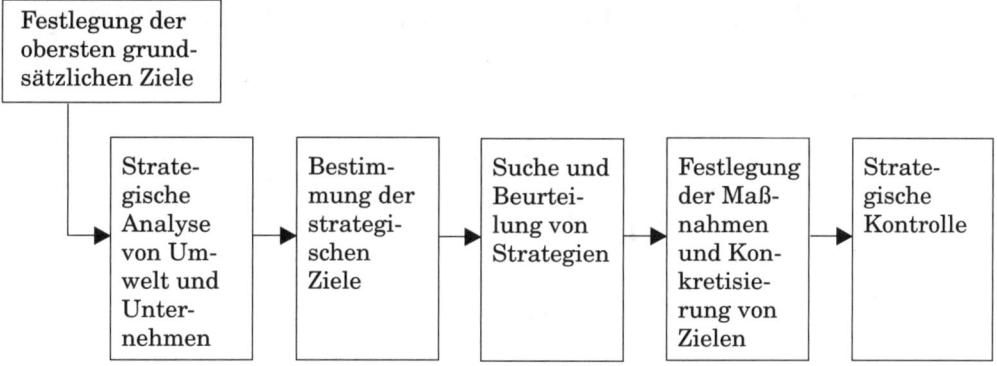

Die dargestellte Reihenfolge verdeutlicht zwar den Ablaufprozess der strategischen Planung, stellt jedoch keine zwingende Ablauffolge dar. Es ist durchaus denkbar, dass einzelne Phasen getauscht werden oder Ablaufphasen zusammengefasst werden. Es ist ohne weiteres möglich, eine Zielbestimmung vor der strategischen Analyse vorzunehmen oder die Suche und Beurteilung von Strategien mit der Maßnahmenfestlegung zu koppeln.

Nach erfolgter Festlegung des zeitlichen und inhaltlichen Planungsablaufs, der Bestimmung der Planungsträger, sowie der Vornahme organisatorischer Regelungen müsste im Wesentlichen Klarheit darüber herrschen, **wer was wann wo mit wem** und mit **welchen Mitteln** im Aufgabenbereich der strategischen Planung tätig wird.

Auf den inhaltlichen Ablauf wird ausführlich in den Kapiteln D. 1 - D. 4 eingegangen.

4. Instrumente und Entscheidungshilfen

Dieses Kapitel befasst sich mit folgenden wichtigen Instrumenten und Entscheidungshilfen, die im Rahmen der strategischen Planung eingesetzt werden können:

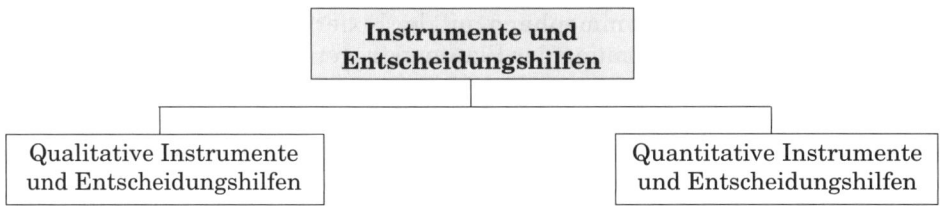

Aus der Vielzahl von Planungsinstrumenten und Entscheidungshilfen können nur einige besonders wichtige herausgegriffen und beschrieben werden, auch kann nicht auf jedes Detail eingegangen werden.

4.1 Qualitative Instrumente und Entscheidungshilfen

Qualitative Instrumente und Entscheidungshilfen basieren auf Kenntnissen, Erfahrungen, Einsichten, Überlegungen und Intuition. Sie finden Einsatz bei der Suche und Bewertung von Alternativen und leisten wertvolle Dienste in der Entscheidungsphase, werden aber auch in der Analyse angewandt.

Die qualitativen Hilfen reichen von sehr einfachen Instrumenten bis zu aufwändigen Methoden oder bestimmten logisch-systematischen Verfahren.

Da nicht sämtliche Verfahren vorgestellt werden können, wird eine Auswahl der am häufigsten verwendeten getroffen. Es handelt sich um:

- **die Entscheidungsbaumtechnik**

- **die Entscheidungstabellentechnik**

- **die Delphi-Methode**

- **die Szenario-Technik**

- **die Kreativitätstechniken**

- **Logisch-systematische Verfahren (Verfahren zur Ideengewinnung)**.

4.1.1 Entscheidungsbaumtechnik

Die Entscheidungsbaumtechnik bietet sich an, wenn komplexe und unsichere Entscheidungssituationen mehrere Lösungen bedingen. Man stellt die verschiedenen Lösungsmöglichkeiten mit ihren Konsequenzen als Äste eines Baumes dar. Es wird von einem Entscheidungspunkt, der die zu treffenden Entscheidungen markiert, ausgegangen.

Die Lösungsalternativen werden als Verästelungen (Entscheidungsäste) angegeben. Von jedem Knotenpunkt aus können je nach Anzahl der Alternativen und deren Folgen neue Verästelungen entstehen. Die Anzahl der eingebauten Parameter und der möglichen Konsequenzen bestimmt die Form des Entscheidungsbaumes.

Das folgende **Beispiel**, das die Konsequenzen einer Preiserhöhung wiedergibt, verdeutlicht das Procedere *(Kotler)*.

Preis erhöhen
Rezession
  Konkurrent reagiert
  Konkurrent reagiert nicht
Hochkonjunktur
  Konkurrent reagiert
  Konkurrent reagiert nicht

Preis beibehalten
Hochkonjunktur Rezession
  Konkurrent reagiert
  Konkurrent reagiert nicht
Hochkonjunktur
  Konkurrent reagiert
  Konkurrent reagiert nicht

4.1.2 Entscheidungstabellentechnik

Die Entscheidungstabellentechnik leistet Hilfestellung bei der Suche nach Alternativen bzw. bei der Entscheidungsfindung. Die sehr einfach zu handhabende Methode operiert mit einer Matrix, in der Bedingungen und Aktionen von Alternativen formuliert werden.

In die Matrix-Zeilen trägt man die Voraussetzungen und Konsequenzen, die sog. Wenn- und Dann-Komponenten der Alternativen ein, in die Spalten die Regeln für die Bedingungskomponenten. Durch Ankreuzen in den Feldern wird klargestellt, welche Maßnahmen sich unter welchen Bedingungen ergeben:

			Regel 1	Regel 2	Regel 3	Regel 4	
Bedingungen (Wenn-	B 1		ja	ja	nein	nein	Bedin-gungs-
Komponente)	B 2		ja	nein	ja	nein	anzeige
Aktionen (Dann-	A 1		x		x	x	Aktions-anzeige
Komponente	A 2			x			

4.1.3 Delphi-Methode

Die Delphi-Methode eignet sich sowohl für die Prognose als auch für die Suche nach Lösungsideen. Ihr Hauptmerkmal ist die **schriftliche Befragung von Experten**. Aus mehreren abgegebenen Einzelurteilen entsteht das Gesamturteil.

Experten sind sowohl Unternehmensangehörige als auch externe Persönlichkeiten. Eine Begrenzung der Gruppengröße findet nicht statt. Wichtig ist, dass die Urteile anonym abgegeben werden. Die einzelnen **Phasen** laufen wie folgt ab (in Anlehnung an *Nieschlag / Dichtl / Hörschgen*):

Phase 1:	Die Experten werden über das Prognose- oder Entscheidungsgebiet informiert und nach möglichen zukünftigen Ereignissen im relevanten Bereich befragt.

⇩

Phase 2:	Den Experten wird die Liste mit den in der ersten Phase ermittelten denkbaren Ereignissen zugesandt mit der Bitte abzuschätzen, innerhalb welcher Zeit sich diese realisieren lassen.

⇩

Phase 3:	Die Resultate der Phase 2 werden allen Beteiligten mitgeteilt, die ihre eigenen Einschätzungen bestätigt sehen oder korrigieren und ggf. Abweichungen begründen können.

⇩

Phase 4:	Die vierte und erforderlichenfalls alle weiteren Phasen verlaufen wie die dritte. Die Experten erhalten die neuen Daten und schriftliche Begründungen für abweichende Werte. Die Berücksichtigung der vorliegenden Ergebnisse ergibt die endgültige Beurteilung des Sachverhalts bzw. die endgültige Prognose.

Diese doch recht aufwändige Methode ist besonders für die Prognose langfristiger Entwicklungen im Unternehmen und von Marktchancen sowie des Kundenverhaltens geeignet. Ein Vorteil liegt in der Berücksichtigung des Zeitfaktors bei den Vorhersagen.

4.1.4 Szenario-Technik

Die Szenario-Technik wird bei der langfristigen Ziel- und Strategiefindung eingesetzt. Sie geht von der gegenwärtigen Unternehmenssituation aus und versucht alle
erwägbaren Entwicklungen zu berücksichtigen. Das gesamte Untersuchungsfeld
wird analysiert, und auf der Basis der Analysen werden zukünftige Situationen
„inszeniert".

Es ergeben sich folgende **Arbeitsschritte** *(von Reibnitz)*:

❑ Definition und Gliederung des Untersuchungsfeldes

❑ Identifizierung und Strukturierung der wichtigsten das Untersuchungsfeld be-
einflussenden Faktoren (Umfelder)

❑ Ermittlung von Entwicklungstendenzen und kritischen Deskriptoren für die
Umfelder

❑ Bildung und Auswahl alternativer konsistenter Annahmebündel

❑ Interpretation der ausgewählten Umwelt-Szenarien

❑ Einführung und Analyse der Auswirkungen signifikanter Störereignisse

❑ Ausarbeiten der Szenarien bzw. Ableiten von Konsequenzen für das Untersuchungsfeld

❑ Konzipieren von Maßnahmen und Erstellen von Plänen für das Unternehmen.

Die Ergebnisse sind die Zielvorstellungen der Szenariogruppe.

4.1.5 Kreativitätstechniken

Die Kreativitätstechniken werden eingesetzt, wenn aus mehreren Alternativen die
günstigste Alternative gefunden werden soll. Es wurden zahlreiche Kreativitätstechniken entwickelt, von denen hier die verbreitetsten vorgestellt werden:

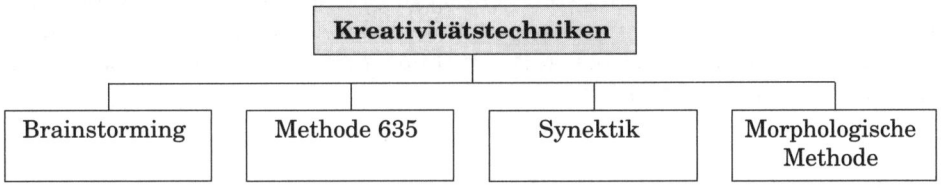

4.1.5.1 Brainstorming

Brainstorming bedeutet eine Vorgehensweise, bei der in kleinen Gruppen Ideen
geäußert, diskutiert und weitergesponnen werden. Spontaneität und Lockerheit
sollen im Vordergrund stehen.

Folgende **Merkmale** sind für das Brainstorming typisch:

❑ die Gruppe sollte nicht mehr als 12 Mitglieder haben, die alle gleichberechtigt sind
❑ die Sitzungsdauer soll maximal 30 Minuten betragen
❑ jedes Gruppenmitglied kann Vorstellungen äußern und Ideen anderer Mitglieder fortentwickeln
❑ Spontaneität ist unbedingt zu fördern
❑ die Ideen anderer Gruppenmitglieder sind nicht zu kritisieren.

Die Sitzungsergebnisse sind zu protokollieren und, falls sie realistisch sind, auszuwerten.

4.1.5.2 Methode 635

Einer sechsköpfigen **(6)** Gruppe werden schriftliche Problemstellungen vorgelegt, zu denen sich ihre Mitglieder mit jeweils mindestens drei **(3)** Lösungsvorschlägen innerhalb von fünf **(5)** Minuten äußern müssen.

Die Lösungsvorschläge werden von jedem Gruppenmitglied an ein anderes Mitglied weitergereicht, das die Gedanken seines „Vorgängers" weiterentwickelt. Die schriftlich fixierten Lösungsvorschläge machen anschließend wieder die Runde. Bei einer Gruppengröße von sechs Teilnehmern ergeben sich 18 Lösungsvorschläge, fünfmal unter verschiedenen Aspekten.

4.1.5.3 Synektik

Die Technik der Synektik verfremdet schrittweise ein Ausgangsproblem durch die Bildung von Analogien zu anderen Lebensbereichen. Die Analogiebildung erfolgt in mehreren Stufen, hierauf folgt eine „gewaltsame" Rückbesinnung auf das Ausgangsproblem, die als „force fit" bezeichnet wird.

Das in der Literatur am häufigsten gebrachte Beispiel ist das der Konstruktion einer sehr langen, schnell aufrichtbaren und wieder zusammenlegbaren Antenne. Durch die Analogie zu der Wirbelsäule von Dinosauriern konnte das Problem gelöst und die Antenne gebaut werden.

4.1.5.4 Morphologische Methode

Die morphologische Methode ist vom Prinzip her eine Strukturanalyse. Ihr Erfinder *Zwicky* hält es für möglich, mit ihr alle denkbaren Lösungen eines Problems abzuleiten. Er schlägt eine Ablauffolge in fünf **Schritten** vor:

1. Schritt:	Allgemeine Definition des Problems noch ohne Angabe von Lösungsansätzen

⇩

2. Schritt:	Zerlegung des Problems in die lösungsbeeinflussenden Komponenten (= Aufstellung der Parameter)

⇩

3. Schritt:	Bildung einer Matrix, des morphologischen Kastens. In diesen werden für jeden Parameter festgelegte Lösungsalternativen eingetragen

⇩

4. Schritt:	Die Lösungsalternativen werden zu kreativen Lösungen kombiniert

⇩

5. Schritt:	Die Lösungsalternativen, die nach unternehmensinternen Kriterien optimal sind, werden ausgewählt.

4.1.6 Logisch-systematische Verfahren

Diese Verfahren werden in der Literatur auch im Zusammenhang mit den Kreativitätstechniken behandelt, sie sind dann ein Teil der Verfahren zur Ideengewinnung.

Die logisch-systematischen Verfahren stellen das Lösungsfeld für ein bestimmtes Problem möglichst umfassend dar. Es wird versucht, neue Problemlösungen zu finden, indem man systematisch das Gesamtproblem in Teilprobleme gliedert, diese analysiert und zu verschiedenen Lösungsmöglichkeiten kombiniert *(Weis)*.

Die am häufigsten eingesetzten Verfahren sind die **Eigenschaftslisten** (Attribute Listing), die **Methode der erzwungenen Beziehungen** (Forced Relationsship) und die bereits zuvor behandelte **Morphologische Methode**.

4.1.6.1 Eigenschaftslisten (Attribute Listing)

Eigenschaftslisten dienen dazu, kreative Ideen zur Verbesserung von Verfahrensabläufen oder Produkten zu entwickeln. Alle Eigenschaften, Ausprägungen und Merkmale eines Objektes werden beschrieben. Die Ideenentwicklung entsteht dadurch, dass ein Merkmal oder mehrere Merkmale bzw. Attribute durch Austausch oder Veränderung zu einer neuen Kombination zusammengesetzt werden. „Austausch oder Kombination von Faktoren oder Funktionen ist eine der ergiebigsten Möglichkeiten, Produkte durch neue Ideen den sich wandelnden Anforderungen anzupassen. Voraussetzung für die Anwendung des Attribute Listing ist die Feststellbarkeit der für die Problemlösung relevanten Eigenschaften" *(Weis)*.

Selbstverständlich lässt sich das Verfahren nicht nur im Produktsektor einsetzen, sondern eignet sich auch zur Problemlösung in zahlreichen anderen Bereichen.

4.1.6.2 Erzwungene Beziehungen (Forced Relationsship)

Die erzwungenen Beziehungen erstrecken sich auf die Kombination von Eigenschaften existierender Verfahren, Produkte u. Ä. Mithilfe der Technik des Forced Relationsship werden Ideen geboren, indem von vornherein nicht Zusammengehörendes gedanklich zusammengefasst wird. Zahlreiche neue Entwicklungen sind auf diese Technik zurückzuführen.

> Während einer Diskussion wird von einem Teilnehmer die Behauptung aufgestellt, qualitative Verfahren eigneten sich nicht zur Entscheidungsfindung, denn was nicht mathematisch fundiert ist, kann nicht zu einer strategisch relevanten Entscheidung führen.
>
> Nehmen Sie Stellung zu dieser Aussage!

Seite 212

4.2 Quantitative Instrumente und Entscheidungshilfen

Die quantitativen Verfahren sind durch die mathematisch-statistische Vorgehensweise gekennzeichnet. Ihre Bandbreite ist sehr groß, sie umfasst sehr einfache Methoden, wie z. B. die Technik des gleitenden Durchschnitts bis zu mathematisch anspruchsvollen Optimierungsverfahren.

Da die quantitativen Verfahren für die strategische Planung nicht die gleiche Bedeutung haben wie die qualitativen, wird zunächst nur ein Überblick über einsetzbare Instrumente und Entscheidungshilfen gegeben. Die Verfahren, die in der strategischen Planung eine größere Rolle spielen, werden anschließend ausführlicher behandelt. Dabei ist einzugehen auf

• die Netzplantechnik
• die Nutzwertanalyse.

4.2.1 Überblick

Folgende quantitativen Instrumente und Entscheidungshilfen stehen den Planungsträgern zur Verfügung.

Verfahren	Vorgehensweise
Zeitreihen-analysen	Zeitreihen sind gegeben, wenn Daten über den gleichen Sachverhalt für eine Reihe von Zeitpunkten zur Verfügung stehen. Es wird eine Analyse der zeitreihenbestimmenden Komponenten vorgenommen und eine Extrapolation durchgeführt. Folgende **Verfahren** werden eingesetzt: ○ **Technik des gleitenden Durchschnitts** Aus stets gleichen Zeitreihen werden kontinuierlich Mittelwerte gebildet, wobei der jeweils älteste Periodenwert durch den neuesten ersetzt wird. ○ **Trendextrapolation** Sie geht von den in der Vergangenheit angefallenen Zahlen aus und nimmt eine Extrapolation in die Zukunft vor. Es wird unterstellt, dass sich die Gesetzmäßigkeiten in der Zukunft fortsetzen. Gebräuchlichste Methode ist die „Methode der kleinsten Quadrate". ○ **Exponenzielle Glättung** Die in die Rechnung eingehenden Werte werden unterschiedlich gewichtet. Es wird mit einem Glättungsfaktor gearbeitet. Je größer dieser ist, umso stärker werden die aktuellen Werte gewichtet.
Mathematische Optimierungs-verfahren	Mathematische Optimierungsverfahren werden auch als Verfahren des „Operations Research" bezeichnet. Folgende **Verfahren** sind zu finden *(Korndörfer)*: ○ **Lineare Programmierung** Zielfunktion und Restriktionen werden als lineare Funktionen dargestellt. Im Lösungsverfahren wird damit eine lineare Zielfunktion bei ebenfalls linearen Nebenbedingungen optimiert. ○ **Nichtlineare Programmierung** Zielfunktion und Nebenbedingungen bestehen aus nichtlinearen Funktionen. Es wird eine stückweise Linearisierung auf der Basis von Näherungslösungen durchgeführt. ○ **Dynamische Programmierung** Die Optimierung erfolgt nicht für alle Variablen gleichzeitig, sondern in mehreren aufeinanderfolgenden Schritten. ○ **Parametrische und stochastische Programmierung** Es werden entweder die in das Modell eingehenden Daten als Funktion eines „Parameters" oder als „zufällige Variable" erfasst. Da die Größen im Modellfall nicht mehr eindeutig vorgegeben werden, sondern als Variable eingehen, ist eine Mehrfachrechnung notwendig, die zu optimalen Lösungsbereichen führt.

| Experimentelle Verfahren des Operations Research | Bei Fehlen von Algorithmen für mathematische Optimierungsverfahren bzw. bei zu großem Rechenaufwand, können folgende **Verfahren** eingesetzt werden:

o **Heuristische Programmierung**
Die Verfahren sind empirisch orientiert und verkürzen den enormen Rechenaufwand durch detaillierte Analyse des Entscheidungssystems. Durch bewusste Beschränkung des „Suchgebiets" nimmt man sinnvolle und nicht optimale Lösungen in Kauf.

o **Simulation**
Mithilfe von Experimenten werden reale Vorgänge an einem Abbild der Wirklichkeit (= Modell) durchgespielt. Die Frage „Was ist, wenn ...?" steht im Vordergrund. |

Ausführlicher werden die Verfahren von *Korndörfer* dargestellt.

4.2.2 Netzplantechnik

Die Netzplantechnik kann die Planung überschaubar gestalten. Netzpläne vermögen:

❑ den zeitlichen Ablauf einzelner Planungsschritte und ganzer Pläne übersichtlicher darzustellen

❑ den sachlichen und zeitlichen Zusammenhang der einzelnen Planungsschritte und einzelnen Pläne im Gesamtzusammenhang der Planung zu verdeutlichen

❑ die vorhandenen Reserven in Plänen darzustellen.

Die Netzplantechnik weist folgende **Vorzüge** auf:

❑ universelle Einsatzmöglichkeit in der Planung
❑ Zwang zum gedanklichen Durchdringen komplexer Pläne
❑ übersichtliche Darstellung von Gesamtobjekten und einzelner Aktivitäten
❑ Möglichkeit der Berücksichtigung von Alternativen
❑ Flexibilität
❑ gute Erkennbarkeit von Planabweichungen
❑ gute Möglichkeit des EDV-Einsatzes.

Die Netzplantechnik wurde in den USA entwickelt. Von den zahlreichen Verfahren seien die wichtigsten genannt:

CPM	=	Critical Path Method
PERT	=	Program Evaluation and Review Technique
MPM	=	Metra Potenzial Method
LESS	=	Least Cost Estimating and Scheduling
RAMPS	=	Resources Allocation and Multi-Project Scheduling.

Das **CPM-Verfahren** dürfte für Planungsaufgaben das geeignetste Verfahren sein. Es ist eine Ablaufplanung und eine Zeitplanung und arbeitet mit der Darstellungsform des Diagramms.

Das CPM-Verfahren verwendet folgende **Begriffe** und **Darstellungsformen**:

- Knoten, Ereignisse: Anfangsereignis = i; Schlussereignis = j
- Aktivitäten: v (v = A, B ...)
- Termine t: Anfangstermin = t_o; Endtermin = t_z
- Tätigkeitszeiten: T (u, v) m

Beispiel:

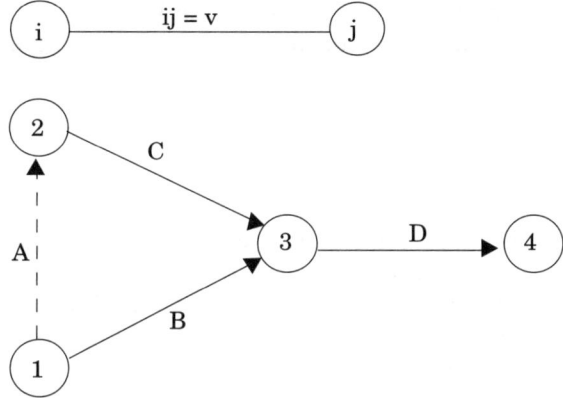

Aus der Zeichnung lässt sich ablesen, dass die Aktivitäten B und C im Zeitpunkt 1 beginnen und im Zeitpunkt 3 beendet sein können, dann erst kann die Aktivität D gestartet werden.

Die Aktivität A ist eine Scheinaktivität. Sie gibt an, dass die Ereignisse 1 und 2 zeitgleich sind. A hat einen Zeitbedarf von 0. Jedes Ereignis kann erst gestartet werden, wenn das vorhergehende beendet wurde, außer es liegen Überlappungen vor.

Es wird mit folgenden **Symbolen** gearbeitet:

FAZ	=	Frühester Anfang einer Aktivität
FEZ	=	Frühestes Ende einer Aktivität
SAZ	=	Spätester Anfang einer Aktivität
SEZ	=	Spätestes Ende einer Aktivität
P	=	Puffer- oder Schlupfzeiten.

Die Termine des Netzplanes werden nach folgenden **Regeln** berechnet:

FAZ = $t_0 + T(u, v)m$, die sich auf dem zeitlängsten Weg durch den Netzplan
         zwischen dem Anfangsereignis und dem Anfang der entsprechenden
         Aktivität befinden
FEZ = $FAZ + T(u, v)m$
SAZ = $SEZ - T(u, v)m$
SEZ = $t_z - T(u, v)m$, die auf dem zeitlängsten Weg vom vorgegebenen Endter-
         min t_z zum Endtermin der entsprechenden Aktivität führen
P   = $SEZ - FAZ - T(u, v)m$; oder: $SEZ - FEZ$.

Der **kritische Weg** ist der Weg durch das Netz, dessen Aktivitäten den größten
Zeitbedarf haben. Er ist dadurch charakterisiert, dass der frühestmögliche Zeitpunkt
für die Beendigung der Aktivität, die auf dem zeitlängsten Weg zum Schlussereignis führt, gleichzeitig der frühestmögliche Termin für die Beendigung des ganzen
Projektes ist.

4.2.3 Nutzwertanalyse

Die Nutzwertanalyse lässt sich immer dann mit Erfolg einsetzen, wenn bei mehrfacher Zielsetzung mehrere Alternativen zu bewerten sind. Nutzwertrechnungen
stellen den in Zahlen ausgedrückten subjektiven Wert von Maßnahmen im Hinblick
auf die Zielvorgabe fest. Dadurch lassen sich verschiedene Alternativen mithilfe von
Nutzenzuweisungen miteinander vergleichen.

Nutzwertrechnungen werden sowohl bei der Zielplanung als auch bei der Maßnahmenplanung eingesetzt. Sie laufen in den folgenden **fünf Schritten** ab:

1.	Fixierung des Zielprogramms

⬇

2.	Bildung einer Ergebnismatrix mit Angabe der Zielerträge für die einzelnen Alternativen

⬇

3.	Bildung einer Transformationsmatrix mit den Bewertungsregeln

⬇

4.	Bewertung der Alternativen und Bildung einer ungewichteten Punktwertmatrix

⬇

5.	Gewichtung der einzelnen Kriterien und Bildung der gewichteten Punktwertmatrix

Von entscheidender Bedeutung für den erfolgreichen Einsatz der Nutzwertanalyse
ist die Festlegung der **Bewertungskriterien**. Folgende Gruppen von Kriterien
werden in der Regel verwendet:

❑ wirtschaftliche Kriterien
❑ rechtliche Kriterien
❑ soziale Kriterien
❑ technische Kriterien.

Der Nutzen der einzelnen Kriterien muss mithilfe geeigneter **Bewertungsmaß-stäbe** festgestellt werden. Es kommen infrage:

❑ die nominale Skalierung
❑ die ordinale Skalierung
❑ die kardinale Skalierung.

Bei der Aufstellung einer **Punkteskala** sollten folgende **Grundsätze** beachtet werden:

❑ die Punkteskala muss für alle Kriterien gleich sein

❑ die Punkteskala sollte nicht bei 0 beginnen, damit auch extrem niedrige Punkte angesetzt werden können

❑ die Bewertung muss bei allen Kriterien die gleiche sein

❑ die Punkteskala muss eine ausreichende Differenzierung gewährleisten

❑ die Punkteskala sollte Bewertungssprünge vermeiden

❑ die Punkteskala sollte im Interesse der Anschaulichkeit in Prozentpunkte umgewandelt werden

❑ eine Transformationsmatrix, die die Regelung der Punktvergabe enthält, sollte unbedingt verwendet werden.

Nach erfolgter Nutzenmessung wird in der Regel eine Kriteriengewichtung vorgenommen, da nicht alle Bewertungskriterien den gleichen Rang für die Entscheidung einnehmen.

Die Punktwertmatrix und die Transformationsmatrix werden nach folgendem Muster aufgebaut:

Transformationsmatrix

Punkte / Kriterien	5	4	3	2	1
Z_1	sehr hoch	hoch	mittel	gering	sehr gering
Z_2	sehr gering	gering	mittel	hoch	sehr hoch
Z_3	sehr schlecht	schlecht	mittel	gut	sehr gut

Punktwertmatrix

Alternativen \ Ziel	G	Z$_1$		Z$_2$		Z$_3$		Z$_4$	
		B	B·G	B	B·G	B	B·G	B	B·G
A$_1$									
A$_2$									
A$_3$									
A$_4$									
A$_5$									
Summe									

Z = Ziel, A = Alternative, G = Gewichtung, B = Bewertung

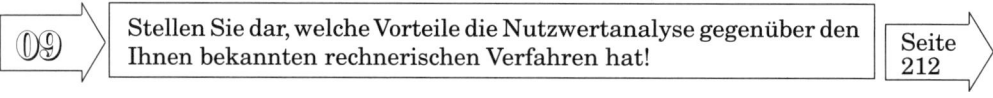

09 ▷ Stellen Sie dar, welche Vorteile die Nutzwertanalyse gegenüber den Ihnen bekannten rechnerischen Verfahren hat! ▷ Seite 212

5. Bildung von Strategischen Geschäfts-einheiten

Die Bildung von Strategischen Geschäftseinheiten (SGE) wird in der Literatur häufig als der Beginn der strategischen Planung angesehen. Einige Autoren sehen in ihr eine wichtige Voraussetzung.

Bei den Strategischen Geschäftseinheiten handelt es sich um die „Zergliederung der Unternehmung in strategisch relevante Planungseinheiten" *(Hammer)*, um Einheiten, auf die die Faktoren, die den Erfolg oder Misserfolg bestimmen, einwirken und erkannt werden können.

In diesem Kapitel sind darzustellen:

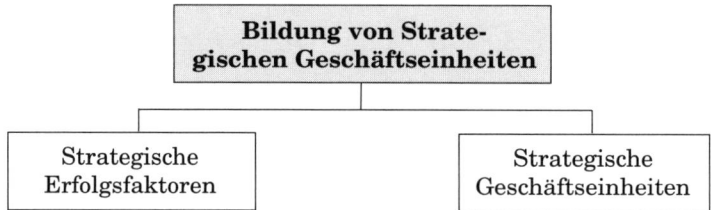

5.1 Strategische Erfolgsfaktoren

Bereits im Kapitel A. 2.4 wurde dargelegt, dass Strategien zu entwickeln bedeutet, Grundsatzentscheidungen zur langfristigen Sicherung des Unternehmenserfolges zu treffen. Es gilt:

❑ Chancen zu erkennen und zu nutzen
❑ Risiken zu vermeiden
❑ Stärken zu erhalten und auszubauen
❑ Schwächen zu mindern und zu beseitigen.

Die strategische Planung ist auf die Faktoren, Quellen und Fähigkeiten des Unternehmens, aus denen der Erfolg resultiert, ausgerichtet. Diese **Erfolgsfaktoren** sind sowohl im Unternehmen als auch außerhalb des Unternehmens festzustellen. Sie resultieren z. B. aus:

❑ dem Marktgeschehen
❑ den vom Staat und Gesellschaft geschaffenen, vom Unternehmen nutzbar zu
   machenden Bedingungen
❑ der Qualität der Unternehmensführung
❑ der Qualität der Mitarbeiter
❑ der Organisation
❑ den angewandten Verfahren
❑ der Investitionsintensität
❑ dem Forschungs- und Entwicklungsaufwand.

Die strategischen Erfolgsfaktoren sind sowohl **ökonomische Größen** (z. B. Umsätze, Deckungsbeiträge, Marktanteile) als auch **vorökonomische Größen** (z. B. Bekanntheitsgrad, Markentreue, Erinnerungswert). Es handelt sich bei ihnen um keine statischen, sondern Wandlungen unterworfene Größen.

Die Ermittlung der Erfolgsfaktoren ist nicht immer unproblematisch. Die meisten werden im Rahmen von Unternehmens- und Umweltanalysen erkannt (vgl. Kap. C. 1 und C. 2).

In diesem Zusammenhang ist das **PIMS-Projekt** (**P**rofit **I**mpact of **M**arket **S**trategies) zu nennen. Das auf die *General Electric Corporation* zurückgehende und heute vom *„Strategic Planning Institute"* in Cambridge/USA durchgeführte Projekt erfasst eine Reihe von erfolgsbeeinflussenden Faktoren und wertet sie aus.

Dem Programm sind zahlreiche amerikanische und europäische Unternehmen angeschlossen. Diese stellen in einem vom SPI entwickelten Fragebogen Daten für mehr als 3.000 Strategische Geschäftseinheiten zur Verfügung. Jede Geschäftseinheit umfasst mehr als 200 quantifizierbare Angaben u. a.:

❑ Bilanz, Gewinn- und Verlustdaten
❑ Forschungs- und Entwicklungsbemühungen
❑ Struktur des Produktionsprozesses
❑ Wettbewerbsposition
❑ Kundenprofil
❑ Beschreibung der Bedingungen der Strategischen Geschäftseinheiten.

Die PIMS-Studie zeigt, dass der Erfolg der Strategischen Geschäftseinheiten von zahlreichen Faktoren bestimmt wird, von denen folgende als bedeutendste genannt werden:

❑ Marktattraktivität (z. B. Marktwachstum, Exportanteil, Konzentrationsgrad)

❑ Relative Wettbewerbsposition (z. B. absoluter Marktanteil, relativer Marktanteil, relative Produktqualität)

❑ Investitionsattraktivität (z. B. Investitionsintensität, Wertschöpfung/Umsatz, Umsatz/Beschäftigte, Beschäftigungsgrad)

❑ Kostenattraktivität (z. B. Marketingaufwand/Umsatz, F&E-Aufwand/Umsatz, Rate von Produkteinführungen)

❑ Allgemeine Unternehmensmerkmale (z. B. Unternehmensgröße, Diversifikationsgrad)

❑ Veränderungen vorgenannter Schlüsselgrößen.

Der Einfluss der einzelnen Faktoren auf den Erfolg stellt sich erst in ihrer Kombination heraus. Die in den Fragebogen erfassten und verschlüsselten Informationen werden über einen multiplen, linearen Regressionsansatz ausgewertet.

Das wichtigste **Ergebnis** des PIMS-Projektes ist die Feststellung des starken Einflusses des Marktanteils auf die Rentabilität. Es wird nachgewiesen, dass zwischen keinen anderen Größen so starke Wechselwirkungen bestehen wie zwischen dem hohen Marktanteil und einem günstigen Return-on-Investment und dem Cash-flow.

Ein großer Vorteil des PIMS-Projektes ist in der ständigen Aktualisierung der Daten zu sehen. Ein wesentlicher Nachteil besteht in der einseitigen Auswahl der Unternehmen. Diese müssen Zuzahlungen leisten, was die Teilnehmerzahl einschränkt.

5.2 Strategische Geschäftseinheiten

Die strategischen Erfolgsfaktoren lassen sich schneller erkennen und nutzbar machen, wenn mit Strategischen Geschäftseinheiten (SGE) operiert wird. Unter diesen sind voneinander weitgehend unabhängige Tätigkeitsfelder des Unternehmens zu verstehen. Sie sind durch eine eigenständige, kundenbezogene Marktaufgabe, durch gegenüber anderen SGE klar abgrenzbare Produkte oder Produktgruppen und durch einen eindeutig bestimmbaren Kreis von Wettbewerbern gekennzeichnet. Darüber hinaus weisen die SGE im Allgemeinen unterschiedliche Marktchancen und -risiken auf *(Nieschlag / Dichtl / Hörschgen)*.

Für jede Strategische Geschäftseinheit lassen sich Strategien zur Schaffung und Erhaltung von Erfolgspotenzialen selbstständig planen und realisieren. Zahlreiche Fragen stellen sich nicht für das ganze Unternehmen, sondern nur für bestimmte Bereiche und können von diesen auch am besten beantwortet werden.

Durch die Bildung Strategischer Geschäftseinheiten wird besonders eine produkt- und zielgruppenorientierte Marktbearbeitung bei raschem und deutlichem Erkennen von Kostensenkungspotenzialen möglich.

Die Arbeit mit Strategischen Geschäftseinheiten führt nicht zwangsläufig zu einer grundlegenden Änderung der Aufbauorganisation.

Das organisatorische **Erscheinungsbild** von SGE stellt sich folgendermaßen dar:

❑ eine SGE ist gleichzeitig eine organisatorische Einheit wie etwa ein Unternehmensbereich, ein Geschäftsbereich, eine Abteilung oder eine Kostenstelle
❑ eine organisatorische Einheit umfasst mehrere SGE
❑ mehrere organisatorische Einheiten bilden eine SGE.

Beispiel: In einem großen Unternehmen, das Genussmittel und damit inVerbindung stehende Produkte herstellt, konnten SGE so gebildet werden, dass ihnen Produkte und Marken überschneidungsfrei zugeordnet werden konnten *(Nieschlag / Dichtl / Hörschgen).* Dabei ergibt sich folgendes Bild:

SGE	Kaffee-genuss	Tee-genuss	Frische und Geschmack	Praktische Sauberkeit	Bessere Wohnumwelt
Produkte	Kaffee Filterpapier Kaffeeautomaten Kaffeefilter	Teefilter Teefilter-system	Lebensmittelfolien zum Frischhalten, Einfrieren, Backen und Braten	Staubsauger-beutel Müllbeutel Dunstbeutel	Luftreiniger, Luftbefeuchter
Marke	A	B	C	D	E

Die Leitungen der SGE müssen ausreichende Führungskompetenz erhalten und Entscheidungsbefugnis über Technologie, Produktion, Marketing, Cash-Management usw. im Rahmen genehmigter Pläne haben *(Hammer).*

Bei der Bildung Strategischer Geschäftseinheiten ist darauf zu achten, dass weder eine zu große, noch eine zu kleine Anzahl konzipiert wird. Operiert man mit zu wenigen SGE, besteht die Gefahr, dass ein „Saldierungseffekt" entsteht, günstige und ungünstige Strukturen vermischt werden *(Becker).* Eine zu große Zahl von SGE kann zu einer Überforderung der Entscheidungsträger und einer völligen Unübersichtlichkeit führen. *Kreikebaum* empfiehlt in diesem Fall eine Zusammenfassung bestimmter SGE zu „strategischen Sektoren".

Das Arbeiten mit Strategischen Geschäftseinheiten bietet den Unternehmen folgende **Vorteile**:

❑ Schnelles Erkennen von Erfolgsfaktoren
❑ Entlastung der Unternehmensleitung
❑ Verantwortlichkeit jeder SGE, unabhängig von der rechtlichen Struktur des Unternehmens
❑ Verbesserung und Intensivierung der Planungsaktivitäten
❑ Konzentration der Planungsaufgaben auf Spezialisten
❑ Schnelles Erkennen von (Markt-)Chancen
❑ Bessere Marktbearbeitung
❑ Intensivere Kundenbeziehungen
❑ Erhöhte Flexibilität
❑ Erhöhte Motivation
❑ Schnelles Erkennen und Ausnutzen von Kostensenkungspotenzialen.

Strategische Geschäftseinheiten werden nicht auf Dauer gebildet, sondern sind bei Änderungen der Bedingungen diesen anzupassen. Das Operieren mit Strategischen Geschäftseinheiten ist nicht Großunternehmen vorbehalten, sondern auch in Mittel- und Kleinunternehmen möglich.

10

Die Faktoren, die den Erfolg eines Unternehmens oder einer Strategischen Geschäftseinheit beeinflussen, sind in allen Branchen und Unternehmen zu finden. Die Literatur geht in der Regel von Erfolgsfaktoren in Industrieunternehmen aus.

Versuchen Sie eine Liste von Erfolgsfaktoren im mittelständischen Einzelhandel zu bilden!

Seite 212

11

Erläutern Sie, was unter den in diesem Kapitel behandelten Begriffen zu verstehen ist!

❑ Informationsbedarf
❑ Informationsquellen
❑ Informationssysteme
❑ Informationsprozess
❑ EDI
❑ EDIFACT
❑ Planungsträger
❑ Planperiode
❑ Planungskalender
❑ Planungsrichtung
❑ Progressive Planung
❑ Retrograde Planung
❑ Gegenstromverfahren
❑ Entscheidungsbaumtechnik
❑ Entscheidungstabellen-technik

❑ Delphi-Methode
❑ Szenario-Technik
❑ Kreativitätstechniken
❑ Logisch-systematische Verfahren
❑ Zeitreihenanalysen
❑ Mathematische Optimierungs-verfahren
❑ Experimentelle Verfahren des OR
❑ Netzplantechnik
❑ CPM-Verfahren
❑ Nutzwertanalyse
❑ Strategische Erfolgsfaktoren
❑ Strategische Geschäfts-einheiten

Seite 212

C. Analyse von Umwelt und Unternehmen

Die Analyse der Umwelt und des Unternehmens ist eine wichtige Grundlage der strategischen Planung und stellt gleichzeitig deren Ausgangspunkt dar (vgl. Kap. B. 3.4). Es lässt sich durchaus die Auffassung vertreten, die Analyse sei der wichtigste Teil der strategischen Planung.

Erst die genauen Kenntnisse der internen und externen Faktoren und ihrer Wirkungsweisen, die Kenntnisse über die Elemente des Marktes, die Handlungsweisen der Konkurrenz, das Erkennen der eigenen Möglichkeiten mit ihren Stärken und Schwächen lässt eine konkrete Zielsetzung zu und ermöglicht die Entwicklung von Strategien und Maßnahmen.

Die Umwelt- und Unternehmensanalyse ist so anzulegen, dass sie die Erkenntnisse so rechtzeitig ermittelt, dass umgehende Reaktionen möglich sind. Insbesondere muss die rechtzeitige Wahrnehmung von Warnsignalen gewährleistet sein. Aus diesem Grund wird in diesem Kapitel auch ausführlich auf Frühwarnsysteme eingegangen.

Die Analysen erstrecken sich im Einzelnen auf das Unternehmen, die Wettbewerber, den Markt und die Umwelt (das Umfeld). Manche Autoren unterscheiden dabei zwischen:

❑ Der **Makro-Umweltanalyse**, der die Analyse des politischen Umfeldes, der gesellschaftlichen Entwicklung, der gesetzlichen Bedingungen, der gesamtwirtschaftlichen Entwicklung, der ökologischen Umwelt, der technologischen Umwelt zugeordnet werden.

❑ Der **Mikro-Umweltanalyse**, die sich mit der Markt-Umwelt, also mit den Kunden, Lieferanten, Konkurrenten und dem Staat als Anbieter und Nachfrager befasst *(Becker, Nieschlag / Dichtl / Hörschgen)*.

Im Folgenden werden die Makro-Analyse und die Mikro-Analyse zur Umweltanalyse zusammengefasst. Im Einzelnen sind in diesem Kapitel zu behandeln:

Analyse von Umwelt und Unternehmen	Analyse des Umfeldes des Unternehmens = Umweltanalyse
	Analyse der Leistungsfähigkeit des Unternehmens = Unternehmensanalyse
	Rechtzeitige Wahrnehmung von Warnsignalen = Frühwarnsysteme

1. Umweltanalyse

Ein Unternehmen kann seine Ziele und Aktivitäten nur planen, wenn es sich auf seine Umwelt ausrichtet. Eine Analyse der Umwelt ist besonders wichtig, weil neben stabilen Faktoren auch raschen Veränderungen unterworfene Faktoren vorhanden sind. Nur die genaue Kenntnis dieser Umfeldfaktoren gewährleistet eine effiziente strategische Planung.

Bei den vorzunehmenden Analysen der Umwelt handelt es sich um:

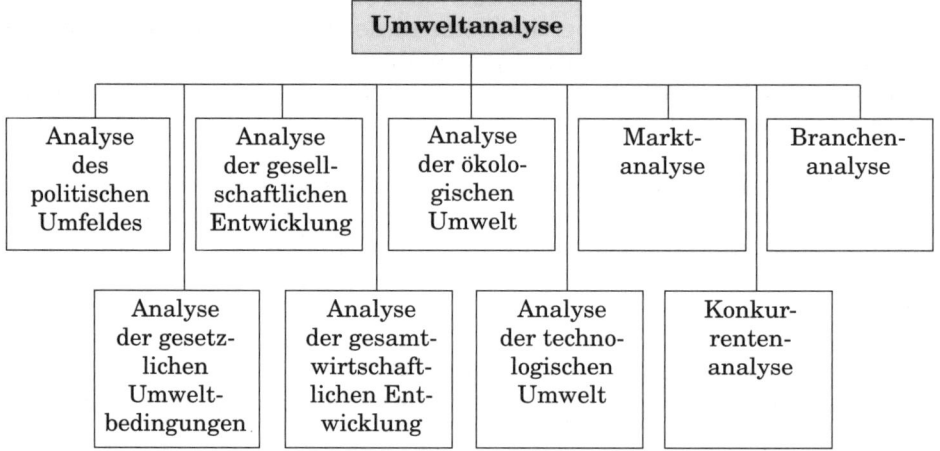

1.1 Analyse des politischen Umfeldes

Die politische Entwicklung eines Landes, aber auch internationale Entwicklungen können große Auswirkungen auf Unternehmen haben. Wenn auch die politische Lage in den letzten Jahren in Deutschland recht stabil war, ergaben sich doch im nationalen Bereich wie auch in den Beziehungen zu anderen Staaten Entwicklungen, die von den Unternehmen sehr genau eingeschätzt werden mussten.

Zurzeit spielt die Entwicklung in den östlichen Teilen unseres Landes, die Realisierung Europas insbesondere im Hinblick auf die osteuropäischen Länder und wirtschaftliche Schwächen in einigen Ländern Westeuropas eine wichtige Rolle.

Um die Chancen und Risiken im In- und Ausland richtig einschätzen zu können, ist eine permanente Beobachtung und Analyse der politischen Trends erforderlich.

1.2 Analyse der gesetzlichen Umwelt-bedingungen

Die nationale und immer mehr die supranationale Gesetzgebung hat mittelbare und unmittelbare Auswirkungen auf die Unternehmen. Da diese nur in seltenen Fällen den gesetzlichen Vorschriften ausweichen können, müssen sie bei der strategischen Planung permanent im Auge behalten werden.

Folgende **Regelungen** sind u. a. zu berücksichtigen:

❏ Gesetze, die Wirtschafts- und Wettbewerbsordnung betreffend
❏ Gesetze im Hinblick auf die Konjunkturpolitik
❏ Steuergesetzgebung
❏ Sozialgesetzgebung
❏ Arbeits- und tarifvertragsrechtliche Regelungen
❏ Gesetze, die Unternehmensverfassung tangierend
❏ Regelungen über die technische Sicherheit
❏ Vertragsrechtliche Regelungen
❏ Umweltschutzgesetzgebung
❏ Strafrechtsvorschriften
❏ Internationale Vorschriften und Abkommen.

1.3 Analyse der gesellschaftlichen Entwicklung

Die Analyse der gesellschaftlichen Entwicklung soll Aufschluss darüber geben, ob und welche Tendenzen in welchem Ausmaß Einfluss auf das Unternehmen ausüben. Im Wesentlichen handelt es sich um:

❏ Die Bevölkerungsentwicklung vor allem im Hinblick auf die sich ändernde Alterspyramide
❏ Sich ändernde Verbrauchergewohnheiten auch durch den Zuzug von Aussiedlern und Ausländern
❏ Veränderungen von Arbeitszeit und Freizeit
❏ Das Freizeitverhalten
❏ Die Arbeitsmentalität
❏ Das Verhältnis zwischen den Tarifvertragsparteien
❏ Die Macht von Verbänden
❏ Das Schul- und Ausbildungswesen
❏ Den technologischen Fortschritt und seine Akzeptanz
❏ Die Akzeptanz internationaler Regelungen.

1.4 Analyse der gesamtwirtschaftlichen Entwicklung

Die gesamtwirtschaftliche Situation und ihre Entwicklung hat ohne Frage große Auswirkungen auf die Unternehmen. Bei deren Analyse sollten folgende Bereiche im Vordergrund stehen:

❑ Die Entwicklung des Trends beim Wachstum des Bruttosozialprodukts und der verfügbaren Einkommen
❑ Die Preisentwicklung in differenzierter Betrachtungsweise
❑ Die Entwicklung der Investitionen
❑ Die Bevölkerungsentwicklung
❑ Die Entwicklung der öffentlichen Haushalte
❑ Wanderungsbewegungen
❑ Die Handels- und Zahlungsbilanz
❑ Der europäische Binnenmarkt
❑ Die Beziehungen zu internationalen Märkten.

1.5 Analyse der ökologischen Umwelt

Bei der Analyse der ökologischen Umwelt sollte nicht allein die Umweltschutzgesetzgebung berücksichtigt werden, sondern es sollten auch eigene Möglichkeiten und die der Wettbewerber erkannt werden, damit:

❑ umweltschonende Verfahren entwickelt und eingesetzt werden
❑ umweltfreundliche Produkte hergestellt werden
❑ Rohstoffe und Energie sparsam eingesetzt werden
❑ optimale Entsorgungsverfahren entwickelt werden
❑ Geschäftspartner sich umweltschonend verhalten.

1.6 Analyse der technologischen Umwelt

Die Analyse der technologischen Umwelt umfasst

❑ den gegenwärtigen Stand der Technik
❑ die Entwicklung neuer Verfahren
❑ die Möglichkeit von Produktveränderungen einschließlich des Design
❑ den Einsatz neuer Materialien
❑ den Einsatz neuer Energien
❑ neue Qualitätskontrollen
❑ neue Ausbildungswege im technologischen Bereich
❑ den Stand der Forschung.

1.7 Marktanalyse

Die Marktanalyse stellt die Struktur eines Marktes zu einem bestimmten Zeitpunkt oder in bestimmten Intervallen fest und erfasst dabei alle relevanten Sachverhalte über die Marktpartner. Erstreckt sich die Marktanalyse auf den Absatzmarkt, stehen vor allem die Bedürfnisse der Kunden im Mittelpunkt der Untersuchungen.

Analyseobjekte sind abgegrenzte Märkte, Teilmärkte oder ein bestimmtes Marktsegment.

Die Marktanalyse ist der **Marktforschung** zuzuordnen und operiert mit deren Verfahren und Instrumenten. Im Zusammenhang mit der Marktanalyse sind die Marktbeobachtung und die Marktprognose zu sehen.

❏ Die **Marktbeobachtung** stellt die Entwicklung eines Marktes im Zeitablauf fest und versucht vor allem Veränderungen festzustellen und zu begründen, sowie offensichtliche Gesetzmäßigkeiten ausfindig zu machen.

❏ Die **Marktprognose** versucht zukünftige Marktsituationen zu erfassen.

Die Marktanalyse muss sich nicht auf den Absatzmarkt beschränken, sondern kann auch andere Märkte wie den Beschaffungsmarkt, den Finanzmarkt, den Markt für Dienstleistungen oder für öffentliche Leistungen umfassen.

Beabsichtigt ein Unternehmen Marktanalysen durchzuführen, muss es über Kenntnisse in folgenden Bereichen verfügen:

• **Arten der Marktforschung**

• **Erhebungsarten und eingesetzte Methoden**

• **Beurteilung und Analyse der gewonnenen Daten**.

1.7.1 Arten der Marktforschung

In der Vorbereitungsphase der Marktanalyse müssen sich die Verantwortlichen Klarheit darüber verschaffen, wie vorgegangen werden soll. Es empfiehlt sich deshalb, sich zuerst einen Überblick über die möglichen Arten der Marktforschung zu verschaffen.

Die von der Marktforschung durchzuführenden Aufgaben können nach mehreren Kriterien gegliedert werden, sodass man zu unterschiedlichen Arten der Marktforschung kommt *(Weis)*:

Einteilungskriterien	Inhalt
Funktionsbereiche	○ Absatzmarktforschung ○ Beschaffungsmarktforschung ○ Finanzmarktforschung
Raum	○ lokale Marktforschung ○ regionale Marktforschung ○ nationale Marktforschung ○ internationale Marktforschung
Marktteilnehmer	○ Käuferforschung ○ Konkurrenzforschung ○ Produzentenforschung ○ Absatzmittlerforschung
Subjekt- oder Objektbezogenheit	○ demoskopische Marktforschung, die die Untersuchung von Handlungsobjekten zum Gegenstand hat ○ ökoskopische Marktforschung, bei der die Erforschung objektiver Marktdaten im Vordergrund steht
Träger der Marktforschung	○ Eigenmarktforschung ○ Fremdmarktforschung oder Institutsmarktforschung
Anzahl der Untersuchungsthemen	○ Einthemenuntersuchung ○ Mehrthemen- oder Omnibusuntersuchung
Objekte	○ Konsumgütermarktforschung ○ Investitionsgütermarktforschung ○ Dienstleistungsmarktforschung
Erhebungsziel	○ quantitative Marktforschung, die zahlenmäßige Daten (= numerische Werte) über den Markt ermittelt ○ qualitative Marktforschung mit dem Ziel der Feststellung der Motive für die Verhaltensweisen. Sie versucht Einstellungen und Erwartungen zu ermitteln.

1.7.2 Erhebungsarten und eingesetzte Methoden

Die Marktforschung arbeitet hauptsächlich mit zwei Erhebungsarten, mit der **Sekundärerhebung** und der **Primärerhebung**, wofür ihr eine Reihe von Erhebungsmethoden zur Verfügung steht.

1.7.2.1 Sekundärerhebung

Die Sekundärerhebung wird auch als **„desk research"** bezeichnet. Ursprünglich für andere Zwecke ermittelte Daten, sog. Sekundärinformationen, werden zusammengestellt und ausgewertet. Die Informationsquellen sind sowohl interne Quellen als auch externe Quellen. Auf sie muss hier nicht eingegangen werden, da sie im Kapitel B. 2.3 bereits beschrieben wurden.

1.7.2.2 Primärerhebung

Bei der Primärerhebung, auch unter der Bezeichnung „**field research**" bekannt, werden die Daten an ihrem Ursprungsort erhoben. Der Primärerhebung stehen mehrere Erhebungsmethoden zur Verfügung, deren wichtigste sind:

Methode	Inhalt/Vorgehensweise
Vollerhebung	Sämtliche Elemente einer Grundgesamtheit werden untersucht.
Teilerhebung	Nur eine Auswahl aus der Grundgesamtheit wird berücksichtigt. Teilerhebungen können Zufallsauswahlverfahren, Quotenauswahlverfahren, Konzentrationsauswahlverfahren sein. Zu Einzelheiten vgl. *Weis, Weis / Steinmetz, Rogge.*
Befragung	Sie verkörpert ein systematisches Vorgehen der Erhebung, bei der Personen durch gezielte Fragen zur Abgabe von Informationen veranlasst werden sollen *(Weis).* Die Befragung kann erfolgen: ○ schriftlich ○ mündlich ○ telefonisch. Die Befragung kann eine Gesamtbefragung oder Teilbefragung, eine Einmalbefragung oder Mehrfachbefragung, eine direkte oder indirekte Befragung sein. Sie kann standardisiert oder nicht standardisiert, persönlich oder apparativ erfolgen.
Beobachtung	Beobachtungsobjekte können Verhaltensweisen bzw. Eigenschaften von Personen (Kaufverhalten im Laden, Reaktionen auf Schaufenstergestaltungen u. Ä. oder Sachen (z. B. Regalplatzierungen) sein.
Automatische Registrierung	Zu den Verfahren zählen u. a.: ○ psychophysiologische Messungen ○ Tachistoskopverfahren ○ Schnellgreifverfahren ○ computergestützte Verfahren.
Institutionalisierte Erhebungsformen	Zu dieser Erhebungsform zählen Experimente und die Panelerhebung. ❑ Die **Experimente** werden in Form von **Tests** durchgeführt. Folgende Tests werden häufig angewandt: ○ **Produkttest** Ausgewählte Käufer beurteilen ein ganzes Produkt, einzelne Komponenten oder Attribute von Produkten (z. B. Preis, Design, Verpackung) durch Befragung bzw. es werden Labortests durchgeführt.

○ **Markttest**
Auf Testmärkten wird die Effizienz von Marketinginstrumenten bzw. der erwartete Markterfolg festgestellt. Die Testmärkte müssen die Grundgesamtheit repräsentieren und der Handel ist einzubeziehen.

○ **Store Test**
Beim Store-Test wird der Handel ebenfalls einbezogen und zwar mit 30 - 50 Einzelhandelsgeschäften. Der bis zu drei Monaten dauernde Test wird durch „experimentelle Beobachtung" kontrolliert. Bestimmte Variable werden überprüft, wobei alle anderen Variablen konstant bleiben.

○ **Preistest**
Getestet werden können Preiserwartungen und Verbrauchsreaktionen auf bestimmte Preishöhen.

❏ **Panels** sind kontinuierlich durchgeführte Tests. Bestimmte Personengruppen werden in regelmäßigen Zeitabständen über den gleichen Gegenstand befragt. Die Paneldaten sind schnell verfügbar, der repräsentative Querschnitt muss nur einmal gebildet werden, und der Teilnehmerkreis steht längere Zeit fest und gewöhnt sich an ein von ihm verlangtes Verhalten.

Die Erhebungsmethoden sind vielfältig, z. B. Befragung, Beobachtung, Experimente. Folgende Zielpersonen und Institutionen kommen infrage:
- Einzelpersonen, Personengruppen
- Haushalte
- Industrie
- Handel
- bestimmte Branchen
- bestimmte Unternehmen u. Ä.

1.7.3 Beurteilung und Analyse der gewonnenen Daten

Der Datenerhebung folgt die Beurteilung, Aufbereitung und Analyse der Daten. Die Vorgehensweise ist bei den Daten, die durch die Sekundärerhebung ermittelt wurden, die gleiche wie die bei den durch Primärerhebung gewonnenen.

Die erste Überprüfung des Datenmaterials erstreckt sich auf:

❏ die Vollständigkeit der Daten
❏ die Übereinstimmung der Daten hinsichtlich Verwendungszweck und ggf. früherem Erhebungszweck
❏ die Glaubwürdigkeit der Daten.

Besonderes Augenmerk muss auf die Feststellung der Messgenauigkeit von Datenmaterial und Messverfahren gerichtet werden, wobei auf das Vorliegen **folgender Eigenschaften** geachtet werden sollte:

❑ Objektivität
❑ Validität
❑ Reliablilität
❑ Repräsentativität
❑ Signifikanz.

Die **Beurteilung** der Daten und ihre Aufbereitung kann folgendem Bild entnommen werden:

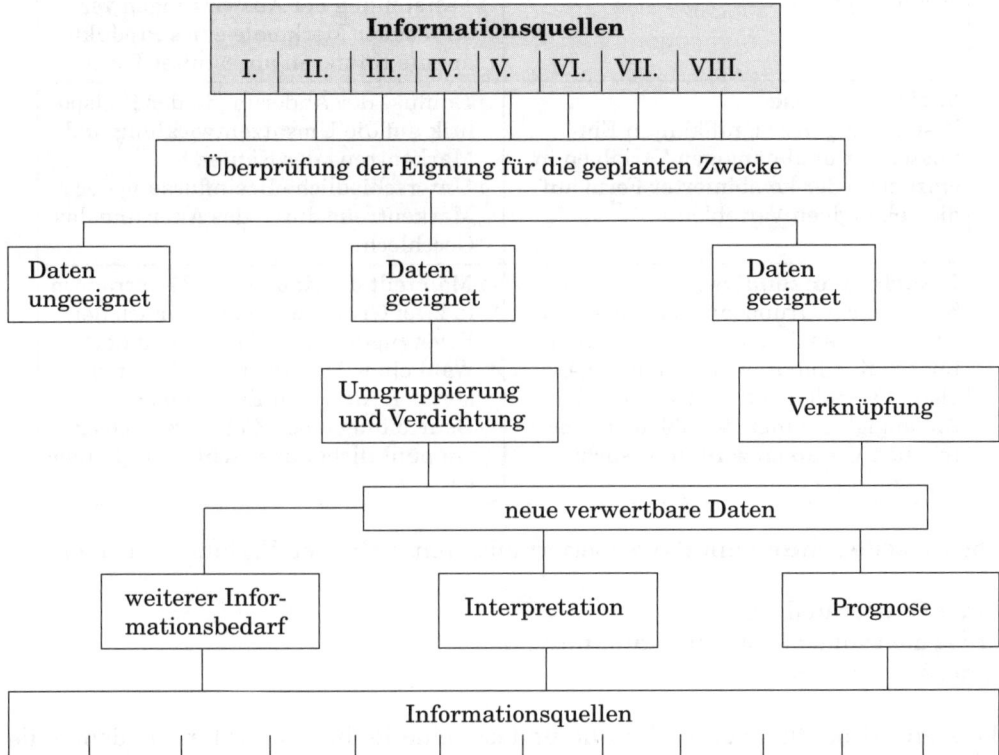

Zur **Analyse** der Daten dominieren die analytischen Verfahren, die die Dependenzen (Abhängigkeiten) bzw. Interdependenzen (wechselseitige Beziehungen der Variablen) untersuchen. Eingesetzt werden **multivariate Verfahren**, die eine Vielfalt von Variablen berücksichtigen.

Einige wichtige Analysen seien im Folgenden kurz vorgestellt.

Dependenzanalyse	
Verfahren	**Beispiele**
Regressionsanalyse Man will feststellen, wie stark der Zusammenhang zwischen mehreren Variablen ist und in welche Richtung er sich bewegt.	○ Einfluss von Preis und Werbeaufwand auf den Absatz und Auswirkungen einer Preissenkung auf den Absatz bei gleichbleibendem Werbeaufwand. ○ Feststellung der Auswirkungen verschiedener Merkmale eines Produktes auf die Käufer in abgestufter Form.
Varianzanalyse Feststellung des signifikanten Einflusses der unabhängigen Variablen in einzelner oder kombinierter Form auf die abhängigen Variablen.	○ Einfluss der Änderung in der Preispolitik auf die Umsatzentwicklung und Markentreue der Käufer. ○ Unterschiedliche Beeinflussung der Markentreue durch das Alter und das Geschlecht.
Diskriminanzanalyse Sie versucht Gruppenunterschiede zu verdeutlichen, indem Gruppen durch lineare Kombinationen von unabhängigen Variablen getrennt werden. Die Abhängigkeit einer Variablen von metrischen Variablen wird untersucht.	○ Man teilt die Käufer von Motorrädern in zwei Gruppen, und zwar nach der Bevorzugung ihrer Marke und der Wahl eines Motorrades in Abhängigkeit von Alter und Einkommen. ○ Beurteilung eines Zielkäufers, ob er ein pünktlicher oder schlechter Zahler ist.

Die **Interdependenzanalyse** operiert auch mit mehreren Verfahren, u. a. mit

❑ der Clusteranalyse
❑ der mehrdimensionalen Skalierung
❑ der Faktorenanalyse.

Letztere ist häufig anzutreffen und umfasst eine Reihe von Verfahren, denen die Absicht gemeinsam ist, die Zusammenhänge in größeren Gruppen von Variablen festzustellen. Es handelt sich im Prinzip um eine Reduktion von Datenfaktoren. Dabei wird versucht, eine kleine Zahl von Variablen zu finden, die einer größeren Anzahl von Variablen zu Grunde liegt, und ihre Interkorrelation zu klären.

Es wurde bereits erwähnt, dass im Zusammenhang mit der Marktanalyse die Marktprognose zu sehen ist. Vielfach wird sie nicht der Marktforschung zugeordnet, sondern als eigenständiger Bereich gesehen. Da die strategische Planung in die Zukunft gerichtet ist, werden die Planer bereits bei der Marktanalyse zielgerichtete Vorhersagen über zukünftige Marktgegebenheiten berücksichtigen.

Die **Marktprognose** bedient sich einer Reihe von **Verfahren**, von denen die wichtigsten im Folgenden genannt seien *(Weis)* (ausführlicher *Rogge, Weis/Steinmetz*):

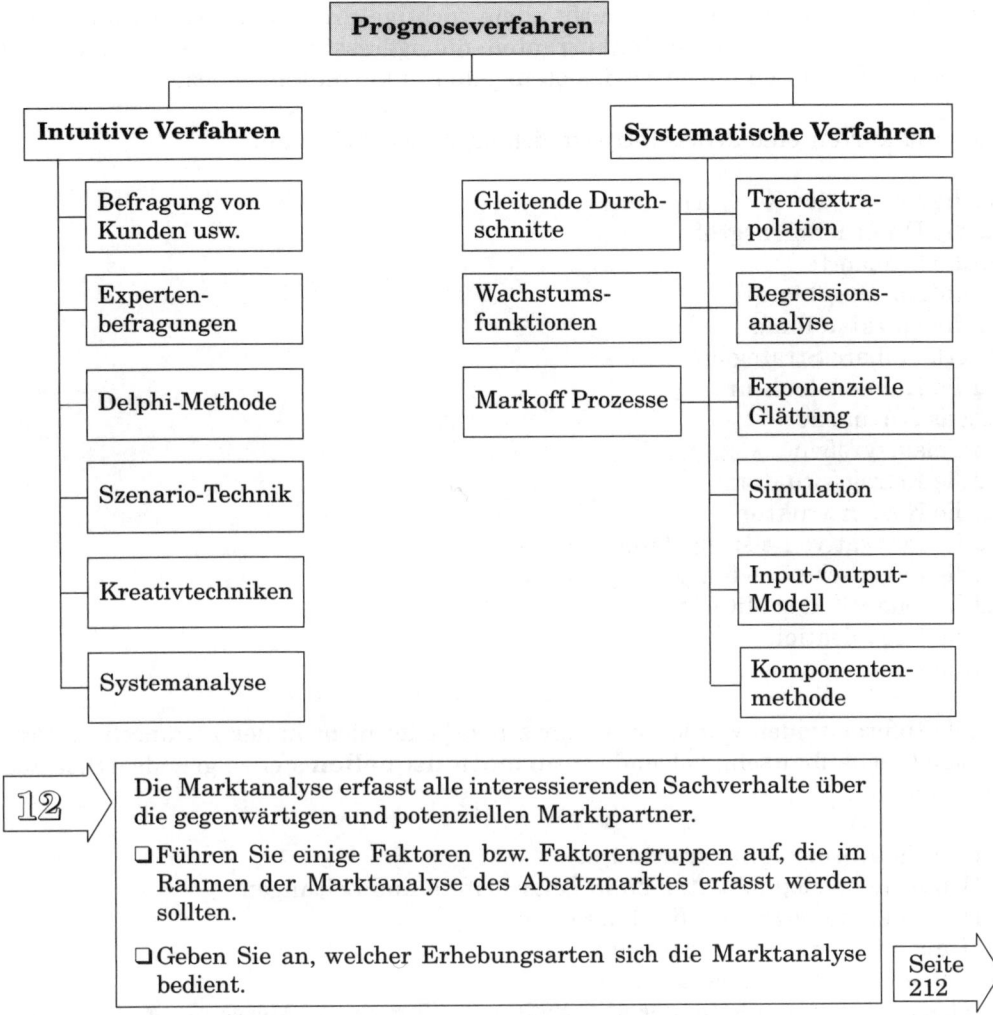

Seite 212

1.8 Konkurrentenanalyse

Die Konkurrentenanalyse hat die Aufgabe, möglichst viele Informationen über die wichtigsten Mitbewerber zu sammeln und auszuwerten. Die Informationen sollen sich auf alle Bereiche der Konkurrenten, bei denen Stärken und Schwächen erkennbar sind, erstrecken. Da die Konkurrentenanalyse unter anderem die Absicht verfolgt, einen Vergleich mit den eigenen Möglichkeiten anzustellen, sollten auch die Informationen berücksichtigt werden, die Gegenstand der Potenzialanalyse des eigenen Unternehmens sind.

Die Konkurrentenanalyse darf nicht allein wichtige, große Mitbewerber umfassen, sondern soll auch kleinere Konkurrenten, die aggressiv am Markt auftreten und Erfolge aufzuweisen haben sowie potenzielle Konkurrenten einbeziehen.

Die Konkurrentenanalyse erstreckt sich im Wesentlichen auf:

❑ die Anzahl der Konkurrenten
❑ die Unternehmensgröße
❑ die Standorte
❑ die Absatzgebiete
❑ die Marktstellung
❑ erkennbare Strategien
❑ die Kundenstruktur
❑ das Sortiment
❑ Umsatzgrößen
❑ die Ertragssituation
❑ die Kostenstruktur
❑ die innovative Leistungsfähigkeit
❑ die technische Leistungsfähigkeit
❑ die Qualität der Mitarbeiter
❑ die Organisation
❑ die Planung.

Viele Informationen werden nur sehr schwer oder nicht in der gewünschten Präzision beschaffbar sein. Folgende **Informationsquellen** stehen grundsätzlich zur Verfügung:

❑ Veröffentlichte Jahresabschlüsse
❑ Unternehmenspublikationen in Zeitschriften und Zeitungen
❑ Pressekonferenzen der Konkurrenten
❑ Hausmitteilungen der Mitbewerber
❑ Zahlen aus Betriebsvergleichen
❑ Gesprächsnotizen leitender Mitarbeiter von Tagungen, Messen u. Ä., bei denen Mitbewerber anwesend waren
❑ Gezielte Befragungen
❑ Kammer- und Verbandsmitteilungen
❑ Bankauskünfte
❑ Internetrecherchen
❑ Indiskretionen.

In der Konkurrentenanalyse werden bevorzugt Checklisten und Formulare eingesetzt, die ihren Niederschlag in Konkurrenzprofilen finden.

Ein **Erhebungsformular** kann z. B. folgendes Aussehen haben:

Mitbewerber			
Analyseobjekte	**Unternehmen A**	**Unternehmen B**	**Unternehmen C**
Mitbewerber - Hauptanbieter - Marktanteil . . .			
Produktionsbereich - Produktionskapazität - Technologischer Stand - Anpassungsfähigkeit der Anlagen . .			
Forschungs- und Entwick- lungsbereich - Innovationsbereitschaft und -möglichkeit . .			
Absatzbereich - Sortimentsstruktur - Absatzgebiete - Kunden - Umsatz gesamt - Umsatz Hauptprodukte - Preispolitik - Funktionieren des Mar- keting-Instrumentariums			
Finanzbereich - Eigenkapitalbasis - Kapitalstruktur - Verschuldungsgrad - Möglichkeiten der Kapitalbeschaffung . .			
Personalbereich - Qualität der Mitarbeiter . .			
Struktur und Qualität des Managements Firmendaten Organisation . .			
Ertragslage Kostenstruktur . .			

Das **Konkurrenzprofil** ergibt sich aus der Bewertung der in den Checklisten bzw. Formularen zusammengestellten Analyseobjekte. In einem Diagramm stellt man dar, wie die Konkurrenten im Vergleich zum eigenen Unternehmen abschneiden. In der Regel wird bei der Bewertung die ordinale Skalierung verwendet.

Die **Kurzform** eines Konkurrenzprofils sieht wie folgt aus:

Kriterien	Die Wettbewerber sind im Vergleich zu unserem Unternehmen								
	besser			gleich			schlechter		
	1	2	3	4	5	6	7	8	9
Konkurrent A									
- Allgemeine Wettbewerbsfähigkeit							●		
- Einschätzung der Strategie								●	
- Erkennbare Marketingziele						●			
- Umsatzgröße insgesamt							●		
- Marktanteile insgesamt						●			
- Marktanteil an relevanten Produkten				●					
- Kundenbetreuung			●						
- Ertragskraft						●			
- Kostenstruktur								●	
- Finanzstruktur						●			
- Cash-flow							●		
- Produktivität				●					
- Umsatzrentabilität					●				
- Produktpolitik				●					
- Management					●				
Konkurrent B									
usw.									

Bei der Auswertung der Konkurrentenanalyse ist man auf gute Fachkenntnisse und Einfühlungsvermögen angewiesen. Die Bewertung nimmt man zweckmäßigerweise im Team vor, das sich aus Vertretern der einzelnen Funktionsbereiche, dem Controller und ggf. aus externen Fachleuten zusammensetzen sollte.

1.9 Branchenanalyse

Die Branchenanalyse kann auch der Marktanalyse zugeordnet werden. Sie bedient sich der gleichen Techniken wie die Konkurrentenanalyse. Mithilfe von Arbeitsblättern und Checklisten versucht man die wichtigsten Branchendaten zu erfassen, etwa:

❑ die Branchenstruktur
❑ die Kundenstruktur
❑ die Wettbewerbssituation
❑ den Einsatz der Marketinginstrumente
❑ Innovationstendenzen.

Die Bewertung der Analyseobjekte erfolgt analog der Konkurrentenanalyse. Das gewonnene **Branchenprofil** hat folgendes Aussehen:

Kriterien	schlecht			mittel			gut		
	1	2	3	4	5	6	7	8	9
Branchenstruktur									
- Anzahl der Anbieter							●		
- Anbietertypen								●	
- Verhaltensweise der Anbieter							●		
Organisation der Branche									
- Verbände					●				
- Absprachen					●				
- Preisbindung				●					
- Zusammenschlüsse					●				
Kundenstruktur									
- Anzahl der Kunden								●	
- Kundentypen							●		
- Auffälligkeiten									●
Wettbewerbssituation				●					
Einsatz der Marketinginstrumente									
- Qualität						●			
- Design						●			
- Preise						●			
- Lieferfristen							●		
- Service				●					
Technologischer Stand				●					
Innovationstendenzen					●				
Eintrittsbarrieren				●					
.									
.									

13 ▷ Sie werden beauftragt, für ihr Unternehmen eine Konkurrentenanalyse durchzuführen. Stellen Sie kurz dar:

❑ ihre Vorgehensweise
❑ eine Liste mit den einzelnen Inhalten der Analyse.

Seite 213 ▷

2. Unternehmensanalyse

Die Unternehmensanalyse zeigt die Leistungsfähigkeit des Unternehmens, sein Potenzial, seine Stärken und Schwächen auf.

Im Laufe der Jahre ist eine Vielzahl von Analysearten entwickelt worden, auf die hier im Einzelnen nicht eingegangen werden kann. Es wird vielmehr eine Auswahl häufig angewandter Analysen dargestellt:

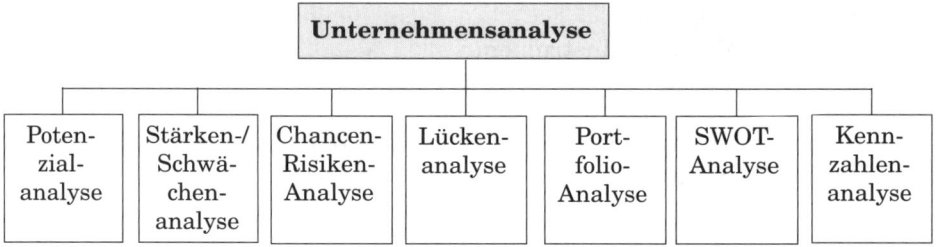

2.1 Potenzialanalyse

Potenziale eines Unternehmens sind seine Stärken, seine **Ressourcen**, die seine Kompetenzen ausdrücken. Um sie zu erkennen und nutzbar zu machen, müssen sämtliche Funktionsbereiche des Unternehmens analysiert werden.

Die Analyse sollte die Bereiche und Faktoren enthalten, die auch bei der Konkurrentenanalyse berücksichtigt werden.

Eine Potenzialanalyse kann den folgenden Inhalt haben:

Bereich	Zu analysierendes Potenzial
Fertigungs-bereich	○ Art der Anlagen ○ Ausstattung der Anlagen ○ Kapazität der Anlagen ○ Elastizität der Anlagen ○ Modernisierungsgrad der Anlagen ○ Organisation und Qualität der Fertigung ○ Qualifikation des Bedienungspersonals
Forschungs- und Entwick- lungsbereich	○ Intensität der Forschung und Entwicklung ○ Personalausstattung ○ Finanzielle Ausstattung ○ Innovationsmöglichkeit und -bereitschaft ○ Kooperationsmöglichkeit und -bereitschaft national und international ○ Image

Marketing-bereich	**Produktbezogen**: ○ Sortiment ○ Produktzweck im Hinblick auf die Lösung von Kunden-problemen ○ Produktqualität ○ Produktgestaltung ○ Produktverpackung ○ Altersstruktur der Produkte ○ akquisitorische Wirkung des Produktionsprogramms **Absatzbezogen**: ○ Effizienz der Vertriebsorganisation ○ Werbungskonzeption ○ Kundendienst ○ Public Relations
Finanzbereich	○ Eigenkapitalbasis ○ Kapitalstruktur ○ Verschuldungsgrad ○ Möglichkeiten der Kapitalbeschaffung ○ Kontakt zu den Finanzierungsinstituten
Personal-bereich	○ Alters- und Geschlechtsstruktur ○ Qualifikation ○ Motivation ○ Betriebsklima ○ Lohnformen ○ Fortbildungsmöglichkeiten ○ Fluktuationsrate
Kosten-situation	○ Höhe und Zusammensetzung der Kosten ○ Abbaufähigkeit ○ Art und Qualität der Kostenrechnung
Bereiche mit Einflussmög-lichkeiten auf externe Stellen	○ Vertragsgestaltung ○ Lobby ○ Sonstige Außenvertretungen

Für den Ablauf der Potenzialanalyse empfehlen sich folgende **Schritte**:

Sammlung von Informationen

⇩

Analyse der Informationen

⇩

Herausarbeiten der Erfolgs- und Misserfolgsfaktoren

⇩

Identifikation der wichtigsten Schlüsselfaktoren

⇩

Ermittlung bisher noch nicht genutzter Potenziale

⇩

Berichterstattung in schriftlicher, ggf. auch in visualisierter Form.

Das Ergebnis der Analyse sollte unbedingt in einer **Dokumentation** festgehalten werden, um Folgeanalysen zu erleichtern, insbesondere um die wiederholte Analyse von Grundtatbeständen zu vermeiden.

2.2 Stärken-/Schwächenanalyse

Die Stärken-/Schwächenanalyse ist eine Ergänzung der Potenzialanalyse. Man versucht die in der Vergangenheit und in der Gegenwart aufgetretenen Stärken und Schwächen zu analysieren, insbesondere ihre Ursachen festzustellen, und ist bemüht auch zukünftige Entwicklungen zu erfassen.

Die Analyse wird zweckmäßigerweise im Team vorgenommen, da Stärken und Schwächen in mehreren Funktionsbereichen auftreten können und die Fachleute dieser Bereiche am besten eine Bewertung vornehmen können. Die Arbeitstechnik gleicht der der Konkurrenten- und Branchenanalyse. Auch die Analyseergebnisse können in Tabellen oder „Rating-Skalen" wiedergegeben werden.

Beliebt ist die Darstellung einer Potenzialanalyse mit Stärken-/Schwächenprofil. Zunächst werden die Analyseobjekte festgestellt, die typische Sachverhalte für das Unternehmen und die Branche oder für die stärksten Konkurrenten darstellen. In einem nächsten Schritt wird die Bedeutung der Analyseobjekte durch Bewertung mit Prozentgrößen, deren Summe 100 Prozent ausmacht, herausgestellt. Die sich anschließende Beurteilung erfolgt mithilfe einer Fünferskala. Dadurch sind fünf Fragestellungen mit entsprechenden Beurteilungen möglich:

Ist unser Unternehmen im Vergleich zu dem/den stärksten Konkurrenten	
	Beurteilung
viel besser	5
besser	4
gleich gut	3
schlechter	2
viel schlechter	1?

Die höchste erreichbare Potenzialsumme beträgt 500 (5 x 100 %), die ungünstigste 100 (1 x 100 %).

Das Ergebnis einer Potenzialanalyse mit Stärken-/Schwächen-Profil hat z. B. folgendes Aussehen *(Bramsemann)*:

Bewertungs-kriterium	Gewich-tungs-faktor	Wir beurteilen uns im Vergleich zum stärksten Konkurrenten mit					Potenzial-summe
		5	4	3	2	1	
Absatz-programm	10		●				40
Forschung und Entwicklung	5				●		10
Technologi-scher Stand der Fertigung	10				●		20
Anpassungs-fähigkeit der Produktion	10	●					50
Beschaffungs-situation	5			●			15
Finanzstruktur	15					●	15
Leistungsfä-higkeit der Belegschaft	10			●			30
Qualität der Führungs-mannschaft	15		●				60
Führungsstil	10				●		20
Organisation	10				●		20
		Gesamtpotenzial					280

Die Analyse zeigt, dass das Unternehmen 280 von 500 möglichen Potenzialpunkten erreicht und damit unter dem Durchschnitt liegt. **Schwächen** sind festzustellen in den Bereichen:

○ Forschung und Entwicklung	○ Finanzstruktur
○ technologischer Stand der Fertigung	○ Führungsstil
○ Beschaffung	○ Organisation

Der relativ hohe Wert (60 Punkte) für die Qualität der Führungsmannschaft fällt auf und kann zunächst als ein Widerspruch zu den beschriebenen Werten gesehen werden. Im vorliegenden Fall ließ sich feststellen, dass das Top Management in der letzten Zeit ersetzt wurde und noch nicht sämtliche Fehler der Vergangenheit aufgearbeitet werden konnten.

Neben den Analysen, die mehrere Funktionsbereiche erfassen, können noch verschiedene Einzelanalysen vorgenommen werden, die zu **Einzelprofilen** führen wie

❑ Absatzprofil
❑ Produktionsprofil
❑ Logistikprofil
❑ Verwaltungsprofil.

In zahlreichen Unternehmen werden Stärken-/Schwächenanalysen durchgeführt.

Geben Sie an, wodurch sich diese Analysen von Potenzialanalysen unterscheiden!

Was bedeutet es, wenn die Analyse zu dem Ergebnis gelangt, dass von 800 möglichen Potenzialpunkten lediglich 360 erreicht wurden? Seite 213

2.3 Chancen-Risiken-Analyse

In der Chancen-Risiken-Analyse fasst man die Ergebnisse der Umwelt-, Markt-, Branchen- und Stärken-/Schwächenanalyse zusammen. Man versucht dadurch, Strömungen und Tendenzen festzustellen, die Chancen versprechen, aber auch das Erreichen der Unternehmensziele gefährden können.

2.4 Lückenanalyse (Gap-Analyse)

Die Lückenanalyse hat die Aufgabe, die Lücke zwischen der strategischen Zielsetzung und der gegenwärtigen Entwicklung zu ermitteln. Grafisch stellt sich die Lücke als der Abstand zwischen der Entwicklungslinie und der Kurve des Basisgeschäfts dar. Der Abstand zwischen beiden Kurven lässt sich mit mehreren Maßkriterien messen, etwa mithilfe des Umsatzes, des Gewinns oder der Leistung, sodass man eine Umsatzlücke, eine Gewinnlücke oder eine Leistungslücke erhält.

❏ **Basisgeschäft** ist der Umsatz, der mit bestehenden Produkten auf bestehenden Märkten erreicht wird, ohne das unternehmerische Konzept grundlegend zu ändern.

❏ Die **Entwicklungslinie** verkörpert eine Sollvorgabe der Unternehmensleitung, beispielsweise als Zielkurve des gewünschten Umsatzes.

Die folgende Darstellung zeigt eine **einfache Lückenanalyse**.

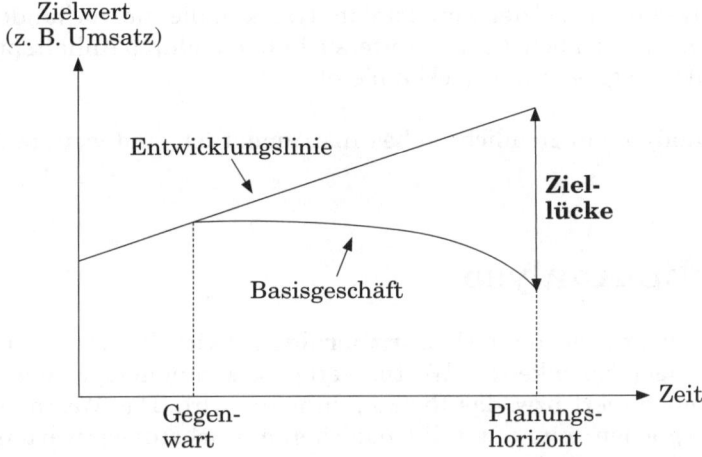

Die festgestellte Lücke regt zur Überprüfung der bisherigen Strategien an und kann neue Strategien erforderlich machen. Dafür ist eine differenzierte Lückenanalyse erforderlich, bei der zwischen einer operativen Lücke und einer strategischen Lücke unterschieden wird, wie die folgende Abbildung zeigt.

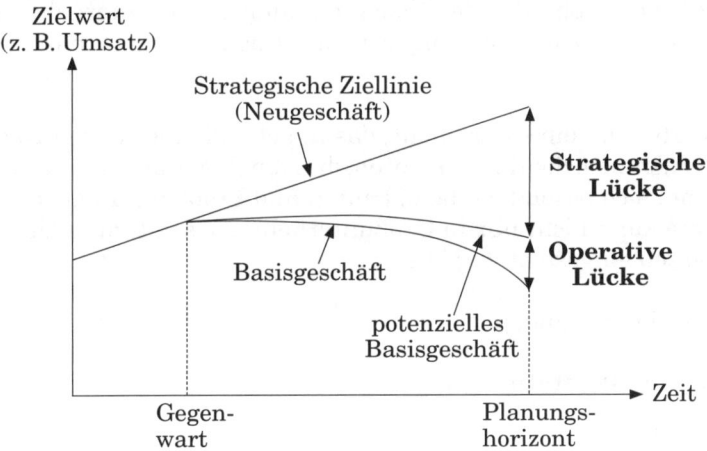

Die **operative Lücke** lässt sich durch unterstützende Maßnahmen schließen, damit die alten Produkte auf den bisherigen Märkten besser positioniert werden können,

z. B. durch Rationalisierungsmaßnahmen, Investitionsprojekte, Ausweitung der absatzpolitischen Instrumente u. Ä.

Um die **strategische Lücke** zu schließen, müssen zusätzliche strategische Maßnahmen initiiert werden. Die Lücke lässt sich nur durch neue Produkte und/oder neue Märkte beseitigen. Die dabei möglichen Strategien ergeben sich aus der Gegenüberstellung von neuen und alten Produkten bzw. Märkten als Produktentwicklungs-, Marktentwicklungs- und Diversifikationsstrategie *(Kreikebaum)*.

Die Lückenanalyse baut auf der Potenzialanalyse auf, die die vorhandenen und erwarteten Potenziale möglichst genau untersucht und dadurch Anhaltspunkte für die Schließung der festgestellten Lücken bietet.

Da die Lückenanalyse ein ziemlich grobes Instrument ist, sind weitere Analysen erforderlich.

2.5 Portfolio-Analyse

Die Portfolio-Analyse wurde für den **Finanzbereich** entwickelt. Dort sollen einzelne Gruppen von Anlagemöglichkeiten (Wertpapieren) so kombiniert werden, dass der Gesamtgewinn maximiert bzw. das Risiko minimiert wird. Das Wertpapierportefeuille soll ausgeglichen sein, aus soliden, sicheren, wachstumserwartenden und risikoreichen Papieren bestehen.

Die strategische Planung hat dieses Prinzip übernommen. Das Betätigungsfeld (Geschäftsfeld) eines Unternehmens setzt sich aus einer Vielzahl selbstständiger und abgrenzbarer Erfolgseinheiten, den Strategischen Geschäftseinheiten zusammen. Diese müssen so aufgebaut, abgebaut, erhalten und kombiniert werden, dass ein Mix, ein **Portfolio** entsteht, das den Zielvorstellungen der Unternehmensleitung hinsichtlich Gewinn, Umsatz, Deckungsbeiträge, Cash-Flow u. Ä. entspricht.

Die Portfolio-Analyse ist ein Instrument, das in gebündelter Form Aussagen über das eigene Unternehmen, die Konkurrenten, die Abnehmer und die Umwelt macht. Die Analyse eignet sich besonders dazu, Fakten und Probleme aufzuzeigen und zu strukturieren. Sie kann nicht nur in Großunternehmen, sondern in Unternehmen aller Größenklassen eingesetzt werden.

Im Folgenden werden behandelt:

- **Entwicklung der Portfolio-Analyse**
- **Portfolio-Arten**
- **Beurteilung der Portfolio-Analyse**.

2.5.1 Entwicklung der Portfolio-Analyse

Die Portfolio-Analyse lässt sich auf zwei **Ausgangspunkte** zurückführen:

❏ Das **PIMS-Projekt**, das bereits im Kapitel B. 5.1 behandelt wurde.

❏ Das **Erfahrungskurvenkonzept**, das in den 60er Jahren von der *Boston Consulting Group* beschrieben wurde. Es besagt aufgrund empirischer Untersuchungen, dass mit wachsenden Produktionsmengen und zunehmender Erfahrung die Kosten der Leistungserstellung gesenkt werden können. Bei jeder Verdopplung der kumulierten Ausbringungsmenge lassen sich die Kosten um 20 % bis 30 % reduzieren. Der Effekt gilt nicht nur für ein einzelnes Unternehmen, sondern auch für eine ganze Branche.

Der **Kostensenkungseffekt** resultiert aus:

❏ dem Degressionseffekt der fixen Kosten
❏ dem Lernkurveneffekt (degressive Abnahme des Zeitbedarfs für einzelne Arbeitsgänge durch zunehmende Übung der Mitarbeiter)
❏ der ständigen Rationalisierung und Technisierung.

Der Kostenverlauf ergibt in Abhängigkeit von der kumulierten Menge folgendes Bild:

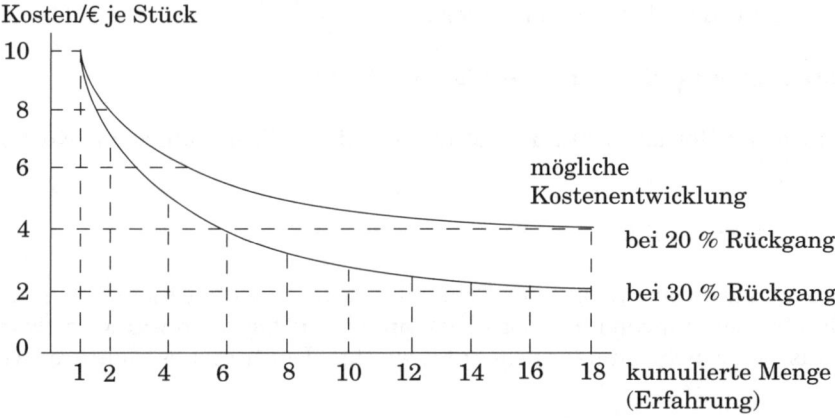

Die Auswirkungen der Kostendegression resultieren in erster Linie aus der eigenen Wachstumsrate. Die sich bereits auf dem Markt befindlichen Unternehmen haben gegenüber den später auftretenden Mitbewerbern so lange einen Kostenvorsprung, so lange die kumulierten Produktionsmengen größer sind als die der Konkurrenz. Selbst wenn Konkurrenten mit hohen Kapazitäten auftreten, haben diese nicht den gleichen Kostenvorteil wie ein „altes" Unternehmen mit unter Umständen niedrigeren Kapazitäten. Erst wenn „Neulinge" die gleichen kumulierten Mengen anbieten, wird der Kostennachteil kompensiert und gegebenenfalls in einen Kostenvorteil umgewandelt.

Operiert ein Unternehmen mit dem Erfahrungskurvenkonzept, muss es beachten, dass:

❑ die Kostensenkung nicht automatisch eintritt, sondern nur ein Kostensenkungspotenzial aufgezeigt wird, das Handlungshinweise gibt

❑ unter den Kosten lediglich die „Wertschöpfungskosten", nicht die Materialkosten zu verstehen sind

❑ die Kosten preissteigerungsbereinigt sind.

Das Erfahrungskurvenkonzept gibt für den **Strategieneinsatz** eine Reihe von Anhaltspunkten:

❑ Konzentration auf Produkte mit großen Stückzahlen mit der Aussicht auf Ertragssteigerung

❑ Erhöhung des kumulierten Absatzes, um dadurch bedingte Kostensenkungspotenziale ausschöpfen zu können

❑ Vornahme von Investitionen, die die Produktion großer Stückzahlen ermöglichen

❑ Gestaltung der Preise entsprechend der Kostensenkungsmöglichkeit, um Konkurrenz abzuwehren bzw. zu verhindern.

Weitere **strategische Erkenntnisse** können lauten:

❑ der erfahrenste Bewerber auf dem Markt hat die größte Chance zur Kosteneinsparung

❑ ein hoher Marktanteil kann zu Kostensenkungen führen.

Es ist darauf hinzuweisen, dass der Erfahrungskurven-Effekt nicht immer zu positiven Ergebnissen führen muss. Das **Kostensenkungspotenzial** wird zwar aufgezeigt, muss aber nicht immer ausgenutzt werden. Dafür gibt es mehrere Gründe, z. B.

❑ die Produktion lässt sich nicht ins Unermessliche steigern, ohne Markteinbußen zu riskieren

❑ oft fehlen die sachlichen und finanziellen Mittel, um den Marktanteil so auszudehnen, dass die anvisierten Kostensenkungen auch eintreten

❑ die homogenen Produkte werden durch den Effekt bevorzugt, und es muss eine Änderung der Produktpolitik im Hinblick auf die Straffung der Produktpalette herbeigeführt werden, um die Kostensenkungspotenziale zu nutzen

❏ Kostenvorteile, die sich aus einer Produktionssteigerung ergeben, können durch erhöhte Anstrengungen beim Absatz kompensiert oder überkompensiert werden.

2.5.2 Portfolio-Arten

Die Fachliteratur entwickelt eine Vielzahl von Portfolio-Konzepten, und auch in der Praxis sind unterschiedliche Ansätze zu finden. Allen gemeinsam ist die Zielsetzung, unterschiedlich werden in erster Linie die Einfluss- und Erfolgsfaktoren der Strategien bewertet.

Alle Ansätze bedienen sich der **Portfolio-Matrix**. Auf deren Achsen werden die entsprechenden Messkriterien aufgeführt. In die Matrix werden die Strategischen Geschäftseinheiten in der Regel als Kreise eingetragen; die Kreisgröße drückt das jeweilige Volumen aus. Die Matrix wird in mehrere Felder eingeteilt, am stärksten verbreitet sind die Vier-Felder- und die Neun-Felder-Matrix.

Im Einzelnen werden folgende Portfolio-Arten behandelt:

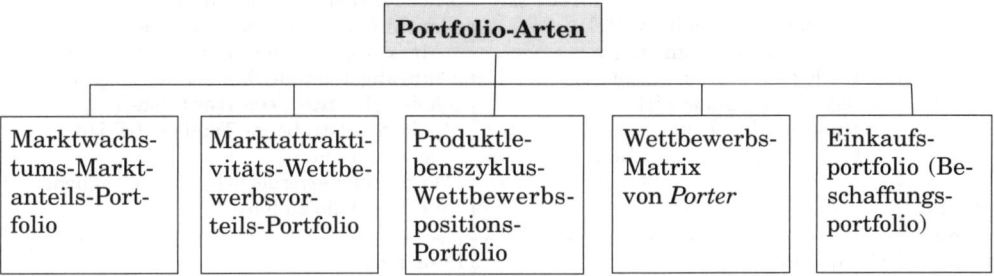

2.5.2.1 Marktwachstums-Marktanteils-Portfolio

Das Marktwachstums-Marktanteils-Portfolio geht auf die *Boston Consulting Group* zurück und berücksichtigt die Resultate von Produkt-Lebenszyklus-Analysen, des Erfahrungskurven-Effekts und des PIMS-Projektes. In einer Vier-Felder-Matrix stellt die Ordinatenachse das Marktwachstum, die Abzissenachse den relativen Marktanteil dar.

Das **Marktwachstum** wird als Wachstumsrate in Prozenten, der **relative Marktanteil** als Verhältnis von Marktanteil des eigenen Unternehmens zum Marktanteil des stärksten Konkurrenten ausgedrückt. Die in die Matrix eingetragenen Strategischen Geschäftseinheiten drücken durch ihren jeweiligen Kreisumfang aus, welche Position sie hinsichtlich ihres Umsatzes, Deckungsbeitrages oder Cash-Flows einnehmen. Ihre jeweilige Lage innerhalb der Vier-Felder-Matrix zeigt, in welcher Entwicklungsphase sie sich befinden.

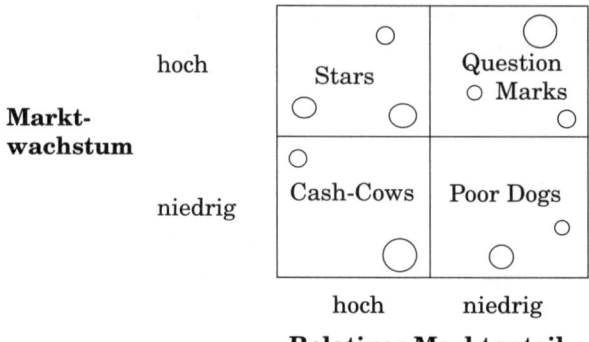

Relativer Marktanteil

Die in der grafischen Darstellung ausgewiesenen vier **Grundtypen** haben folgende Eigenschaften:

	Stars	**Question Marks**
hoch	○ schnelles Wachstum ○ hohe Marktanteile ○ erwirtschaften Gewinne ○ erfordern zur Einhaltung ihrer Position hohe finanzielle Mittel ○ mit sich verlangsamendem Wachstum werden sie zu Cash-Cows und erwirtschaften Mittel zur Finanzierung anderer SGE	○ sie sind die Nachwuchsprodukte, sie befinden sich noch in der Einführungsphase ○ hoher Einführungsaufwand ○ noch niedrige Marktanteile ○ mithilfe von Offensivstrategien soll der Marktanteil erhöht und damit der Erfahrungskurveneffekt erreicht werden ○ keine Rendite, negativer Cash-flow, jedoch aufstrebende Tendenz bei Umsatzzunahme ○ Förderung erforderlich, um ausgeglichenes Portfolio zu haben
	Cash-Cows	**Poor Dogs**
niedrig	○ die Produkte haben die Reifephase erreicht ○ hoher Marktanteil mit dem damit verbundenen Kostensenkungspotenzial ○ kein Aufwand für das Wachstum erforderlich ○ positive bis durchschnittliche Rendite ○ hoher Cash-Flow ○ mit den hohen Einnahmeüberschüssen wird das Wachstum anderer SGE finanziert ○ ein Anteil um 50 % des Umsatzes ist anstrebbar	○ die Produkte befinden sich in der Sättigungsphase ○ niedriges Wachstum ○ niedriger Marktanteil ○ sie erwirtschaften nur noch geringe Überschüsse ○ sie sind eliminierungsverdächtig ○ Desinvestitionsstrategien sind u.U. erforderlich

(Links in der Tabelle: **Marktwachstum**, hoch / niedrig)

hoch   **Relativer Marktanteil**   niedrig

Für die vier Portfolio-Kategorien bieten sich folgende **Normstrategien** an, die noch eine relativ grobe **Stoßrichtung** angeben und der Verfeinerung bedürfen:

Portfolio-Kategorien	Normstrategien
Stars	Investitionsstrategien
Cash-Cows	Abschöpfungsstrategien Defensivstrategien
Question Marks	Offensivstrategien Investitionsstrategien
Poor Dogs	Desinvestitionsstrategien

Einen aussagefähigen Überblick über marketingbezogene **Normstrategien** gibt *Kiener* in der folgenden Tabelle:

Strategie-Elemente	Portfolio-Kategorien			
	„Nach-wuchs"	„Stars"	„Cash-Kühe"	„Probleme"
	relevante Marketing-Strategien			
	Offensiv-Strategien	Investitions-Strategien	Abschöpfungs-Strategien	Desinvestitions-Strategien
1. Programm-politik	Produktspe-zialisierung	Sortiment aus-bauen, diversi-fizieren	Imitation	Programmbe-grenzung (keine neuen Produkte, Aufgeben ganzer Linien)
2. Abnehmer-märkte und Markt-anteile	gezielt vergrößern	gewinnen, Ba-sis verbreitern: - neue Regio-nen, - neue Anwen-dungen	Position vertei-digen, Konkur-renzabwehr	aufgeben zu Gunsten von Erträgen: - Kundenselek-tion, - regionaler Rückzug
3. Preis-politik	tendenzielle Niedrigpreise	Anstreben von Preisführer-schaft	Preisstabilisie-rung	tendenzielle Hochpreispolitik
4. Vertriebs-politik (Werbung und Ab-satz-kanäle)	stark forcie-ren	aktiver Ein-satz von - Werbemit-teln, - Zweitmarken	gezielte Pro-duktwerbung, Verbesserung des Kunden-dienstes	zurückgehender Einsatz des ver-triebspolitischen Instrumentari-ums
5. Risiko	akzeptieren	akzeptieren	begrenzen	vermeiden
6. Investi-tionen	hoch, Erwei-terungs-In-vestitionen	vertretbares Maximum, Reinves-titionen	beschränkte Ersatzinvesti-tionen	Minimum bzw. Stillegen

„Nachwuchs" = Question Marks
„Probleme"   = Poor Dogs

2.5.2.2 Marktattraktivitäts-Wettbewerbsvorteils-Portfolio

Das von *Mc Kinsey* und *General Electric* entwickelte Portfolio soll die Strategischen Geschäftseinheiten differenzierter beurteilen. Die Vier-Felder-Matrix wurde gegen eine Neun-Felder-Matrix ausgetauscht und die Beurteilungsfaktoren Marktattraktivität und Wettbewerbsvorteil eingeführt.

❏ Die **Marktattraktivität** setzt sich aus den **externen Faktoren** Marktwachstum und Marktgröße, Marktqualität, Energie- und Rohstoffversorgung sowie Umweltsituation zusammen. *Hinterhuber* gliedert sie wie folgt weiter auf:

---

1. Marktwachstum und Marktgröße

2. Marktqualität
   - Rentabilität der Branche
   - Spielraum für die Preispolitik
   - technisches Niveau und Innovationspotenzial
   - Schutzfähigkeit des technischen Know-how
   - Investitionsintensität
   - Wettbewerbsintensität und -struktur
   - Anzahl und Struktur potenzieller Abnehmer
   - Eintrittsbarrieren für neue Anbieter
   - Anforderungen an Distribution und Service
   - Variabilität der Wettbewerbsbedingungen
   - Substitutionsmöglichkeiten

3. Energie- und Rohstoffversorgung
   - Störanfälligkeit der Versorgung mit Energierohstoffen
   - Beeinträchtigung der Wirtschaftlichkeit des Produktionsprozesses durch Erhöhung der Energie- und Rohstoffpreise
   - Existenz von alternativen Rohstoffen und Energieträgern

4. Umweltsituation
   - Konjunkturabhängigkeit
   - Inflationsauswirkungen
   - Abhängigkeit von der Gesetzgebung
   - Abhängigkeit von den Einstellungen der Öffentlichkeit
   - Risiko staatlicher Eingriffe
   - Auswirkungen der zunehmenden Schadstoffbelastung auf die Natur

---

❏ Die **Wettbewerbsvorteile** werden ebenfalls mithilfe mehrerer Kriterien beurteilt, wie mit:

- der relativen Marktposition
- dem relativen Marktpotenzial
- dem relativen Forschungs- und Entwicklungspotenzial
- der relativen Qualifikation der Führungskräfte und Mitarbeiter.

Auch diese **internen Faktoren** lassen sich aufgliedern (nach *Hinterhuber*) in:

1. **Relative Marktposition** (im Vergleich zum stärksten Konkurrenten)
   - Marktanteil und dessen Entwicklung
   - Größe und Finanzkraft der Unternehmung
   - Wachstumsrate
   - Rentabilität
   - Risiko (Grad der Etabliertheit am Markt)
   - Marketing-Potenzial (Image des Unternehmens und daraus resultierende Beziehungen und Vorteile)

2. **Relatives Produktionspotenzial** (in Bezug auf die erreichte oder geplante Marktposition)
   - Prozesswirtschaftlichkeit
   - Kostenvorteile aufgrund der Modernität der Produktionsanlagen, Kapazitätsausnutzung, Produktionsbedingungen, Größe der Produktionseinheiten usw.
   - Innovationsfähigkeit und technisches Know-how der Unternehmung
   - Lizenzbeziehungen
   - Anpassungsfähigkeit der Anlagen an wechselnde Marktbedingungen
   - Hardware
     - Erhaltung der Marktanteile mit der gegenwärtigen oder im Aufbau befindlichen Kapazität
     - Standortvorteile
     - Steigerungspotenzial der Produktivität
     - Umweltfreundlichkeit des Produktionsprozesses
     - Lieferbedingungen, Kundendienst usw.
   - Energie- und Rohstoffversorgung
     - Erhaltung der gegenwärtigen Marktanteile unter den voraussichtlichen Versorgungsbedingungen
     - Kostensituation bei der Energie- und Rohstoffversorgung

3. **Relatives Forschungs- und Entwicklungspotenzial**
   - Stand der Grundlagen- und der angewandten Forschung
   - experimentelle und anwendungstechnische Entwicklung im Vergleich zur Marktposition der Unternehmung
   - Innovationspotenzial und -kontinuität

4. **Relative Qualifikation der Führungskräfte und Mitarbeiter**
   - Professionalität und Urteilsfähigkeit, Einsatz und Kultur der Kader
   - Innovationsklima
   - Qualität der Führungssysteme.

Aus den manchmal sehr umfangreichen Zusammenstellungen der Einflussfaktoren, mit deren Hilfe die beiden Dimensionen bestimmt werden, muss der Analysierende Faktoren selektieren und abschließend zu einem Gesamturteil zusammenfassen *(Kreikebaum)*.

Die **Vorgehensweise** bei der **Erstellung** der Portfolio-Matrix ist zweckmäßigerweise folgende:

❑ Ermittlung der Strategischen Geschäftseinheiten
❑ Erfassung von Kriterien zur Messung der Marktattraktivität und der Wettbewerbsposition
❑ Erstellung eines Bewertungs- und ggf. eines Gewichtungskatalogs
❑ Bewertung der einzelnen SGE
❑ Positionierung der SGE in der Portfolio-Matrix
❑ Analyse der Beurteilungsergebnisse
❑ Ableitung von Normstrategien.

Für die Bewertung der SGE, die im Team stattfinden sollte, sind **Formulare** zu entwickeln, die für jeden Beteiligten verbindlich sind.

Jedes Teammitglied ist frei in der Bewertung, das Bewertungsergebnis der SGE errechnet sich dann aus dem Mittelwert.

Ein Formular für die **Marktattraktivität** kann z. B. folgendes Aussehen haben:

Kriterium	Gewichtung	Bewertung			gewichtete Punktezahl	kurze verbale Beurteilung
		niedrig	mittel	hoch		
		0 - 33	34 - 66	67 - 100		
Marktwachstum und Größe Marktqualität - Rentabilität der Branche . . .						

Die Dreiteilung der Koordinaten in niedrig, mittel, hoch qualitativ oder in Punkten 0 - 33, 34 - 66, 67 - 100 quantitativ führt zu neun Feldern in der Matrix.

Das Grundschema der Portfolio-Matrix hat folgendes Aussehen:

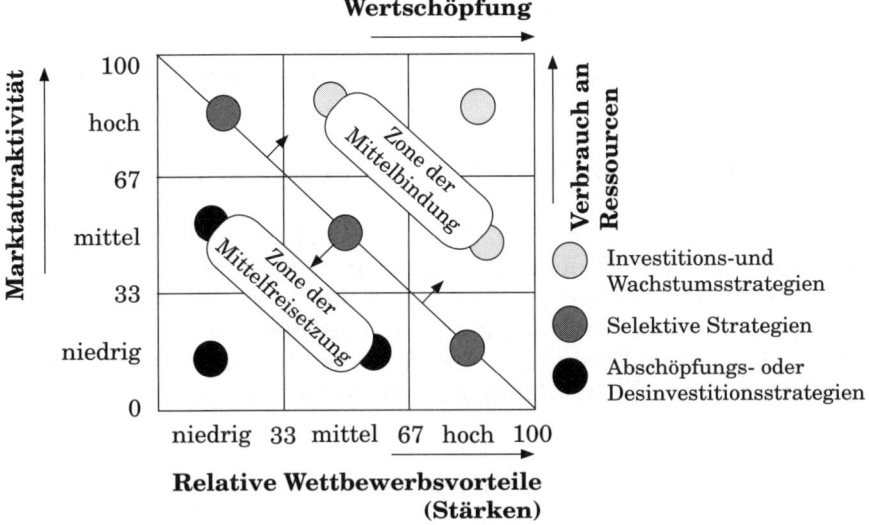

Im Grundmodell *(Hinterhuber)* werden drei verschiedene **Bereiche** ausgewiesen:

• die Zone der Mittelbindung
• die Zone der Freisetzung
• der selektive Bereich.

Jedem dieser Bereiche sind nach Durchführung der Analyse und der Bewertung der SGE entsprechende **Normstrategien** zuzuweisen:

❑ **Zone der Mittelbindung:**
Investitions- und Wachstumsstrategien (Markterweiterung, Marktdurchdringung, Diversifikation)

❑ **Zone der Mittelfreisetzung:**
Abschöpfungs- und Desinvestitionsstrategien (Rationalisierung, Desinvestition)

❑ **Selektiver Bereich:**
Bei einer hohen Marktattraktivität Investitionen zur Steigerung der Wettbewerbsstärke oder Aufgabe des Geschäftes. Im mittleren Feld sind die Alternativen „investieren" und „abschöpfen" zu prüfen. Ist nur mehr ein relativer hoher Wettbewerbsvorteil zu verzeichnen, muss bei Beibehaltung dieser Stärke „abgeschöpft" werden *(Hammer)*.

Es muss ausdrücklich betont werden, dass auch das Marktattraktivitäts-Wettbewerbsvorteils-Portfolio in erster Linie der **Analyse** und noch nicht der endgültigen Strategiefindung dient. Die Normstrategien geben nur die „Stoßrichtung" an und müssen noch verfeinert werden. Bedient man sich zur Strategiefestlegung weiterhin der Portfolio-Technik, muss das Ist-Portfolio um ein Ziel-Portfolio ergänzt werden.

Ein **Zielportfolio** weist die angestrebte Positionierung der SGE unter Beachtung der strategischen Ziele aus. Das Zielportfolio gibt den gewünschten Portfolio-Zustand, die angepeilte Positon der SGE, wieder. Unter Berücksichtigung der strategischen Zielsetzung und der aus dem Ist-Portfolio abgeleiteten Normstrategien ist nach alternativen Strategien zu suchen, die zu einem ausgewogenen Portfolio führen.

2.5.2.3 Produktlebenszyklus-Wettbewerbspositions-Portfolio

Das Produktlebenszyklus-Wettbewerbspositions-Portfolio leitet die Marktattraktivität nicht nur aus Wachstumsraten ab, sondern zieht zur Beurteilung der Wettbewerbsposition einer SGE, soweit es sich dabei um einzelne Produkte oder Produktgruppen handelt, die Stellung im Produktlebenszyklus mit heran. Wenn man von vier Phasen im Produktlebenszyklus ausgeht, wird die Portfolio-Matrix auf 12 Felder erweitert. Sie hat dann folgendes Aussehen:

Produktlebenszyklus

Wettbewerbs-position		Einführung	Aufschwung	Reife	Abschwung
	hoch				
	mittel				
	niedrig				

Die Matrix lässt sich auf 20 Felder ausdehnen, wenn die Darstellung der Wettbewerbsposition auf fünf Stufen ausgeweitet wird.

2.5.2.4 Wettbewerbsmatrix von Porter

Porter stellt die **Wettbewerbsposition** eines Unternehmens innerhalb seiner Branche in den Mittelpunkt seiner Überlegungen. Auf dem Markt treten die fünf Wettbewerbskräfte

❏ Konkurrenten
❏ mächtige Abnehmer
❏ mächtige Lieferanten
❏ neue Konkurrenten
❏ Ersatzprodukte

auf, die ein Unternehmen veranlassen, eine starke Wettbewerbsposition in seiner Branche zu erreichen, um einen relativ höheren Ertrag auf das investierte Kapital zu erreichen als die Konkurrenten.

Porter stellt die Wettbewerbskräfte wie folgt dar:

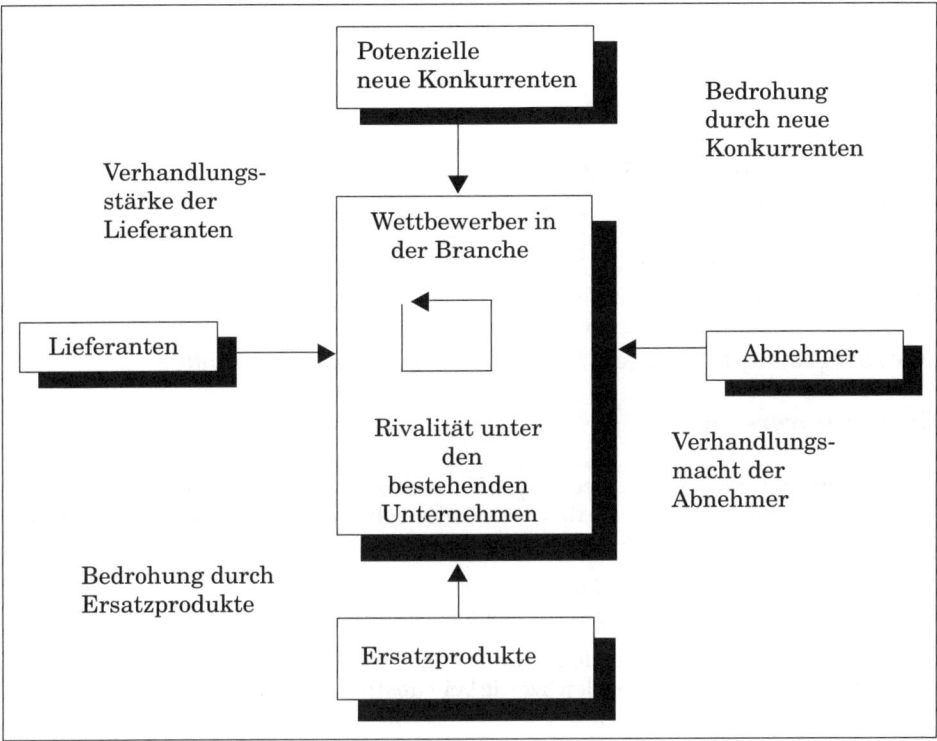

Eine **starke Wettbewerbsposition** lässt sich erzielen, wenn sich ein Unternehmen auf eine der drei folgenden Strategien konzentriert *(Nieschlag / Dichtl / Hörschgen)*:

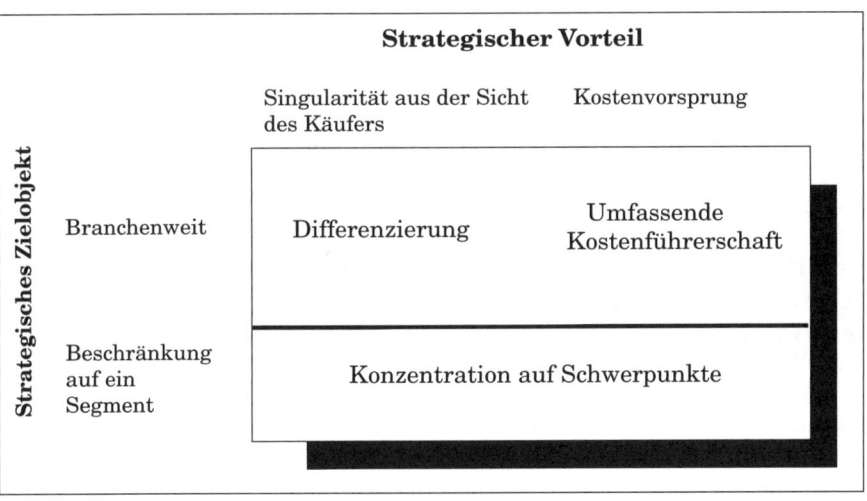

Welche Position in der Wettbewerbsmatrix für ein Unternehmen am besten ist, muss aus dessen besonderer Ausgangssituation festgestellt werden. *Porter* hat dafür Analysemethoden entwickelt, die die Struktur des Unternehmens durchschaubar machen.

Diese erstrecken sich auf die

- Analyse der Wettbewerbskräfte
- frühe Erfassung von Marktsignalen
- Generierung und Evaluierung potenzieller Wettbewerbsmaßnahmen
- Identifikation strategischer Gruppen
- Prognose der Branchenentwicklung.

Die **Strategieempfehlungen** *Porters* werden wie folgt begründet:

❏ **Kostenführerschaft**

> ○ Das Unternehmen mit den niedrigsten Kosten der Branche erwirtschaftet auch dann noch Gewinne, wenn die Wettbewerbskräfte sehr stark sind und sich die Konkurrenten, bedingt durch den Preisdruck, bereits in der Verlustzone befinden.
>
> ○ Die Kostenführerschaft bewährt sich auch gegenüber mächtigen Nachfragern; diese können ihre Preise nur bis auf die des nächstgünstigen Konkurrenten drücken.
>
> ○ Niedrige Kosten des „führenden" Unternehmens sind eine hohe Eintrittsbarriere in den Markt und ermöglichen gleichzeitig bei Substitutionsprodukten bessere Aktions- und Reaktionsmöglichkeiten.

❏ **Differenzierung**
Durch die Differenzierung unterscheiden sich die Leistungen eines Unternehmens von denen seiner Konkurrenten. Nach *Porter* wird dadurch **Kundenloyalität** erreicht, die Schutz vor Substitutionsgütern und Markteintrittsbarrieren schafft und darüber hinaus höhere Gewinnspannen und Schwächung der Nachfragemacht von Großkunden bewirkt.

❏ **Konzentration auf Schwerpunkte**
Die Konzentration auf Schwerpunkte fördert eine „Nischen-Politik", die auf bestimmten Marktsegmenten die Kostenführerschaft und/oder Differenzierung erleichtert.

Das Konzept *Porters* stößt auf Kritik, die sich auf die Risiken seiner Strategieempfehlungen richtet und auf seine nicht ausreichenden Darlegungen über die Möglichkeit, Wettbewerbsvorteile zu schaffen. Dem letztgenannten Kritikpunkt tritt *Porter* mit der Idee der Wertschöpfungskette entgegen.

Das Prinzip der **Wertschöpfungskette** besteht darin, dass ein Unternehmen in strategisch relevante Funktionsbereiche, in **Wertschöpfungsaktivitäten** eingeteilt wird. Diese sind von einem Unternehmen zu niedrigen Kosten auszuführen oder so zu gestalten, dass sich daraus eine Produktdifferenzierung oder ein hoher Kundennutzen ergibt.

Die **Gewinnspanne** ergibt sich aus der Differenz der Kosten der Wertschöpfungs-aktivitäten und dem Kundennutzen, der am Marktpreis gemessen wird.

Die Wertschöpfungsaktivitäten werden eingeteilt in:

❑ **Primäre Aktivitäten**:

○ Beschaffungslogistik	○ Marketing
○ Produktion	○ Service.
○ Absatzlogistik	

❑ **Unterstützende Aktivitäten**:

○ Beschaffung	○ Personalsektor
○ Technologieentwicklung	○ Infrastruktur des Unternehmens.

Diese Gliederung wird von *Porter* noch verfeinert. Jede einzelne Aktivität wird als ein „Baustein von Wettbewerbsvorteilen" betrachtet.

Das von *Porter* entwickelte Instrument will eine wettbewerbs- und kundennutzen-orientierte Unternehmensanalyse ermöglichen. Alle Aktivitäten werden unter dem Aspekt ihres Beitrages zur Kundenbefriedigung untersucht. Die Wettbewerbsvorteile entstehen dadurch, dass das Unternehmen die strategisch wichtigen Aktivitäten billiger oder besser als die Konkurrenz ausführt *(Kreikebaum)*.

2.5.2.5 Einkaufsportfolio

Das Einkaufsportfolio, das von *Kraljic* entwickelt wurde, soll dem Unternehmen Hilfestellung bei seinem Verhalten auf dem Beschaffungsmarkt leisten.

Die Einkaufsportfolio-Analyse läuft in folgenden **Schritten** ab:

1.	Klassifizierung der Beschaffungsartikel

⇩

2.	Marktanalyse

⇩

3.	Strategische Positionierung

⇩

4.	Handlungsempfehlung

❑ **Klassifizierung der Beschaffungsartikel** (1. Schritt:)
Die zu beschaffenden Artikel werden nach ihrem Erfolgsbeitrag und ihrem Be-schaffungsrisiko wie folgt eingeteilt:

Erfolgsbeitrag

		niedrig	hoch
Beschaffungsrisiko	niedrig	**Unkritische Produkte** Sie haben einen geringen Einfluss auf das Ergebnis und ein geringes Beschaffungsrisiko.	**Hebelprodukte** Sie haben einen großen Einfluss auf das Ergebnis bei einem geringen Beschaffungsrisiko.
	hoch	**Engpassprodukte** Sie üben einen geringen Einfluss auf das Ergebnis aus, haben jedoch ein hohes Beschaffungsrisiko.	**Strategische Produkte** Sie haben einen großen Einfluss auf das Ergebnis und weisen ein hohes Beschaffungsrisiko auf.

Die einzelnen Artikelklassen müssen unterschiedlich behandelt werden. Folgende Hauptaufgaben ergeben sich in Anlehnung an *Kraljic* für die Beschaffungsschwerpunkte:

Beschaffungs-schwerpunkt	Hauptaufgaben
Strategische Produkte	Präzise Bedarfsprognose, umfassende Marktforschung, Schaffung guter, langfristiger Lieferantenbeziehungen, Risikoanalyse, Notfallplanung, regelmäßige Kontrollen u. Ä.
Engpass-produkte	Mengensicherung, Lieferantenkontrolle, Bestandssicherung, Ausweichpläne
Hebelprodukte	Ausnutzen der vollen Einkaufsmacht, Lieferantenauswahl, gezielte Preis- und Verhandlungsstrategien, Auftragsmengenoptimierung, Einkauf auf unterschiedlichen Märkten u. Ä.
Unkritische Produkte	Produktstandardisierung, Optimierung der Auftragsmengen, Bestandsoptimierung u. Ä.

❏ **Marktanalyse** (2. Schritt):
Im Zuge der Marktanalyse werden die Stärken des Abnehmers mit denen des Lieferanten verglichen. Die festgestellte Nachfrage- und Lieferantenmacht machen den Aufbau einer Einkaufsportfolio-Matrix möglich.

Zur Feststellung der Lieferantenmacht und Beurteilung der Nachfragemacht schlägt *Kraljic* folgenden Kriterienkatalog vor:

Lieferantenmacht	Nachfragemacht
o Marktgröße im Verhältnis zur Lieferantenkapazität o Marktwachstum im Verhältnis zur Kapazitätsausweitung o Kapazitätsauslastung oder Engpassrisiken o Wettbewerbssituation o ROI oder ROC o Gewinnschwelle o Besonderheit des Produktes und technologische Stabilität o Eintrittsbarrieren o Logistische Situation	o Einkaufsmengen im Verhältnis zur Kapazität der wichtigsten Produktionseinheiten o Nachfragewachstum im Verhältnis zur Kapazitätsausweitung o Kapazitätsauslastung der wichtigsten Produktionseinheiten o Marktanteil im Verhältnis zu den wichtigsten Wettbewerbern o Ergebnisbeitrag der wichtigsten Fertigprodukte o Kosten- und Preisstruktur o Kosten bei Lieferausfall o Möglichkeit zur Eigenfertigung bzw. Integrationstiefe o Eintrittskosten für neue Bezugsquellen im Verhältnis zu den Kosten der Eigenfertigung o Logistik

❑ **Strategische Positionierung** (3. Schritt):
In diesem Schritt werden die als **strategische Produkte** klassifizierten Produkte in die Einkaufsportfolio-Matrix positioniert. Jedem der drei Matrix-Bereiche wird eine strategische Grundrichtung zugeordnet. Dies ergibt dann folgendes Bild:

	hoch	Abschöpfen	Abschöpfen	Abwägen
Nachfragemacht	mittel	Abschöpfen	Abwägen	Diversifizieren
	gering	Abwägen	Diversifizieren	Diversifizieren
		gering	mittel	hoch

Lieferantenmacht

• **Abschöpfen** bedeutet aktives Auftreten auf dem Markt bei Produkten, bei denen der Nachfrager eine starke Position bei einer mittel bis niedrig beurteilten Lieferantenmacht hat. Das nachfragende Unternehmen kann seine Macht ausspielen, d. h. es versucht günstige Preise und Vertragsbedingungen zu erreichen, ohne seine starke Position zu überziehen, um den guten Lieferantenbeziehungen nicht zu schaden und um Gegenreaktionen zu vermeiden.

• **Diversifizieren** heißt hier defensives Verhalten und Suchen nach Alternativen. Die Stellung des Nachfragers auf dem Beschaffungsmarkt ist nicht besonders

günstig, seine Macht ist im Gegensatz zu der des Lieferanten nur mittel bis
gering. Der Nachfrager muss seine Anstrengungen auf dem Beschaffungsmarkt
intensivieren.

- **Abwägen** ist eine strategische Richtung der Mitte, des Gleichgewichthaltens.
  Sie empfiehlt sich bei Artikeln ohne größere Risiken und ohne größeren Nutzen.

Bei den einzelnen Artikeln und den einzelnen Lieferanten ist die Position in der
Regel uneinheitlich, sodass differenzierte Beschaffungsstrategien zum Einsatz
gelangen.

❑ **Handlungsempfehlungen** (4. Schritt):
   Jede strategische Stoßrichtung hat andere Auswirkungen auf Mengen, Preise,
   Lieferantenauswahl usw. Dies veranlasst Handlungsempfehlungen bezüglich der
   Einzelelemente einer Beschaffungsstrategie zu geben. Sie können lauten:

Strategische Stoßrichtung		
Abschöpfen	**Abwägen**	**Diversifizieren**
Grundsatzfragen		
Menge Verteilen	Beibehalten oder vor-sichtig verändern	Zentralisieren
Preis Reduzierungen erzwingen	Opportunistisch verhandeln	Thema nicht zu sehr betonen
Vertragliche Absicherung Auf den Spot-märkten kaufen	Gleichermaßen Spotmarktkäufe wie Vertragskäufe	Bedarf über Verträge sichern
Neue Lieferanten In Kontakt bleiben	Ausgewählte Lieferanten	Intensiv danach suchen
Bestände Niedrig halten	Bestände als Puffer einsetzen	Bestandspolster aufbauen
Eigenfertigung Verringern bzw. überhaupt nicht anfangen	Selektiv entscheiden	Verstärken bzw. neu anfangen
Substitution In Kontakt bleiben	Guten Gelegenhei-ten nachgehen	Aktiv danach suchen
Wertanalyse Lieferanten dazu zwingen	Auf selektiver Basis durchführen	Ein eigenes Pro-gramm starten
Logistik Kosten minimieren	Selektiv optimieren	Ausreichende Be-stände aufbauen

Die noch recht globalen Handlungsempfehlungen müssen noch unternehmensindividuell erweitert und verfeinert werden.

Das Einkaufsportfolio dient als Anregung für die Festlegung der strategischen Grundrichtung und als Orientierungshilfe für das Verhalten auf dem Beschaffungsmarkt.

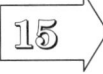

Ein Unternehmen beabsichtigt die Portfolio-Analyse als Vorbereitung der Strategiewahl einzuführen. Das Unternehmen ist hinsichtlich der Beschäftigtenzahl, des Umsatzes und des Gewinns als mittelgroß zu bezeichnen. Die Unternehmensleitung ist noch nicht sicher, ob sie dem „Vier-Felder-Konzept" oder dem „Neun-Felder-Konzept" den Vorzug geben soll.

Helfen Sie der Unternehmensleitung bei ihrer Entscheidung, indem Sie die Hauptunterschiede zwischen den beiden Portfoliokonzepten herausstellen!

Seite 213

2.5.3 Beurteilung der Portfolio-Analyse

Portfolio-Konzepte sind leicht handhabbare Verfahren zur Analyse des Unternehmens und zur anschließenden Ableitung von Strategien. Die Portfolio-Analyse berücksichtigt nicht nur gegenwärtige Aktivitäten hinsichtlich Kunden, Markt und Produkte, sondern versucht auch, voraussichtliche Trends und Entwicklungen mit ihren Chancen und Risiken zu berücksichtigen.

Ein **Hauptvorteil** der Arbeit mit Portfolios besteht in dem Erkennen und Strukturieren von Problemen.

Einige wesentliche **Nachteile** der Portfolio-Technik dürfen jedoch nicht verschwiegen werden. Es handelt sich um

❑ die in der Regel zu starre Festlegung von Beurteilungskriterien

❑ den zu statischen Charakter der Portfolio-Konzepte

❑ die mangelnde Berücksichtigung der Interdependenz zwischen einzelnen SGE

❑ die Vernachlässigung nicht oder nur schwer quantifizierbarer Daten

❑ die mangelhafte Herstellung von Beziehungen zu anderen Analyseinstrumenten

❑ die nicht ausreichende Berücksichtigung von technologischen Entwicklungen und plötzlichen Veränderungen in der Umwelt

❑ die oft nicht ausreichende Berücksichtigung von Außenseitern und Neulingen unter den Konkurrenten

❑ die bisweilen schwierige Informationsbeschaffung.

Große **Nachteile** können sich auch bei der Strategiewahl ergeben. Diese erfolgt im Rahmen der Portfolio-Technik zu **schematisch**. Kreativität und Individualität kommen nicht ausreichend zum Zuge.

Kritisch lässt sich auch anmerken, dass die Portfolio-Konzepte keine Hinweise zur Implementierung der Strategien geben.

Trotz der genannten Defizite sollte man auf die Erstellung von Portfolios nicht verzichten, da ihr Erkenntniswert doch relativ hoch einzuschätzen ist. Die Beschäftigung mit Portfolios dient nicht nur dem erwähnten Erkennen und Strukturieren von Problemen, sondern zwingt auch zu einer Systematisierung der Planungsaufgaben, zu einer Konzentration auf strategisch relevante Geschäftsfelder und auf Erfolgsfaktoren *(Bea / Haas)*.

2.6 Kennzahlenanalyse

Kennzahlen sind Informationen in verdichteter Form über betriebswirtschaftliche Tatbestände, Abläufe und Zusammenhänge. Sie haben häufig einen hohen Erkenntniswert und sind ein aussagefähiges Messinstrument. Sie werden eingesetzt in

• der **Analyse von Entwicklungen**

• der **Zielvorgabe**

• der **Kontrolle**.

Kennzahlen werden in mehreren **Formen** gebildet. Sie können sein:

Form der Kennzahlen	Inhalt der Kennzahlen
Grundzahlen	Absolute Zahlen. Sie werden zu Kennzahlen, indem sie zu Daten des eigenen Unternehmens oder der Konkurrenz in Vergleich gesetzt werden.
Verhältnis-zahlen	Zahlen werden in Relation zu anderen Größen gesetzt. Sie können sein: ○ **Gliederungszahlen**, bei denen Teilmassen in Relation zu einer Gesamtmasse gesetzt werden (z. B. Kundenumsatz zu Gesamtumsatz) ○ **Beziehungszahlen**, die dadurch entstehen, dass einzelne Massen, zwischen denen logische Beziehungen bestehen, zueinander in Beziehung gesetzt werden (z. B. Umsatz je Vertreter) ○ **Messzahlen**, die daraus resultieren, dass man gleichartige Größen bei zeitlicher oder örtlicher Folge auf eine Basis bezieht, die ihnen gemeinsam ist und die vorher festgelegt wurde (z. B. werden aufeinander folgende Umsätze auf ein bestimmtes Ausgangsjahr bezogen).

Unternehmens-kennzahlen	Sie werden für den gesamten Unternehmensbereich gebildet. Sie können sein: ○ Rentabililtätskennzahlen ○ Cash-Flow-Kennzahlen ○ Wirtschaftlichkeitskennzahlen ○ Produktivitätskennzahlen ○ Finanzierungs- und Liquiditätskennzahlen ○ Risikokennzahlen u. Ä.
Bereichs-kennzahlen	Sie werden für einzelne Unternehmensbereiche oder Funktionen gebildet und spiegeln bereichstypische Erscheinungen wider.
Sollkennzahlen	Sie drücken Zielvorgaben aus und müssen besonders präzise formuliert werden.
Istkennzahlen	Sie haben die Aufgabe, den eingetretenen „Erfolg" zu messen.
Harte Kennzahlen	Sie sind die finanzwirtschaftlichen Kennzahlen, wobei der Begriff „finanzwirtschaftlich" sehr weit gefasst ist und die finanziell messbaren Erfolgsfaktoren umfasst.
Weiche Kennzahlen	Sie sind Kennzahlen, die nicht den finanzwirtschaftlichen Bereich betreffen.
Spätindika-toren	Sie sind Ergebniskennzahlen. Sie resultieren aus betriebswirtschaftlichen Prozessen, die bereits abgelaufen sind.
Frühindika-toren	Man nennt sie auch **Leistungstreiber**. Sie zielen auf den Beginn oder auf frühe Phasen eines Prozesses. Sie erstrecken sich auf Vorgänge, die bereits zum gegenwärtigen Zeitpunkt dazu beitragen sollen, dass zu späteren Zeitpunkten bestimmte Ergebnisse erreicht werden. Sie spielen besonders bei der **„Balanced Scorecard"** eine wichtige Rolle.

An Kennzahlen müssen folgende **Anforderungen** gestellt werden:

❑ Ihre Zielsetzung muss eindeutig erkennbar sein
❑ Sie sollen Tatbestände klar und interpretierbar erfassen
❑ Sie sollen aktuell sein
❑ Sie sollen nicht nur vergangenheitsbezogen sein, sondern auch einen Zukunftsbezug ermöglichen
❑ Sie sollen auch funktionsübergreifende Betrachtungen erlauben
❑ Sie sollen nicht zu kompliziert aufgebaut sein
❑ Ihre Ermittlung und Auswertung muss wirtschaftlich sein
❑ Ihre Anzahl soll überschaubar bleiben.

Kennzahlen sind bei einer isolierten Betrachtung in der Regel nicht sehr aussagefähig, erst in einem zeitlichen oder sachlichen Zusammenhang entfalten sie eine Aussagekraft:

❑ Ein **zeitlicher Zusammenhang** wird durch den Zeitvergleich hergestellt. Eine Reihe von zeitlich aufeinander folgenden Zahlen kann einen deutungsfähigen Trend ergeben.

❑ Der **sachliche Zusammenhang** entsteht durch die Bildung eines **Kennzahlensystems**.

Ein Kennzahlensystem ist eine geordnete Gesamtheit von Kennzahlen, die zueinander in Beziehung stehen und erst in der Gesamtheit in der Lage sind, vollständig über Sachverhalte zu informieren *(Horvath)*.

Die vielen in Theorie und Praxis entwickelten Kennzahlensysteme lassen sich auf zwei „klassische" Formen reduzieren:

❑ **Ordnungssysteme**, die Kennzahlen bestimmter Sachverhalte erfassen, sich also auf bestimmte Aspekte des Unternehmens beziehen

❑ **Rechensysteme**, die die Kennzahlen rechnerisch zerlegen und eine Pyramidenbildung herbeiführen.

Im Folgenden wird auf eines der am stärksten verbreiteten Kennzahlensysteme, das **Du-Pont-System** eingegangen.

Das vom *Du-Pont-Konzern* konzipierte und inzwischen wesentlich weiterentwickelte System hat als **Ausgangspunkt = Spitzenkennzahl** den **Return-on-Investment**, der sich aus dem Produkt von Umsatzrentabilität und Kapitalumschlag zusammensetzt. Diese beiden Größen werden in der Pyramide weiter zerlegt und bis zu ihren Ursprüngen zurückverfolgt. Schrittweise wird das Unternehmensergebnis analysiert und seine Hauptbestimmungsfaktoren werden isoliert.

Das Du-Pont-System hat folgendes Aussehen:

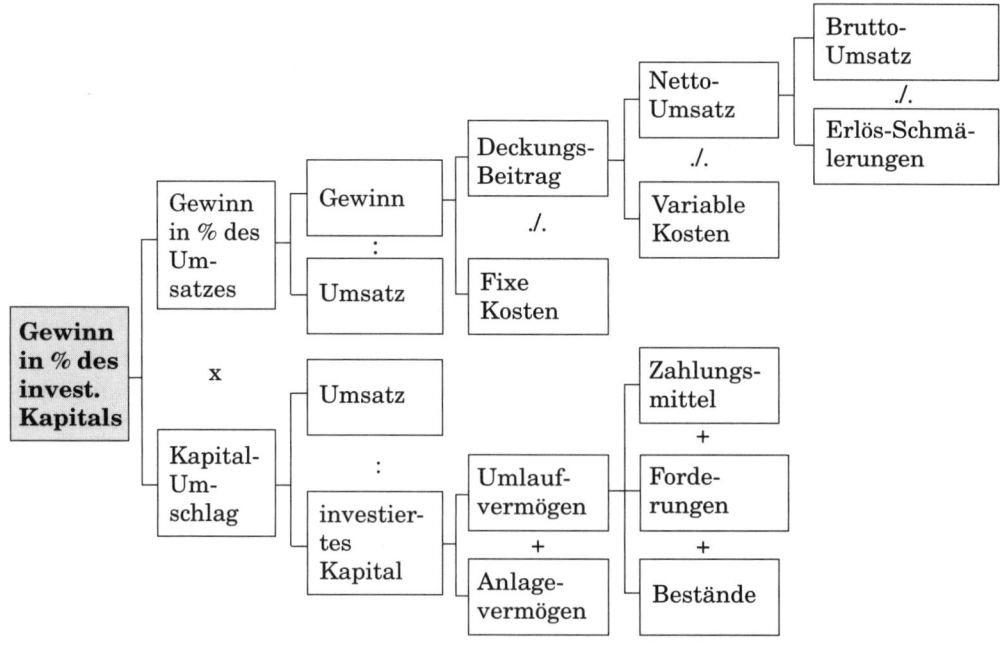

Das Du-Pont-System hat wie andere klassische Systeme (z. B. ZVEI-Kennzahlensystem, Pyramid Structure of Ratios) einige Vorteile aber auch Nachteile. Die wichtigsten sind:

Du-Pont-Kennzahlensystem	
Vorteile	**Nachteile**
o Besondere Berücksichtigung des obersten Unternehmensziels, der Rentabilität, an der Pyramidenspitze o Gute Eignung zur Zieldarstellung o Anwendungsmöglichkeit in dezentralisierten Unternehmen o Gute Kontrollmöglichkeiten der Zielerfüllung o Übersichtlichkeit o Knappheit der Aussage	o Zu starke Betonung der Gewinnmaximierung o Vernachlässigung nichtquantifizierbarer Größen o Vernachlässigung nichtaktivierter Aufwendungen für Innovationen.

In den Ausführungen zur Balanced Scorecard (Kap. E. 3) wird auf weitere Fragen der Bildung von Kennzahlen und Kennzahlensystemen eingegangen.

2.7 SWOT-Analyse

Auch dieses Instrument versucht strategisch relevante Daten ausfindig zu machen und zu analysieren.

Im Prinzip handelt es sich bei der SWOT-Analyse nicht um ein neues Analyseinstrument, sondern um eine Kombination bereits bekannter Instrumente. SWOT leitet sich aus folgenden englischen Ausdrücken ab:

Strengths	=	Stärken
Weakness	=	Schwächen
Opportunities	=	Chancen
Threats	=	Risiken

Strengths und Weakness werden als unternehmensinterne Komponenten und Opportunities und Threats primär als unternehmensexterne Komponenten angesehen.

In der SWOT-Analyse werden die Stärken und Schwächen des Unternehmens den (Markt)chancen und -risiken gegenübergestellt; als Synthese daraus wird schließlich die strategische Stoßrichtung erarbeitet *(Horvath & Partner)*. Unternehmensexterne und unternehmensinterne Daten werden zusammengeführt, d.h. verzahnt.

Die folgende Darstellung zeigt die Grundlagen einer vernetzten SWOT-Analyse *(Macharzina* in *Becker)*:

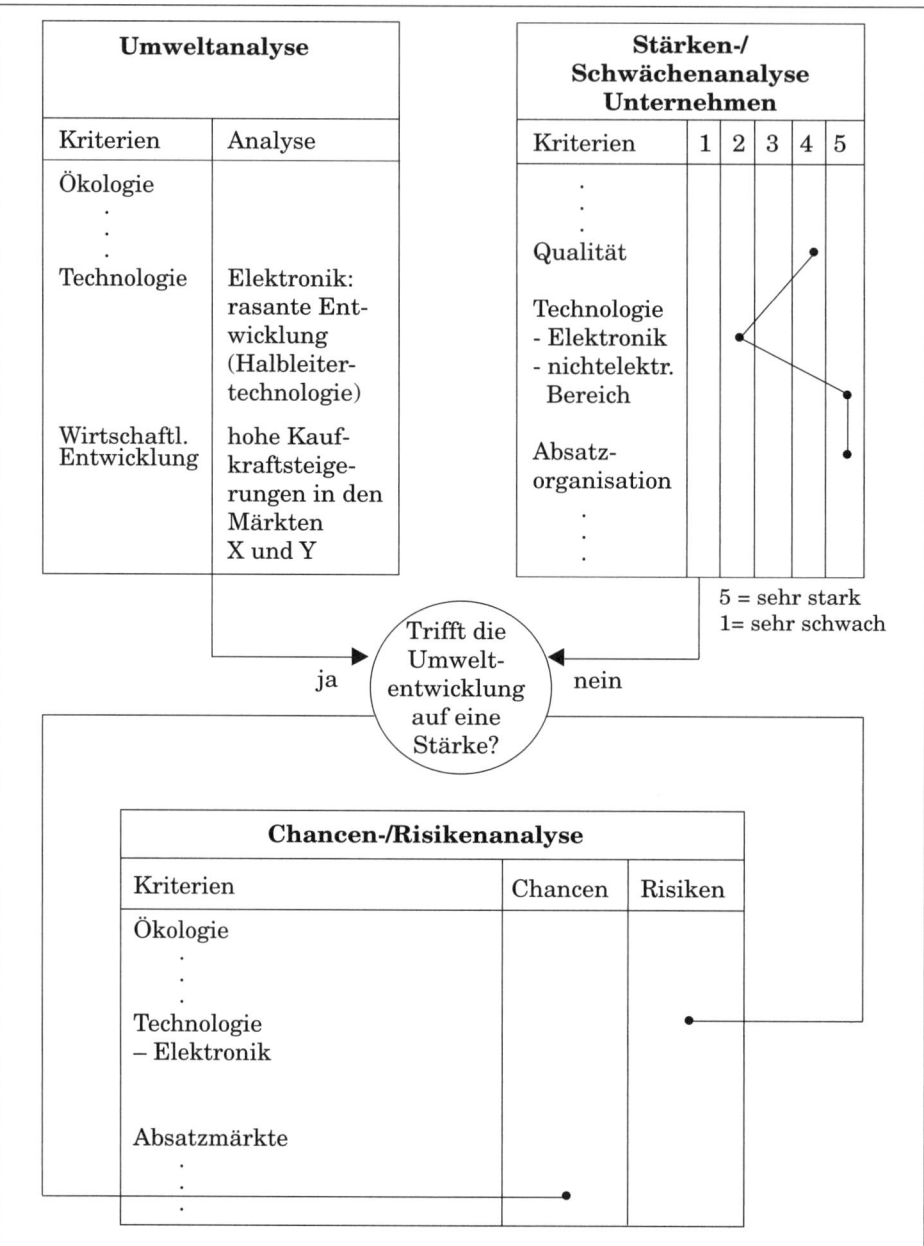

16 Ein junger Betriebswirt hat sich vor drei Jahren selbstständig gemacht und die Produktion und den Vertrieb von Ledertaschen, kleinen Koffern und Ledergürteln begonnen.

Nach anfänglichen Schwierigkeiten arbeitet das Unternehmen erfolgreich, sodass der Jungunternehmer an eine Geschäftsausweitung denkt. Eine ehemalige Studienkollegin, die er als kaufmännische Leiterin eingestellt hat, empfiehlt ihm allmählich ein Controlling aufzubauen und mit der Arbeit mit Kennzahlen zu beginnen.

(1) Können Sie die Anregung teilen?
(2) Welche Kennzahlen sollten zunächst gebildet werden?

Seite 213

3. Rechtzeitige Wahrnehmung von Warnsignalen (Frühwarnsysteme)

Frühwarnsysteme werden sowohl in der Analyse als auch in der Kontrolle eingesetzt. Es handelt sich bei ihnen um besondere Informationssysteme, mit deren Hilfe sich anbahnende Entwicklungen mit dem zeitlichen Vorlauf erkannt werden können, der rechtzeitig Gegenmaßnamen zur Minderung oder Abwehr der entstehenden Störungen initiiert *(Bramsemann)*.

Im Rahmen der Frühwarnung werden behandelt:

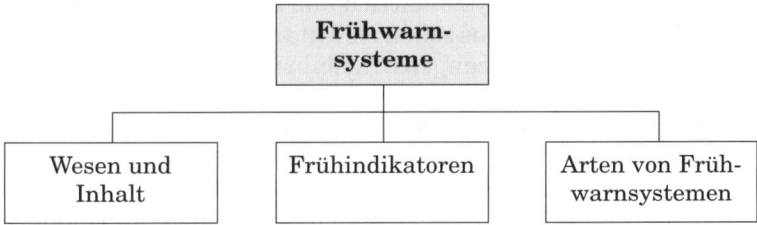

3.1 Wesen und Inhalt

In der Literatur trifft man auf die Begriffe Frühwarnung, Früherkennung und Frühaufklärung. Nimmt man eine konsequente Abgrenzung vor, ergibt sich *(Mayr)*:

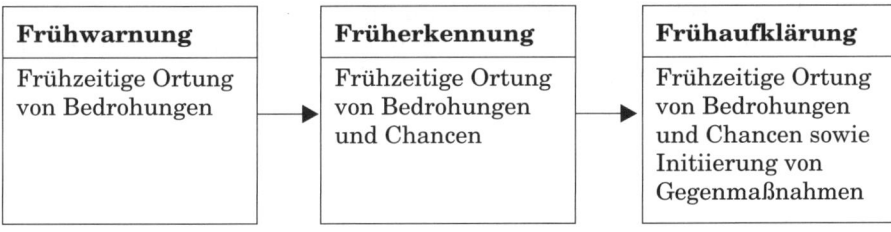

Frühwarnung	Früherkennung	Frühaufklärung
Frühzeitige Ortung von Bedrohungen	Frühzeitige Ortung von Bedrohungen und Chancen	Frühzeitige Ortung von Bedrohungen und Chancen sowie Initiierung von Gegenmaßnahmen

Man geht in der Regel davon aus, dass Bedrohungen, also Risiken, in Verbindung mit Chancen gesehen werden und dass bei der Ortung von Bedrohungen bereits Gegenmaßnahmen ins Auge gefasst werden. Aus diesem Grund wird vor allem in der Praxis keine Trennung zwischen Frühwarnung, Früherkennung und Frühaufklärung vorgenommen. Der Begriff Frühwarnung deckt die beiden anderen Begriffe ab.

Die Frühwarnung ist im Unternehmen so zu konzipieren, dass sie den Charakter eines „Aufwirbel-Ansaug-Filter-Systems" hat. Strategisch bedeutsame Signale sind zu erfassen, zu selektieren und auszuwerten, um bisher nicht erkannte oder nur schwer abzusehende Ereignisse bereits im Frühstadium zu erkennen und Überraschungen zu vermeiden.

Frühwarnsysteme lassen sich unterschiedlich sehen:

- in Abhängigkeit vom Einsatz im Planungs- und Kontrollprozess: **strategische** und **operative Frühwarnsysteme**

- nach dem Bezugsbereich: **unternehmensbezogene** und **bereichsbezogene Frühwarnsysteme**

- nach der Blickrichtung: **Frühwarnsysteme aus unternehmensinterner** und **unternehmensexterner Sicht**.

Für die strategische Planung haben die **strategischen Frühwarnsysteme** die größte Bedeutung. Ihnen fällt die Aufgabe zu, strategierelevante Probleme im Unternehmen und in seiner Umwelt systematisch und möglichst frühzeitig zu entdecken *(Kühn / Fasnacht)*. Darüber hinaus sollen sie Mitarbeiter für den kritischen Umgang mit wahrgenommenen Veränderungen sensibilisieren.

Rechtsvorschriften existieren für den Aufbau von Frühwarnsystemen abgesehen von einer Ausnahme nicht. Das 1998 in Kraft getretene Gesetz zur Kontrolle und Transparenz im Unternehmensbereich (KonTraG), das vor allem für börsennotierte Gesellschaften gilt, und seinen Niederschlag hauptsächlich im Handelsgesetz, Aktiengesetz, Publizitätsgesetz und Genossenschaftsgesetz findet, ist die Ausnahme. Im § 91 AktG wird der Vorstand verpflichtet, „geeignete Maßnahmen zu treffen, insbesondere ein Überwachungssystem einzurichten, damit den Fortbestand der Gesellschaft gefährdende Entwicklungen früh erkannt werden". Im Mittelpunkt dieser Vorschrift steht die Entwicklung eines Überwachungssystems und die Schaffung eines Frühwarnsystems.

Diese gesetzliche Regelung gilt zum einen nur für einen eingeschränkten Kreis von Unternehmen, und zum anderen hat das geforderte Frühwarnsystem bei weitem nicht die Wirkung eines betriebswirtschaftlichen Frühwarnsystems. Dieses erstreckt sich auch auf die Erkennung von Chancen.

3.2 Frühindikatoren

Die Informationen, die die Entwicklung andeuten, sind die **Frühindikatoren**. Diese müssen möglichst zuverlässige Angaben über die Richtung und das Ausmaß der sich abzeichnenden Veränderungen zur Verfügung stellen und möglichst früh und so weit wie möglich strategische Überraschungen verhindern *(Rahn)*.

Die Frühindikatoren treten in folgender Form auf:

Früh-indikatoren	Inhalt
Interne Indikatoren	Sie erstrecken sich auf das Unternehmen und sind entweder gesamtunternehmensbezogen, meist in Form von Kennzahlen, oder bereichsbezogen in unterschiedlicher Ausprägung.
Externe Indikatoren	Sie erstrecken sich auf Ereignisse der Umwelt (politische, ökonomische, branchentypische, technologische, soziale, ökologische Veränderungen).
Global-indikatoren	Sie sind hochaggregierte Größen, die sich auf das Unternehmen als Ganzes erstrecken. Sie haben oft die Form von Kennzahlen, wie etwa Rentabilitäts-Wirtschaftlichkeits- oder Cash-Flow-Kennzahlen. Globalindikatoren können sowohl interne als auch externe Indikatoren sein. Der „Geschäftsklimaindex" des Ifo-Instituts für den Auftragseingang von Investitionsgütern ist z. B. ein externer Index.
Einzel-indikatoren	Sie beziehen sich auf einzelne Unternehmensbereiche. Im Gegensatz zu den Globalindikatoren, denen vorgeworfen wird, Ursachen von Ereignissen und Ergebnissen nicht ausreichend zu berücksichtigen, haben Einzelindikatoren stärkere Ursachenbezogenheit.

Die beschriebenen Frühindikatoren sind die so genannten „klassischen Indikatoren" der **ersten Generation** und in deren Weiterentwicklung die der **zweiten Generation**. Bei diesem System geht man davon aus, dass Probleme frühzeitig identifiziert und spezifische, im Voraus definierte Situationsmerkmale, die Problemindikatoren, einem Soll-/Istvergleich unterzogen werden *(Kühn / Fasnacht)*.

Die **Problemindikatoren** können entweder globale Zielindikatoren, die man aus den obersten Unternehmenszielen ableitet, oder differenzierte Zielindikatoren, abgeleitet aus Teilzielen der obersten Unternehmensziele sein.

Zielindikatoren sind auf Situationen des Unternehmens, des Marktes, der übrigen Umwelt gerichtet, die die Zielerreichung positiv oder negativ beeinflussen können.

Auf Indikatoren der **dritten Generation** wird im nächsten Kapitel (C. 3.3) eingegangen.

3.3 Arten von Frühwarnsystemen

Die häufigste Einteilung der Frühwarnsysteme ist die nach der Generation, der sie angehören. Danach unterscheidet man:

- Frühwarnsysteme der ersten Generation
- Frühwarnsysteme der zweiten Generation
- Frühwarnsysteme der dritten Generation.

3.3.1 Frühwarnsysteme der ersten Generation

Die Systeme der ersten Generation sind gekennzeichnet durch die Vorgabe von Schwellenwerten, deren Über- bzw. Unterschreiten Warnsignale auslösen sollen. **Kennzahlen** dienen in der Regel als Maßgrößen. Finanzielle Größen stehen im Vordergrund.

3.3.2 Frühwarnsysteme der zweiten Generation

Frühwarnsysteme der zweiten Generation verwenden Indikatoren, die Prognosen ermöglichen. Finanzielle Zielgrößen dominieren auch hier.

3.3.3 Frühwarnsysteme der dritten Generation

Die Frühwarnsysteme der dritten Generation werden auch als „erfolgspotenzialorientierte Frühaufklärung" bezeichnet *(Bea / Haas)*. Sie haben die Aufgabe, **schwache Signale qualitativer Natur** zu erfassen.

Frühwarnsysteme der dritten Generation wurden in erster Linie entwickelt, weil die Systeme der beiden ersten Generationen wichtige Tatbestände aus dem Unternehmen und seiner Umwelt nicht berücksichtigen. Sie lassen sich zusammenfassend wie folgt beschreiben:

❏ Bedeutende Veränderungen kündigen sich oft mit sehr schwachen Signalen, die zunächst nur schwer deutbar sind, an. Chancen und Risiken werden noch nicht eindeutig erkannt. Bestimmte gesellschaftliche Entwicklungen sind in diesem Zusammenhang zu nennen.

❏ Für bestimmte Veränderungen, primär mit strategischer Bedeutung, bestehen keine bekannten Ursache-Wirkungsbeziehungen. Situationen, mit denen kaum zu rechnen war, treten plötzlich auf. Nicht erwartete politische Ereignisse, auf einem fremden Markt auftretende technische Neuerungen oder ein plötzlicher Wandel in der Lohnpolitik von Gewerkschaften sind als Beispiel zu nennen.

Schwache Signale werden in erster Linie mit vier Verhaltensweisen in Verbindung gebracht. Es handelt sich um

- das steigende ökologische Bewusstsein
- das aufgeklärte Verbraucherverhalten
- die zunehmende Freizeitneigung
- den zunehmenden Privatismus.

Ansoff ging als einer der Ersten auf die schwachen Signale ein und prägte den Begriff vom **strategischen Radar**. Sich anbahnende Entwicklungen werden durch die Signale wahrgenommen und abgetastet. Das Auftreten von neuen Gedanken, die Ablehnung bestimmter Gewohnheiten oder Änderungen von Grundeinstellungen müssen möglichst früh erkannt werden.

Die strategische Frühwarnung steht in enger Beziehung zur strategischen Planung. Ihre Ergebnisse tragen dazu bei zu erkennen, ob die gegenwärtigen Erfolgspotenziale auch in Zukunft tragfähig sind und ob die getroffenen Entscheidungen zum Aufbau der Erfolgspotenziale nach wie vor gerechtfertigt sind *(Jenner)*.

Die Frühwarnung ist ein kontinuierlicher Prozess, der nicht nur gelegentlich im Mittelpunkt der Interessen stehen darf. Die damit befassten Aufgabenträger werden ständig sowohl mit deutlichen als auch mit schwach wahrnehmbaren Signalen konfrontiert und müssen darauf reagieren.

17 > Geben Sie an

(1) worum es sich bei Frühwarnsystemen handelt und
(2) welche Gründe zur Entwicklung von Frühwarnsystemen der dritten Generation geführt haben.

Seite 214

18 > Erläutern Sie, was unter den in diesem Kapitel behandelten Begriffen zu verstehen ist!

❏ Umweltanalyse	❏ Lückenanalyse
❏ Marktanalyse	❏ Portfolioanalyse
❏ Marktforschung	❏ SWOT-Analyse
❏ Sekundärerhebung	❏ Kennzahlenanalyse
❏ Primärerhebung	❏ PIMS-Projekt
❏ Konkurrentenanalyse	❏ Vier-Felder-Matrix
❏ Konkurrenzprofil	❏ Neun-Felder-Matrix
❏ Branchenanalyse	❏ Normstrategien
❏ Unternehmensanalyse	❏ Wettbewerbsmatrix
❏ Potenzialanalyse	❏ Kennzahlen
❏ Stärken-/Schwächen-Analyse	❏ Kennzahlensysteme
	❏ Frühwarnsysteme
❏ Chancen-Risiken-Analyse	❏ Frühindikatoren

Seite 214

D. Entwicklung der Strategien

Der Analyse der Umwelt und des Unternehmens, die die Stärken und Schwächen des Unternehmens sowie seine Chancen und Risiken erkennen soll, folgt die Entwicklung der Strategien. Im Rahmen dieses Kapitels ist einzugehen auf:

Entwicklung der Strategien	Für die strategische Planung relevante Ziele
	Systematisierung von Strategien
	Strategiearten
	Prozess der Strategienentwicklung

1. Für die strategische Planung relevante Ziele

Ziele als Absichtserklärungen der Leitungsfunktionen eines Unternehmens, die einen zukünftigen Zustand anpeilen, spielen für die Planung eine wichtige Rolle. Ohne eine Festlegung und klare Formulierung von Zielen ist eine sinnvolle Planung und Steuerung nicht möglich (vgl. Kap. A. 2.3). Im Folgenden wird auf die für die strategische Planung relevanten Ziele eingegangen, dabei sind zu behandeln:

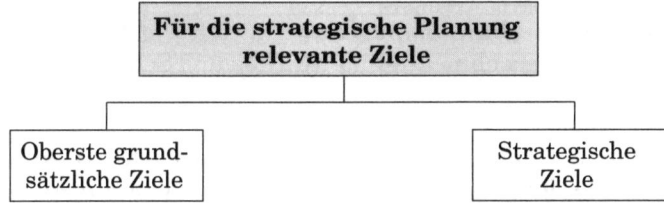

1.1 Oberste grundsätzliche Ziele

Die obersten grundsätzlichen Ziele kennzeichnen die langfristige Ausrichtung der Unternehmenspolitik, sie sind die Absichten in Bezug auf den ökonomischen, technischen und sozialen Bereich (vgl. Kap. A. 2.3.1).

Die obersten grundsätzlichen Ziele werden wesentlich beeinflusst von:

❏ der Unternehmenskultur und Unternehmensphilosophie (vgl. Kap. A. 6.3)
❏ den Unternehmensgrundsätzen (vgl. Kap. A. 6.4)
❏ den Visionen (vgl. Kap. A. 6.2).

Die **Unternehmenskultur** stellt konstitutive Denk- und Problemmuster eines Unternehmens dar *(Nieschlag/Dichtl/Hörschgen)*. Ihre Wertbasis ist die **Unternehmensphilosophie**.

Die **Unternehmensgrundsätze** konkretisieren die meist noch recht abstrakte Unternehmenskultur und tragen zu ihrer Messbarkeit bei.

Die **Visionen** sind die noch vagen Wunschvorstellungen der Unternehmensleitung, Ziele, die erst im Laufe der Zeit eine konkrete Form annehmen.

1.2 Strategische Ziele

Bei der Bildung der strategischen Ziele ist zu berücksichtigen:

• **Grundlagen der strategischen Ziele**
• **Zielbildungsprozess**.

1.2.1 Grundlagen der strategischen Ziele

Die strategischen Ziele haben zwei Grundlagen:

❑ die Umwelt- und Unternehmensanalyse
❑ die obersten grundsätzlichen Ziele.

Die **Umwelt- und Unternehmensanalyse** vermittelt wichtige Erkenntnisse über die Möglichkeiten des Unternehmens, seine Stärken und Schwächen, seine Chancen und Risiken.

Die Analysen stellen der Unternehmensleitung strategisch relevante Informationen zur Verfügung, aus denen die möglichen und erstrebenswerten Ziele abgeleitet werden können *(Hammer)*. Es ergibt sich:

Wichtige Informationen aus dem Bereich der Unternehmensanalyse liefern beispielsweise Portfolioanalysen. Aus ihnen lassen sich Normstrategien ableiten, die bereits eine generelle Zielrichtung angeben.

Die **obersten grundsätzlichen Ziele** sind eine weitere Basis der strategischen Ziele. Aus ihnen werden spezielle Zielinhalte abgeleitet.

1.2.2 Zielbildungsprozess

Der Zielbildungsprozess ist ein kreativer Prozess, der unternehmensindividuell abläuft und nicht an allgemeingültige Regeln gebunden ist. Zwar existieren auch für den Zielbildungsprozess mehrere Möglichkeiten der Strukturierung, doch sollte jedes starre Schema vermieden werden.

Die Ziele sind so zu bilden, dass sie der Initiative sowohl der Planer als auch der „Betroffenen" genügend Spielraum lassen und ihre Aktivitäten nicht in unzumutbarem Ausmaß einengen.

Die strategischen Ziele sollten nicht allein die Vorstellungen der Unternehmensleitung widerspiegeln, sondern auch berechtigte Anliegen von Mitarbeitern, Kapitalgebern, vom Staat und von der Gesellschaft beachten.

Bei der Bildung strategischer Ziele sind zu berücksichtigen:

❑ Unternehmensziele
❑ Geschäftsbereichsziele
❑ Funktionsbereichsziele.

Unternehmensziele gelten für ein ganzes Unternehmen. Sie präzisieren die Visonen und Leitbilder.

Beispiele für strategische Unternehmensziele sind:

❑ Verbesserung der Marktstellung
❑ Verteidigung der Marktführerschaft
❑ Stärkung der Wettbewerbsfähigkeit durch Innovation
❑ Ausweitung des Vertriebsnetzes
❑ Verbesserung der Rendite der Anteilseigner
❑ Gewinnerzielung auch durch das Massengeschäft
❑ Übernahme gesellschaftlicher Verantwortung.

Die strategischen Ziele haben in der Regel qualitativen Charakter, eine Quantifizierung erfolgt erst auf einer späteren Stufe.

Legte man bereits zu Beginn des Planungsprozesses das jeweils angestrebte Zielausmaß fest, müssten die Ziele während des Prozesses mehrmals geändert werden. Erst die geplanten Strategien und Maßnahmen ermöglichen eine zuverlässige Quanti-fizierung der Ziele.

Geschäftsbereichsziele werden für jeden Geschäftsbereich festgelegt. „Sollen aus den strategischen Unternehmenszielen Vorgaben für die einzelnen Geschäfts-bereiche abgeleitet werden, müssen die Ziele weiter zerlegt und operationalisiert, d. h. messbar gemacht und zeitlich abgegrenzt werden" *(Bea / Haas)*. Dies ist nur bei Kenntnis der zu verfolgenden Strategien und der erforderlichen Maßnahmen möglich.

Zur Zielauflösung, die deduktiv erfolgt, werden häufig Kennzahlensysteme verwen-det, wie sie im Kapitel C. 2.6 dargestellt wurden.

Zu **Funktionsbereichszielen** kann man durch weitere deduktive Zielauflösung gelangen.

Als Beispiele für Funktionsbereichsziele seien genannt:

Fertigungsbereich	→ Reduktion der Fertigungszeit
Beschaffungsbereich	→ Verminderung der Beschaffungspreise
Absatzbereich	→ Erhöhung der Kundentreue
Finanzierungsbereich	→ Verminderung der Fremdkapitalkosten
Personalbereich	→ Verbesserung des Qualifikationsgrades

Die Bildung der strategischen Ziele steht nicht nur am Anfang des strategischen Planungsprozesses, sondern begleitet diesen.

Während einer Sitzung der Unternehmensleitung des Süßwaren-herstellers Lindi & Mann wird über neue Strategien diskutiert. Der Marketingleiter besteht darauf, zuerst die Marketingstrategien zu konzipieren, aus denen dann verschiedene Bereichsstrategien abgeleitet werden könnten.

Der Controller widerspricht heftig. Welche Argumente kann er ins Feld führen?

Seite 214

2. Systematisierung von Strategien

Strategien haben die Aufgabe, den langfristigen Erfolg des Unternehmens zu si-chern.

Im Laufe der letzten Jahre wurden zahlreiche Strategien unterschiedlicher Aus-prägung von Wissenschaft und Praxis entwickelt und mit unterschiedlichem Erfolg eingesetzt. Neben sehr wirkungsvollen Strategien trifft man auch auf Strategien, die den gewünschten Erfolg nicht herbeiführen.

Die Vielzahl der Strategien, die angeboten werden, macht es manchen Unternehmen schwer, sich für die richtige Strategie zu entscheiden. Umso wichtiger ist es, Systematiken zu entwickeln, die den Unternehmen einen guten Überblick über das „Strategieangebot" vermitteln.

Einer der ersten, der eine Systematik der Strategien darstellte, war *Ansoff* mit seinen **Produkt-Markt-Kombinationen**, die sich wie folgt darstellen lassen:

Märkte ＼ Produkte	gegenwärtige	neue
gegenwärtige	Marktdurchdringung	Marktentwicklung
neue	Produktentwicklung	Diversifikation

Die von *Ansoff* entwickelten Wachstumsstrategien gehen von den Fragen aus, **was** angeboten werden soll (Produkt) und **wem** angeboten werden soll (Markt) *(Bea / Haas)*.

Die folgende Systematisierung berücksichtigt die Kriterien:

❏ Entwicklungsrichtung
❏ Geltungsbereich
❏ Rang
❏ Marktverhalten
❏ Wettbewerbsvorteile.

Sie versucht damit eine gewisse Ordnung in die Strategienvielfalt zu bringen:

Kriterien	Strategiearten
Entwicklungs-richtung	Folgende **Primärstrategien** bieten sich an: o Wachstumsstrategie o Stabilisierungsstrategie o Desinvestitionsstrategie
Geltungs-bereich	❏ **Unternehmensstrategien** Sie umfassen grundsätzliche Entscheidungen über das künftige Verhalten des Unternehmens im Hinblick auf: o das Leistungsprogramm o die Art und den Umfang der Marktbearbeitung o die Gewinnpolitik o die Haltung gegenüber Kunden, Lieferanten und Konkurrenten o die Beschaffungs-Produktions- und Finanzpolitik o die Haltung zur Institutionalisierung und Globalisierung o Kooperationen o die Personalpolitik u. Ä. Unternehmensstrategien legen die generelle Stoßrichtung des Unternehmens fest, die ihren Ausdruck finden können in der Ausrichtung auf:

○ Wachstum
○ Stabilisierung
○ Desinvestition.

Dadurch werden auch Entscheidungen gefällt über die Zusammensetzung der Geschäftsfelder und deren Entwicklung durch Zuteilung von Ressourcen. Es wird zum Ausdruck gebracht, in welchen Strategischen Geschäftsfeldern (SGF) Erfolge gesehen werden *(Bea / Haas)*. Unter SGF werden Planungseinheiten im Rahmen der Strategischen Planung und Portfolio-Analyse verstanden.

❑ **Geschäftsbereichsstrategien**
Sie spezifizieren die Unternehmensstrategien für die einzelnen Geschäftsbereiche und füllen den von den Unternehmensstrategien gesetzten Rahmen aus.

❑ **Funktionsbereichsstrategien**
Sie stehen im Dienste der Nutzung der strategischen Potenziale. Sie sind funktionale Strategien, bezogen auf die Funktionsbereiche des Unternehmens zur Harmonisierung der Geschäftsbereichsstrategien.

Funktionsbereichsstrategien können u. a. sein:
○ Beschaffungsstrategien
  - Verbesserung der Beschaffungsmethoden
  - Verbesserung der Logistik
○ Produktionsstrategien
  - Automatisierungsgrad
  - Organisation der Fertigung
  - Eigenfertigung/Fremdbezug
○ Finanzierungsstrategien
  - Stärkung der Eigenkapitalbasis
  - Liquiditätssicherung
○ Investitionsstrategien
  - Erweiterungsinvestitionen
  - Rationalisierungsinvestitionen
○ Marketingstrategien
  - Marktsegmentierung
  - Marktdurchdringung
  - Marktentwicklung
  - Produktentwicklung
  - Diversifikation
  - Innovation
○ Personalstrategien
  - Entgeltstruktur verbessern
  - Arbeitszeitflexibilisierung
  - Vorschlagswesen
  - Prämiensysteme usw.

Rang (Grundverhaltensweisen)

❑ **Normstrategien**
Sie sind strategische Handlungsempfehlungen, die die strategische Stoßrichtung angeben.

	Sie können sein: ○ Investitions- und Wachstumsstrategien ○ Abschöpfungs- oder Desinvestitionsstrategien ○ Selektive Strategien **❏ Abgeleitete Strategien** Sie tragen dazu bei, die Normstrategien zu realisieren.
Marktverhalten	**Marktverhaltensstrategien** Sie kennzeichnen das Verhalten gegenüber Konkurrenten, man findet sie als: ○ Angriffsstrategien ○ Verdrängungsstrategie ○ Status-Quo-Strategie ○ Vermeidungsstrategie.
Wettbewerbs-vorteile	Diese Strategien orientieren sich an den Vorstellungen *Porters*. Es handelt sich um: ○ die Strategie der Kostenführerschaft ○ die Differenzierungsstrategie ○ die Konzentrationsstrategie.

Diese Systematisierung soll auf die Vielzahl der Strategien hinweisen und eine bestimmte Ordnung herstellen. Überschneidungen lassen sich nicht vermeiden. Einzelne Strategien sind mehreren Kriterien zuzuordnen. Eine Wachstumsstrategie beispielsweise, die dem Kriterium Rang zugeordnet werden kann, ist selbstverständlich auch eine Unternehmensstrategie.

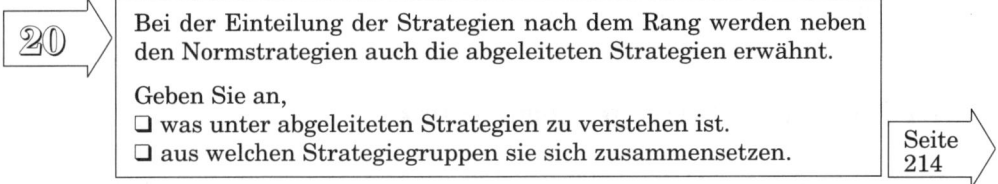

20

Bei der Einteilung der Strategien nach dem Rang werden neben den Normstrategien auch die abgeleiteten Strategien erwähnt.

Geben Sie an,
❏ was unter abgeleiteten Strategien zu verstehen ist.
❏ aus welchen Strategiegruppen sie sich zusammensetzen.

Seite 214

3. Darstellung ausgesuchter Strategien

Die Vielzahl der möglichen Strategien gestattet nur die Beschreibung der wichtigsten und am stärksten verbreiteten Strategien. Die Strategien werden im Folgenden in erster Linie behandelt unter den Aspekten ihres Geltungsbereichs und ihrer Entwicklungsrichtung. Es ist auf folgende Strategien einzugehen:

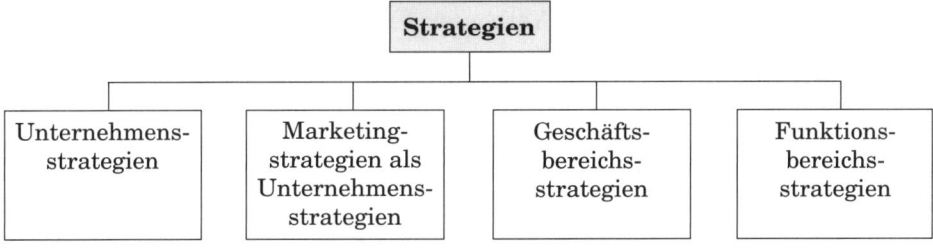

3.1 Unternehmensstrategien

Es wurde bereits darauf hingewiesen, dass die Unternehmensstrategien die generelle Stoßrichtung des Unternehmens zum Ausdruck bringen, die ausgerichtet ist auf

- **Wachstum**
- **Stabilisierung**
- **Desinvestition** (vgl. Kap. D. 3.1).

3.1.1 Wachstumsstrategien

Mithilfe von Wachstumsstrategien sollen die Wachstums- und Gewinnziele erreicht werden. Die Primärstrategien lassen sich durch diverse Sekundärstrategien realisieren.

Wachstum lässt sich nach *Ansoff* erreichen durch die bereits im Kapitel D. 2 angesprochenen Produkt-/Marktstrategien:

- **Marktdurchdringungsstrategie**
- **Marktentwicklungsstrategie**
- **Produktentwicklungsstrategie**
- **Diversifikationsstrategie**.

3.1.1.1 Marktdurchdringungsstrategie

Die Marktdurchdringungs- oder Marktpenetrationsstrategie geht von existierenden Produkten in bestehenden Märkten aus und soll durch intensive Marktanstrengungen den Marktanteil und das Marktvolumen vergrößern. Dies kann erreicht werden durch

❏ **Gewinnung neuer Kunden** durch Verbesserung des Design, der Verpackung, geringfügige Änderungen am Produkt selbst, durch verstärkte Werbung oder durch Preisänderungen

❏ **Steigerung der Produktverwendung** bei bisherigen Kunden ebenfalls durch Verbesserung des Design, der Verpackung, durch intensive Werbung, durch Beschleunigung des Ersatzbedarfs, Verbesserung der Absatzwege u. Ä.

❏ **Gewinnung bisheriger Nichtverwender**.

Man unterstellt, dass bei der Marktdurchdringungsstrategie die Vergrößerung des Marktanteils zu einem **Sinken der Stückkosten** und der Möglichkeit der **Preisbeeinflussung** führt.

Die Strategie wird vorzugsweise auf gesättigten Märkten und Wachstumsmärkten eingesetzt.

3.1.1.2 Marktentwicklungsstrategie

Im Rahmen der Marktentwicklungsstrategie wird beabsichtigt, die bestehenden Produkte auf neuen Märkten abzusetzen. Dies wird möglich durch

❏ **Eindringen in Zusatzmärkte**, z. B. durch die Suche neuer Anwendungsbereiche oder Einsatzfelder für die Produkte oder die Entwicklung neuer Dienstleistungen, die diese ergänzen

❏ **Erschließen neuer Teilmärkte** durch Produktvariationen

❏ **Eindringen in neue** regionale, überregionale und internationale **Märkte**.

3.1.1.3 Produktentwicklungsstrategie

Die Produktentwicklungsstrategie erstreckt sich auf die Entwicklung neuer Produkte für bestehende Märkte, bedeutet also Innovation. Es handelt sich dabei um

❏ **echte Innovation** duch die Entwicklung völlig neuer Produkte

❏ **Quasi-Innovation**, bei der eine Beziehung zu bereits bestehenden Produkten gegeben ist (z. B. Diätnahrungsmittel)

❏ Aufnahme von **„Me-too-Produkten"** ins Programm.
Diese sind im Wesentlichen „nachgemachte" Produkte, die lediglich für das eigene Unternehmen innovative Erzeugnisse sind. Die Unterscheidung zu den Originalprodukten äußert sich in der Aufmachung oder im Preis.

3.1.1.4 Diversifikationsstrategien

Bei der Diversifikation bricht das Unternehmen aus seinen eigentlichen Aktionsfeldern aus und platziert neue Produkte auf neuen Märkten.

Folgende Diversifikationsarten sind zu unterscheiden:

❏ **Horizontale Diversifikation**
Bei der horizontalen Diversifikation werden die Aktivitäten auf der gleichen Wirtschafts- bzw. Produktionsstufe ausgeweitet. Entweder werden neue Produkte, die artverwandt mit den bisherigen sind, auf dem Markt angeboten, beispielsweise Limonaden von einer Brauerei, oder neue Produkte werden an bisherige Kunden verkauft. Dies ist etwa der Fall, wenn ein Versandhaus seinen Kunden Touristikangebote macht.

Die neuen Produkte tragen nicht nur durch ihre Gewinne zur Gesamtgewinnsteigerung bei, sondern können auch eine Senkung der Distributionskosten durch bessere Auslastung der Transportkapazitäten herbeiführen.

❑ Vertikale Diversifikation

Diese ist gegeben, wenn Erzeugnisse in das Leistungsprogramm übernommen werden, die einer dem Unternehmen vorgelagerten oder nachgelagerten Wirtschaftsstufe zuzurechnen sind. In der chemischen Industrie, der Eisen- und Stahlindustrie oder in der Textilindustrie ist diese Diversifikationsform verbreitet. Gliedert eine Textilfabrik dem Unternehmen etwa Bekleidungsgeschäfte an, liegt eine vertikale Diversifikation vor.

Die vertikale Diversifikation fördert das Unabhängigkeitsstreben von Unternehmen und kann Ausdruck eines Machtstrebens sein.

❑ Laterale Diversifikation

Die laterale Diversifikation ist dadurch gekennzeichnet, dass das Unternehmen ein Programm entwickelt, das mit dem bisherigen in keinem Zusammenhang steht. Dies ist der Fall, wenn z. B. ein Hersteller von Kosmetikartikeln Verlagserzeugnisse anbietet.

Laterale Diversifikation wird hauptsächlich betrieben, um:

> ○ eine Risikosstreuung zu erreichen
> ○ am Erfolg von Wachstumsbranchen zu partizipieren
> ○ Kapital ertragsbringend anzulegen
> ○ steuerliche Vorteile zu nutzen
> ○ Macht auszuüben.

Die beschriebenen Wachstumsstrategien lassen sich durch **Sekundärstrategien** realisieren. Diese können nach mehreren Gesichtspunkten eingeteilt werden etwa nach dem **Selbstständigkeitsgrad** der **Ressourcennutzung** oder nach **geografischen Marktgebieten**.

Kriterien	Strategien
Selbstständigkeitsgrad der Ressourcennutzung	**❑ Autonomiestrategie** Diese liegt vor, wenn ein Unternehmen über ausreichende Ressourcen verfügt und diese allein nutzt. Funktionsbereichsstrategien können Autonomiestrategien sein. **❑ Kooperationsstrategie** Kooperationsstrategien werden eingesetzt, wenn Aufgaben in Zusammenarbeit mit mehreren Unternehmen durchgeführt werden, weil sie allein nicht bzw. nicht ohne weiteres bewältigt werden können, oder weil man sich das **Know-how** und das **Image** anderer Unternehmen nutzbar machen will. Kooperationen kommen bei Wahrung der Selbstständigkeit der Unternehmen mit inländischen und ausländischen Partnern vor.

	Sie treten auf als **horizontale Kooperationen** (Forschungs- und Entwicklungsgemeinschaften, Werbegemeinschaften, Rationalisierungsgemeinschaften, gemeinsame Einkaufs- und Verkaufsorganisationen außerhalb von Kartellen, Gemeinschaftsmarken u. Ä.) oder als **vertikale Kooperationen** (Kooperation zwischen Kunden und Lieferanten im Sinne eines „Supply Chain Managements").
	❑ **Vereinigungsstrategie** Diese Strategie bedeutet einen Zusammenschluss von Unternehmen. Die dadurch entstehenden Vorteile (größere Marktmacht, Ausnutzung des Fixkostendegressionseffekts) können durch fehlende Flexibilität kompensiert werden. Auch sind Zusammenschlüsse nicht ohne weiteres reversibel.
Regionale Gesichtspunkte (geografische Marktgebiete)	❑ **Lokale Strategien** Sie haben nur eine geringe Reichweite, sie beschränken sich auf bestimmte Orte oder Regionen. ❑ **Nationale Strategien** Diese Strategien erstrecken sich auf ein ganzes Land. ❑ **Internationalisierungsstrategien** Internationalisierungsstrategien nutzen die Erfolgspotenziale auf ausländischen Märkten. Gründe für die Internationalisierung sind u. a.: ○ Konkurrenzdruck im Inland ○ Marktsättigung auf dem Binnenmarkt ○ Ertragserwartung bei eliminationsgefährdeten Produkten auf Auslandsmärkten ○ Auslastung der Kapazitäten ○ Risikostreuung ○ Kapitalanlage ○ Rechtliche und steuerliche Gründe ○ Imageerweiterung ○ Kundennähe. Folgende Strategien sind möglich *(Stahr)*: ○ **Internationale Angebotsstrategien** mit den Elementen Produkt- und Kontraktstrategien ○ **Internationale Distributionsstrategien** mit den Elementen Vertriebs- und Logistikstrategien ○ **Internationale Kommunikationsstrategien** mit den Elementen Werbeförderungs-, Verkaufsförderungs-, Öffentlichkeitsarbeits- und Corporate Identity-Strategie ○ **Internationale Kooperationsstrategien** Bei diesen sind zu erwähnen: - **Joint-Ventures** als Gemeinschaftsunternehmen mit mindestens einem inländischen und einem ausländischen Parner - **Strategische Partnerschaften**, die nicht so starke Bindungen verursachen wie die Joint-Ventures ❑ **Globalisierungsstrategien** Die Unternehmen engagieren sich weltweit und werden zum „Global Player".

21

Ein Unternehmen der Bekleidungsindustrie hat große Probleme sich auf dem Markt zu behaupten. Der Konkurrenzdruck ist groß, insbesondere bereiten die Preise der Konkurrenten der Unternehmensleitung Probleme. Ein Ausweichen auf neue Märkte ist zurzeit kaum möglich. Die Unternehmensleitung möchte auf dem gegenwärtigen Markt Anstrengungen unternehmen, um wieder ein Wachstum zu erreichen.

Der vor kurzer Zeit eingestellte Vorstandsassistent macht den Vorschlag, es mit einer Produktentwicklungsstrategie zu versuchen.

(1) Was ist unter einer Produktentwicklungsstrategie zu verstehen?
(2) Welche Möglichkeiten bieten sich im Rahmen dieser Strategie?

Seite 214

3.1.2 Stabilisierungsstrategien

Stabilisierungsstrategien einzusetzen bedeutet sich abwartend, defensiv zu verhalten.

Die Strategien kommen in erster Linie in folgenden Situationen infrage:

❑ die angestrebte Marktposition ist erreicht
❑ Konkurrenten dringen in den Markt ein und sollen abgewehrt werden
❑ man befindet sich in einer Übergangsphase und hat noch keine endgültige Entscheidung getroffen
❑ es liegt Marktsättigung vor
❑ politische oder rechtliche Veränderungen deuten sich an, man nimmt noch eine abwartende Haltung ein
❑ Märkte schrumpfen *(Bea / Haas)*.

3.1.3 Desinvestitionsstrategien

Desinvestition bedeutet den Abbau von Kapazitäten, im **weitesten Sinne** die Veräußerung des Unternehmens, im **engeren Sinne** die Eliminierung von Produkten oder anderer Leistungen.

Gründe für Desinvestitionen sind u. a.:

❑ schlechte Liquidität bzw. die Möglichkeit ihrer Verbesserung
❑ schlechte Rentabilität bzw. die Möglichkeit ihrer Verbesserung
❑ rechtliche Gründe
❑ organisatorische Gründe
❑ Hemmnisse in der Beschaffung
❑ persönliche Gründe (z. B. Nachfolgeprobleme)
❑ Konzentration auf andere Leistungen
❑ günstige Angebote potenzieller Käufer.

Desinvestitionen sind in folgenden **Formen** möglich:

❑ Programmbegrenzung (keine neuen Produkte, Aufgabe ganzer Linien)
❑ Liquidation des Unternehmens
❑ Verkauf einer Unternehmenseinheit an ein anderes Unternehmen (Sell-off)
❑ Übernahme des Unternehmens durch die Belegschaft (Employee Buy-out)
❑ Übernahme des Unternehmens durch das Management (Management Buy-out)
❑ Loslösung eines Unternehmensteils aus dem Unternehmen und rechtliche Verselbstständigung (Spin-off) *(Thissen)*.

3.2 Marketingstrategien als Unternehmensstrategien

Marketingstrategien erstrecken sich auf das langfristige Geschehen zur Realisierung der Marketingziele. Sie werden sowohl den Funktionsbereichsstrategien als auch den Unternehmensstrategien zugeordnet.

Da alle Funktionen des Unternehmens zwingend unter dem Diktat der Markt- und Kundenanforderungen gesteuert werden, das Unternehmen vom Markt geführt wird, ist es gerechtfertigt, Marketingstrategien als Unternehmensstrategien anzusehen.

Bei der Fülle der möglichen Marketingstrategien wird der schöpferische Entwicklungsprozess erleichtert, wenn man sich bestimmter Orientierungshilfen bedienen kann. Als solche sind die folgenden **strategischen Dimensionen** *(Nieschlag / Dichtl / Hörschgen)* anzusehen:

❑ Umfang der Marktbearbeitung
❑ Art der Marktbearbeitung
❑ Erfahrung auf dem Markt
❑ Räumliche Struktur des Marktes
❑ Verhalten auf dem Markt gegenüber der Konkurrenz
❑ Innovation
❑ Kooperation
❑ Technologieorientierung
❑ Produkt-/Marktbeziehungen
❑ Wettbewerbsvorteile/Marktabdeckung.

Die Planungsträger haben die Möglichkeit, aus diesen Dimensionen mehrere Kombinationen zu entwickeln.

Bei der Ableitung einer konkreten Strategie können sämtliche Dimensionen gleichberechtigt Eingang in die Strategie finden, oder eine Dimension gewinnt die Dominanz gegenüber den anderen Dimensionen.

Häufig gibt die dominierende Dimension einer Strategie ihren Namen.

Während einer Verbandssitzung wird über Unternehmensstrategien diskutiert. Der Geschäftsführer einer Brotfabrik stellt in seinem Beitrag heraus, dass Marketingstrategien die eigentlichen Unternehmensstrategien seien; die Unternehmen würden ja vom Markt gesteuert.

Der Inhaber eines Unternehmens, der kleinere Elektromotoren herstellt, protestiert heftig mit der Behauptung, Produktionsstrategien müssten dominieren, da die Herstellung der wichtigste Unternehmensbereich wäre. Ohne gute Produkte könnte schließlich nichts verdient werden.

Wem würden Sie Recht geben?

Seite 214

Im Folgenden wird auf verbreitete Marketingstrategien, die sich an den genannten Dimensionen orientieren, eingegangen:

- **Marktsegmentierung**

- **Verhaltensstrategien gegenüber Konkurrenten**

- **Innovationsstrategien**

- **Kooperationsstrategien**

- **Strategien der Technologieorientierung**

- **Weitere Marketingstragien**.

3.2.1 Marktsegmentierung

Die Marktsegmentierungsstrategien beziehen sich auf den **Umfang der Marktbearbeitung**. Diese kann umfassen:

❏ den Gesamtmarkt
❏ ein Marktsegment
❏ eine Mehrzahl von Marktsegmenten.

Vielfach ist es Unternehmen nicht möglich, den gesamten Markt zu bearbeiten. Die Käufer reagieren nicht einheitlich, ihre Bedürfnisse und Verhaltensweisen sind recht unterschiedlich und ihre Kaufkraft ist nicht einheitlich. Um die gesetzten Ziele erreichen zu können, ist es deshalb häufig erforderlich, sich auf bestimmte Marktsegmente zu konzentrieren.

Marktsegmentierung ist die Aufspaltung des Marktes in eindeutig abgrenzbare Bereiche, in bestimmte Käufergruppen. Jeder Bereich ist ein Zielmarkt, auf dem ein auf ihn abgestimmter Marketing-Mix eingesetzt wird.

Bei der Marktsegmentierung ist zu berücksichtigen:

❑ **Voraussetzungen**

> ○ zwischen Segment und Produkt muss eine unmittelbare Beziehung bestehen
> ○ Messbarkeit muss gegeben sein
> ○ die Merkmale der Segmente müssen deutlich erkennbar sein
> ○ die Segmente müssen nachfragerelevante Unterschiede aufweisen
> ○ der unmittelbare Zugang zu den Segmenten muss möglich sein
> ○ die Größe der Segmente muss wirtschaftlich vertretbar sein.

❑ **Segmentierungskriterien**
Oft genügt es die Marktsegmentierung nach einem Kriterium vorzunehmen; häufig wird es jedoch erforderlich sein, die Marktaufteilung schrittweise mit jeweils einem neu hinzukommenden Kriterium durchzuführen. Ist das erste Kriterium beispielsweise das Geschlecht, kann als nächstes Kriterium etwa die Kaufkraft hinzukommen.

Folgende **Segmentierungsarten** bieten sich an:

> ○ Geografische Segmentierung (Gebiete)
> ○ Demografische Segmentierung (Biologische und sozioökonomische Kriterien wie Alter, Geschlecht, Familienstand, Bildungsstand, Beruf, Einkommen, Religionszugehörigkeit u. Ä.)
> ○ Psychografische Segmentierung (Persönlichkeitsmerkmale, Lebensstil, Lebensgewohnheiten, Einstellungen, Nutzerwartungen)
> ○ Verhaltensorientierte Segmentierung (Psychologische Segmentierung nach Einstellungsmustern und Verhaltensmustern).

❑ **Arten**
Der Einsatz der **Single-Segment-Strategie** bedeutet die Bearbeitung eines Segments oder nur weniger Segmente. Das Unternehmen kann sich intensiv auf einen Teilmarkt konzentrieren, was neben einer höheren Kundenzufriedenheit auch eine Kostensenkung bewirken kann. Der **Nachteil** besteht in der Abhängigkeit von einem Segment bzw. von wenigen Segmenten.

Bei der **Multi-Segment-Strategie** werden mehrere Marktsegmente bearbeitet, wobei auf jedem Teilmarkt unterschiedliche Mittel eingesetzt werden können. Der **Vorteil** der Strategie ergibt sich aus der Erhöhung der Erfolgschancen und der Verteilung der Risiken. Ein **Nachteil** ist in den erhöhten Kosten für die differenzierte Marktbearbeitung zu sehen.

23 Die Marktsegmentierung ist eine eigenständige Strategie, die dazu dient, Marktchancen zu erkennen und zu nutzen und Produkte und Maßnahmen zu differenzieren. Die Marktsegmentierung fungiert aber auch als Voraussetzung für andere Strategien.

Nennen Sie einige Gründe, die für und gegen eine Marktsegmentierungsstrategie sprechen!

Seite 215

3.2.2 Verhaltensstrategien gegenüber Konkurrenten

Das Verhalten zu Konkurrenten wird durch folgende Strategien geprägt:

- **Angriffsstrategien**
- **Verdrängungsstrategie**
- **Status-Quo-Strategie**
- **Konfliktvermeidungsstrategie.**

3.2.2.1 Angriffsstrategien

Die Angriffsstrategien verkörpern einen aggressiven Konkurrenzstil, der Konflikte bewusst in Kauf nimmt. Folgende Ausprägungen sind festzustellen:

❏ **Strategie des Direktangriffs** (auf die Hauptprodukte der Konkurrenten gerichtet, z. B. Preissenkung, Einführung neuer Produkte)

❏ **Umzingelungsstrategie** (der Konkurrent wird von mehreren Seiten angegriffen, z. B. Einführung von Billig- und Spitzenprodukten)

❏ **Strategie des Flankenangriffs** (Angriff auf ungeschützte Stellen von Konkurrenten, z. B. neues Design, neue Verpackung)

❏ **Guerillastrategie** (Abnutzungskampf mit den Konkurrenten, z. B. Abmahnungen, Prozesse).

3.2.2.2 Verdrängungsstrategie

Der agressive Konkurrenzstil wird noch verstärkt, Marktanteile werden von Wettbewerbern abgezogen.

3.2.2.3 Status-Quo-Strategie

Das Unternehmen hat die angestrebte Marktposition errungen und will lediglich das Eindringen von Konkurrenten verhindern. Diese Strategie ist vor allem bei Handelsunternehmen zu finden.

3.2.2.4 Konfliktvermeidungsstrategie

Das Unternehmen weicht vor der Konkurrenz aus und begnügt sich mit dem Besetzen von Marktnischen.

3.2.3 Innovationsstrategien

Innovation ist in der heutigen Zeit für viele Unternehmen eine Existenzfrage. Sie ist erforderlich, weil

❑ der Wettbewerb immer intensiver wird
❑ der technische Fortschritt immer rasanter wird
❑ sich die Kundenwünsche schnell ändern
❑ der Zwang zur Kapazitätsauslastung steigt
❑ Lizenzverträge oder ähnliche Verträge auslaufen
❑ Mitarbeiter für die Herstellung bestimmter Produkte nicht mehr zur Verfügung stehen.

Innovation macht eine gründliche Vorbereitung erforderlich, da sie mit einem hohen Forschungs-, Entwicklungs- und Einführungsaufwand verbunden ist und ein ausbleibender Erfolg hohe Verluste bewirken kann. Chancen und Risiken sind ausführlich zu untersuchen. Die **Vorbereitung der Innovation** erfordert im Einzelnen:

❑ laufende Information über Markttrends und technische Entwicklungen
❑ Analyse des eigenen Unternehmens
❑ ständige Verbesserung des technischen Standes
❑ ständige Überprüfung der Zielplanung
❑ Pflege der Zugangsmöglichkeiten zu den Finanzmärkten
❑ Verbesserung der Elastizität
❑ Pflege des Führungsnachwuchses
❑ Mitarbeiterschulung.

Der **Innovationsprozess** läuft in folgenden Phasen ab:

Ideen-findung	⇨	Ideen-selektion	⇨	Analyse	⇨	Entwick-lung von Konzep-tionen	⇨	Tests	⇨	Ein-führung

Bei der Innovation ist zu unterscheiden, ob sie sich auf Marktneuheiten oder Unternehmensneuheiten erstreckt:

❑ Bei **Marktneuheiten** entstehen neue Problemlösungen. Entweder wird ein Problem auf neue Weise gelöst (z. B. Festnetzanschluss – Handy) oder bisher war noch keine Problemlösung erforderlich (z. B. Medikamente).

❑ Von **Unternehmensneuheiten** spricht man, wenn sich Produkte in der gleichen oder ähnlichen Form bereits auf dem Markt befinden und das Unternehmen

○ ein Quasi-neues-Produkt auf den Markt bringt (z. B. Küchenmaschine in einem neuen Design oder mit neuen Funktionen)
○ Me-too-Produkte fertigt (z. B. nachgemachte Kosmetika)
○ ein Produkt von anderen Unternehmen übernimmt (z. B. neuer Computer-Typ) (vgl. Kap. 3.1.1.3).

24 ⟩ Es wird heute als selbstverständlich angesehen, dass in den Unternehmen Innovation betrieben wird.

Können Sie sich Situationen vorstellen, die ein Unternehmen daran hindern, zu innovieren?   Seite 215 ⟩

3.2.4 Kooperationsstrategien

Kooperationsstrategien werden immer beliebter, da sie die Möglichkeiten bieten, unter Wahrung der eigenen Selbstständigkeit an der Erfahrung und dem Potenzial anderer Unternehmen zu partizipieren. Hauptmotiv für Kooperationen dürfte die Erwartung sein, durch die Nutzung von Synergien wirtschaftliche Vorteile zu erlangen *(Nieschlag / Dichtl / Hörschgen)*.

Kooperation ist im Inland und im Ausland möglich. Im **Inland** erfolgt sie in zwei Formen. Wird sie als **horizontale Kooperation** (mit Partnern der gleichen Branche) durchgeführt, geschieht dies z. B. als:

❑ Rationalisierungsgemeinschaft
❑ gemeinsame Einkaufs- und Verkaufsorganisation soweit kartellrechtlich unbedenklich
❑ Werbegemeinschaft
❑ Forschungs- und Entwicklungsgemeinschaft
❑ Gemeinschaftsmarke
❑ Unterstützungsfond.

Eine **vertikale Kooperation** liegt vor, wenn zwischen Kunden und Lieferanten eine enge Zusammenarbeit vereinbart wird. Diese führt zu einer starken Vernetzung der Wertschöpfungskette. Die Kette, die alle Beteiligten einbindet, wird als **Supply Chain** bezeichnet. Diese lässt sich durch zwei eng miteinander verknüpfte Prozesse darstellen, durch den rein physischen Fluss und den Informationsfluss.

Die fortschreitende Entwicklung der Informationstechnik in den letzten Jahren trug zu einer Intensivierung der Kooperation bei. Es wurde möglich, das Prozessmanagement mehrerer Unternehmen aufeinander abzustimmen. Besonders profitiert davon die Zusammenarbeit zwischen Hersteller und Handel.

Die Kooperation im **Ausland** bzw. mit ausländischen Unternehmen verfolgt das Ziel, sich die Kenntnisse der Partner über die ausländischen Märkte sowie über die kulturelle, politische, rechtliche, soziale und wirtschaftliche Situation im Lande nutzbar zu machen. Hinzu kommt die Nutzung der Kontakte der Partner zu wichtigen lokalen Institutionen.

Motive, die vom Inland her wirken, sind:

❑ Marktsättigung im Inland
❑ starker Konkurrenzdruck
❑ Risikostreuung
❑ Platzierung eliminationsgefährdeter Produkte des Binnenmarktes
❑ steuerliche Gründe u. Ä. (vgl. Kap. D. 3.1.1.4).

Auslandsmarktbezogene Strategien können sein:

❑ internationale Angebotsstrategien
❑ internationale Distributionsstrategien
❑ internationale Kommunikationsstrategien
❑ internationale Kooperationsstrategien wie Joint Ventures und Strategische Partnerschaften (vgl. Kap. D. 3.1.1.4).

Joint Ventures sind Gemeinschaftsunternehmen mit mindestens einem inländischen und einem ausländischen Partner. **Strategische Partnerschaften** werden eingegangen, um Veränderungen auf dem Markt und von Technologien schneller zu erkennen und rascher darauf reagieren zu können. Sie werden in der Regel auf Zeit gebildet.

Während Joint Ventures nach einigen Jahren an Dynamik verlieren, werden Strategischen Partnerschaften bessere Chancen eingeräumt.

Ein mittelständischer Hersteller von Lampen und Modeschmuck, der über ausreichende Kapazitäten verfügt, möchte expandieren. Er hat das Unternehmen vor einigen Jahren gegründet, verfügt über ausgezeichnete technische Kenntnisse, hat jedoch betriebswirtschaftliche Defizite. Gesellschafter möchte er nicht aufnehmen, da er seine Selbstständigkeit wahren will. Ein Freund empfiehlt ihm, mit anderen Unternehmen zu kooperieren.

(1) Welche Vorteile könnte eine Kooperation bieten?
(2) Welche Nachteile muss er möglicherweise in Kauf nehmen?

Seite 215

3.2.5 Strategien der Technologieorientierung

Eine Strategie der Technologieorientierung verfolgt das Ziel, die technischen Möglichkeiten den Markterfordernissen anzupassen. Strategische Erfolgspositionen können nur aufgebaut und gehalten werden, wenn das technische Potenzial am Markt ausgerichtet ist.

In erster Linie sind zu unterscheiden:

Strategien	Merkmale
First-to-Market-Strategie	Die technologische Führerschaft wird angestrebt.
Follow-the-Leader-Strategie	Man überlässt die technologische Führerschaft anderen Unternehmen. Man wartet ab, bis andere Unternehmen Erfahrungen mit den Technologien gemacht haben und baut dann darauf auf.
Application-Engineering-Strategie	Man stützt sich auf eingeführte Technologien, entwickelt für bestimmte Segmente jedoch eigene Technologien.
Mee-too-Strategie	Das Unternehmen imitiert bereits erfolgreiche Strategien.

3.2.6 Weitere Marketingstrategien

Weitere Marketingstrategien wurden bereits in anderen Kapitel behandelt, und zwar

- die Wettbewerbsstrategien in Kapitel C. 2.5.2.4
- die Produkt-Markt-Strategien in Kapitel D. 3.1.1
- die lokalen, nationalen, internationalen und globalen Strategien in Kapitel D. 3.1.1.4.

Es wird auf diese Ausführungen hingewiesen.

3.3 Geschäftsbereichsstrategien

Geschäftsbereichsstrategien spezifizieren die Unternehmensstrategien für die einzelnen Geschäftsbereiche bzw. Sparten. Sie füllen den von den Unternehmensstrategien gesetzten Rahmen aus.

Geschäftsbereichsstrategien kommt in **Großunternehmen** besondere Bedeutung zu. Sie werden primär unter Marketinggesichtspunkten gebildet. In der Literatur werden dabei häufig die Verhaltens- und Wettbewerbsstrategien erwähnt.

3.4 Funktionsbereichsstrategien

Funktionsbereichsstrategien sind die Strategien, die auf die funktionalen Teilbereiche des Unternehmens abstellen *(Olfert/Pischulti)*. Sie sind die Strategien, die den Unternehmensangehörigen am vertrautesten sind, da ihre Realisierung im Unternehmen deutlich wahrgenommen wird.

Bei den Funktionsbereichsstrategien lassen sich unterscheiden:

- **Beschaffungsstrategien**
- **Fertigungsstrategien**
- **Personalstrategien**
- **Finanzstrategien**
- **Entsorgungsstrategien**
- **Forschungs- und Entwicklungsstrategien**
- **Marketingstrategien.**

Die Vielzahl der Strategien macht es unmöglich, diese erschöpfend zu behandeln; aus diesem Grund wird im Folgenden eine Auswahl wichtiger und häufig eingesetzter Strategien getroffen.

3.4.1 Beschaffungsstrategien

Fasst man den Begriff Beschaffung weit, erstrecken sich Beschaffungsstrategien auf folgende Bereiche:

Bereich	Gegenstand der Strategien
Einkaufsorganisation	Zentraler/dezentraler Einkauf
Lieferantenauswahl	Art der Konzentration auf Beschaffungsquellen, wirtschaftlich/technische Leistungsfähigkeit der Lieferanten
Vertragsgestaltung	kooperativ/diktatorisch

Beschaffungsdurchführung	○ Beschaffungsart
	  - fallweise Beschaffung
	  - Vorratsbeschaffung
	  - fertigungssynchrone Beschaffung
	  - Just-in-time-Beschaffung
	    (Optimierung des Material- und Informationsflusses)
	○ Bestellmenge/Bestellzeitpunkt
	  - Einmal-Bestellung
	  - Mehrfach-Bestellung
	  - systemlose Bestellung
	  - Mindestbestand
	  - Meldebestand
	  - optimale Bestellmenge/optimaler Bestellzeitpunkt

Bedarfsermittlung	Stochastische/deterministische Bedarfsermittlung

Lagerwesen	o Lagersysteme
	  - Lagereinrichtungen
	  - Lagertechnik
	o Lagerorganisation
	  - zentrale/dezentrale Läger
	  - Rechensysteme im Lager

Lagerlogistik	o Einsatz von Transportsystemen o Einsatz von Informationssystemen o Minimierung von Zeiten und Wegen

Stellvertretend für die zahlreichen Beschaffungsstrategien wird im Folgenden auf Strategien eingegangen, die die Beschaffungsstruktur, insbesondere die Art der **Konzentration auf Beschaffungsquellen** zum Gegenstand haben.

Folgende Konzentrationsformen sind zu unterscheiden:

❑ **Global Sourcing**

In diesem Zusammenhang wird unter Global Sourcing die internationale Marktbearbeitung in Form der systematischen Ausdehnung der Beschaffungspolitik auf internationale Beschaffungsquellen mit strategischer Ausrichtung verstanden *(Weber / Kummer)*.

Global Sourcing ist an folgende **Voraussetzungen** gebunden:

> o weitgehende politische Stabilität im Land der Zulieferer
> o Rechtssicherheit im Land der Zulieferer
> o Fehlen von größeren Handelsbarrieren
> o gute Kenntnis der Partnerländer
> o intensive Marktforschung
> o hohe Qualität der Mitarbeiter
> o Management-Erfahrung
> o gute Einkaufsorganisation
> o spezifische logistische und datentechnische Infrastruktur.

Die **Vorteile** des Global Sourcing liegen in folgenden Bereichen:

> o Erlangen von Transparenz über global angebotene Leistungen
> o Versorgung mit im Inland knappen Gütern
> o Ausnutzung von Konjunktur-, Wachstums- und Inflationsunterschieden
> o Senkung der Materialkosten
> o Schaffung neuer Absatzmärkte durch Kontakte im Rahmen der Beschaffungsaktivitäten
> o Verminderung der Abhängigkeit von inländischen Lieferanten
> o Druck auf inländische Lieferanten
> o Erschließung bisher nicht zugängiger Märkte durch Kompensationsgeschäfte
> o Erweiterung der Beschaffungsmarktforschung zur Technologieforschung.

Den Vorteilen stehen auch einige **Nachteile** gegenüber, z. B.

○ Qualitätsrisiken
○ Transportrisiken
○ Kommunikationsprobleme
○ politische und wirtschaftliche Risiken
○ in einigen Ländern Wechselkursschwankungen, denen allerdings durch geeignete Maßnahmen begegnet werden kann.

❑ Single Sourcing

Unter Single Sourcing versteht man die Konzentration auf eine einzige Beschaffungsquelle für eine bestimmte Materialart.

Die **Charakteristika** von Single Sourcing sind:

○ die intensive Gestaltung der Beziehungen zwischen den Partnern
○ die gegenseitige Abhängigkeit mit gegenseitigen Vorteilen
○ eine aufeinander abgestimmte Organisation
○ die Übernahme von technischem Know-how durch den Zulieferer
○ gemeinsame Investitionen
○ gemeinsame Mitarbeiterteams.

Voraussetzung für Single Sourcing ist ein Höchstmaß an Kooperationsbereitschaft.

Vorteile dieser Lieferantenbeziehung sind:

○ Senkung der Beschaffungskosten, die hauptsächlich aus der Kostendegression beim Zulieferer durch die Fertigung größerer Lose, geringere Transportkosten u. Ä. resultiert
○ Senkung der Logistikkosten
○ Wegfall der Materialeingangskontrolle
○ Sicherstellung einer gleichmäßigen Qualität
○ geringere Kapitalbindung.

Negative Auswirkungen hat Single Sourcing bei

○ Produktionsunterbrechungen beim Zulieferer durch Maschinenschäden, Streiks, höhere Gewalt u. Ä.
○ Wegfall des Wettbewerbs unter Zulieferern
○ einer möglichen Vernachlässigung der technischen Entwicklung
○ einem Wechsel des Zulieferers.

❑ Modular Sourcing

Um die Zahl der Zulieferer insgesamt zu reduzieren, kann Modular Sourcing praktiziert werden.

Man bezieht nicht mehr Einzelteile, sondern bereits vormontierte oder montierte Module wie ganze Armaturenbretter, komplette Türen, Sitze oder Sitzbänke in der Automobilindustrie oder Festplatten und Diskettenlaufwerke in der Computerindustrie.

Diese Art der Beschaffung setzt sich in mehreren Branchen immer mehr durch. Wichtige Leistungen wie Forschung und Entwicklung, Beschaffungsmarktforschung, Qualitätssicherung, Logistikleistungen u. Ä. werden auf den Zulieferer abgewälzt.

26 | Die Beschaffungsstrategien richten sich auch auf die Lieferantenauswahl. Bei dieser spielt die wirtschaftlich/technische Leistungsfähigkeit des Lieferanten eine Rolle. Um diese feststellen zu können, ist eine Lieferantenbewertung vorzunehmen.

Versuchen Sie einen Bewertungskatalog aufzustellen!

Seite 215

3.4.2 Fertigungsstrategien

Fertigungsstrategien haben die Aufgabe, den Fertigungsplanungs- und Fertigungssteuerungsprozess optimal zu gestalten bzw. günstige Rahmenbedingungen dafür zu schaffen.

Bei den Fertigungsstrategien sind zu unterscheiden:

* **ursprüngliche Fertigungsstrategien**

* **abgeleitete Fertigungsstrategien**.

Eine große Zahl von Fertigungsstrategien resultiert nicht primär aus produktionswirtschaftlichen Überlegungen, sondern aus Marketingüberlegungen und wird aus Marketingstrategien abgeleitet.

Im Folgenden wird ein Überblick über wichtige Bereiche gegeben, für die Fertigungsstrategien gebildet werden mit Hinweisen für die inhaltliche Beschreibung der Strategien *(Ehrmann)*.

Bereich	Hinweise für die inhaltliche Beschreibung der Strategien
Betriebsgröße	○ Untergrenze/Obergrenze ○ Art der Betriebsgrößenänderung
Kapazität	○ Kapazitätsvergrößerung - Investitionspolitik - Verhinderung von Kapazitätsüberlastung ○ Kapazitätsabbau - Abbau von überschüssigen Kapazitäten - Fremdbezug ○ Entflechtung von Kapazitäten

Fertigungs-steuerung	Einsatz der computergestützten Fertigung (CAM = Computer Aided Manufactoring und CIM = Computer Integrated Manufactoring)
Fertigungs-durchführung	o Einsatz flexibler Anlagen o Verminderung der Durchlaufzeiten o Organisatorische Konzepte
Produktqualität	o Festlegung von Qualitätsmerkmalen o Intensivierung der Qualitätsüberwachung
Produktionstiefe	Make-or-buy
Kunden-Service	o Zuordnung zum Marketing- oder Produktionsbereich o Aufbau eines Kundendienstnetzes
Kosten	o Kostensenkungspotenziale o Kostenrechnungssysteme

Eine Strategie, die besonders im Mittelpunkt der Überlegungen steht, ist die **Make-or-buy-Strategie**. Sie befasst sich mit dem **Outsourcing**, dem Ausgliedern von Funktionsbereichen aus der Unternehmenskompetenz.

Outsourcing kann sich auf einzelne Funktionen oder auf ganze Unternehmensbereiche erstrecken. In letzterem Fall ist die Strategie des Ausgliederns eine Unternehmensstrategie. Werden einzelne Verfahren oder Produktionsvorgänge ausgegliedert, kann die Strategie als Funktionsbereichsstrategie betrachtet werden, in diesem Kapitel als Fertigungsstrategie. Die Frage, die es dabei zu beantworten gilt, lautet, soll eine Fertigung oder ein Fertigungsvorgang selbst ausgeführt werden, oder soll die entsprechende Leistung erworben werden, also „make-or-buy".

Die **Motive** für ein Outsourcing können recht unterschiedlich sein, z. B.

❑ Senkung der Kosten
❑ Spezialisierung
❑ Risikoreduzierung
❑ Qualitätssteigerung
❑ Kapazitätsabbau
❑ Erweiterung des Service.

Es wäre verkehrt, die Entscheidung für eine Eigenfertigung oder einen Fremdbezug ausschließlich aus Kostensicht zu treffen, doch spielt die Kostenfrage eine wichtige Rolle.

Orientiert man sich am Kostenaspekt, muss man unterscheiden zwischen:

❑ **Kurzfristigen Entscheidungen**, bei denen wiederum zwei Situationen unterschieden werden müssen.

o Ist **Unterbeschäftigung** festzustellen, wird der Einstandspreis der gekauften Produkte einschließlich im eigenen Unternehmen noch anfallender Kosten mit den eigenen proportionalen Stückkosten verglichen. Liegen diese unter dem Einstandspreis, ist der Eigenfertigung unter Kostenaspekten der Vorzug zu geben.

○ In der **Engpasssituation** genügt es nicht, lediglich die Fremdfertigungskosten mit den eigenen proportionalen Stückkosten zu vergleichen, sondern die Kapazitäts-belastung ist noch als Entscheidungskriterium zu berücksichtigen. Bei Vorliegen **eines** Engpasses werden zunächst auf jeden Fall die Produkte fremdgefertigt, deren Stückkosten höher sind als der Einstandspreis. Als Nächstes werden die Erzeugnisse nicht selbst gefertigt, die die Kapazität am stärksten belasten.

Liegen **mehrere** Engpässe vor, muss mit einer Methode der linearen Optimierung operiert werden (ausführlicher *Däumler/Grabbe*, *Ehrmann*, Unternehmenspla-nung).

❏ **Langfristigen Entscheidungen** über Eigenfertigung oder Fremdbezug, die in der Regel auch Investitionsentscheidungen sind. Es ist zu überlegen, ob es günstiger ist, Produkte zu beziehen oder eine Investition vorzunehmen und selbst zu produzieren. Für die Unternehmensführung ist es interessant zu wissen, ab welchem Preis des Erzeugnisses sich die Eigenfertigung und damit eine Investition lohnt und ab welcher Stückzahl dies der Fall ist.

Bei den erforderlichen Berechnungen ergibt sich eine Schnittstelle von Kosten-rechnung und Investitionsrechnung. Es wird mit Methoden der Kostenrechnung gearbeitet, insbesondere mit der Break-even-Analyse, jedoch werden die zu be-rücksichtigenden Daten unter dem Aspekt der Investitionsrechnung ermittelt.

Bei Make-or-buy-Entscheidungen muss unbedingt bedacht werden, dass neben Kostengesichtspunkten noch andere Aspekte zu berücksichtigen sind, nämlich

❏ die Zuverlässigkeit des Lieferanten
❏ die Pünktlichkeit des Lieferanten
❏ die Qualität der Leistungen
❏ die Kooperationsbereitschaft des Lieferanten
❏ die Flexibilität des Lieferanten.

Outsourcing muss so angelegt werden, dass es reversibel ist. Es sind durchaus Si-tuationen denkbar, die eine **Re-Integration** erforderlich machen, etwa bei Produk-tionsverlagerungen aus Kostengründen ins Ausland und der Kostenvorteil im Pro-duktionsland jetzt entfällt. In einem solchen Falle spricht man von **Insourcing**.

3.4.3 Personalstrategien

Personalstrategien erstrecken sich auf die Realisierung der langfristigen Perso-nalziele, die auf die Beschaffung, den Einsatz, die Führung, die Betreuung und Gestaltung von Arbeitsbedingungen gerichtet sind.

Die Hauptbereiche, mit denen sich Personalstrategien befassen, und Hinweise zur inhaltlichen Beschreibung der Strategien zeigt die folgende Tabelle – siehe aus-führlich *Olfert*.

Bereiche	Inhalt
Personal-beschaffung	o Beschaffungswege o Personalauswahl
Personal-führung	o Führungsprozess o Führungsstile o Führungstechniken
Personal-betreuung	o Sozialleistungen o Mitarbeiterveranstaltungen o Mitwirkungsmöglichkeiten
Personal-entlohnung	o Gestaltung des Arbeitslohnes o Gestaltung der Arbeitsbedingungen o Gestaltung der Arbeitszeit
Personal-beurteilung	o Methoden o Einsatzmöglichkeiten
Personal-entwicklung	o Förderung eines bestimmten beruflichen Qualifikations-niveaus o Verbesserung des gegebenen Qualifikationsniveaus o Befähigung für höherwertige Positionen o Verbesserung der individuellen Lebensgestaltungsmöglich-keiten (ab einer bestimmten hierarchischen Ebene) o Veränderung der Tätigkeitsart
Arbeitsplatz	o physiologische Gestaltung o psychologische Gestaltung o organisatorische Gestaltung o informationstechnische Gestaltung o sicherheitstechnische Gestaltung
Personalkosten (neben der Ent-lohnung)	o Senkung der Kosten durch Personalanpassung o Senkung der Personalkosten durch Rationalisierungsmaß-nahmen o Senkung der Personalkosten durch Beeinflussung der Fluk-tuation, der Fehlzeiten u. Ä.

3.4.4 Finanzstrategien

Finanzstrategien leisten einen Beitrag zu

- einer günstigen Kapitalausstattung
- einer günstigen Kapitalstruktur
- einer langfristigen Liquiditätssicherung
- einer Rentabilitätssicherung.

Entsprechend lassen sich unterscheiden – siehe ausführlich *Olfert / Reichel*:

❑ **Strategien zur günstigen Kapitalausstattung**, die zu einer zweckentspre-chenden Innenfinanzierung und einer vernünftigen Außenfinanzierung beitragen sollen:

○ **Innenfinanzierungs-Strategien** sind in erster Linie Gewinnverwendungs- und Kapitalfreisetzungs-Strategien. Die Cash-Flow-Strategien werden häufig als eigenständige Strategien betrachtet, sind aber der Innenfinanzierung zuzurechnen. Sie sind auf die sinnvolle Cash-Flow-Verwendung gerichtet.

○ **Außenfinanzierungs-Strategien** sind Verschuldungs- und Beteiligungsstrategien.

❑ **Kapitalstruktur-Strategien**, die sich mit dem optimalen Verschuldungsgrad, der mehr modellhaften Charakter hat, und mit den optimalen Finanzierungsmöglichkeiten befassen. *Olfert / Reichel* sehen dafür folgende Optimierungskriterien:

○ Kapitalhöhe	○ Kapitalflexibilität
○ Kapitalkosten	○ Kapitaleinfluss
○ Kapitalfristigkeit	○ Kapitalrentabilität.
○ Kapitalsicherheiten	

❑ **Strategien zur langfristigen Liquiditätssicherung**, die Finanzplanungsstrategien sind. Sie haben die Beziehung zwischen flüssigen bzw. zu verflüssigenden Mitteln und den Zahlungsverpflichtungen zum Gegenstand.

❑ **Rentabilitätssicherungs-Strategien**, die die Aufgabe haben, eine optimale Gestaltung der Fremd- und Eigenkapitalkosten herbeizuführen. Sie sind gerichtet auf:

○ die Minimierung von Fremdkapitalkosten
○ die Ausnutzung des internationalen Zinsgefälles
○ die Erzielung von Währungsgewinnen
○ die Art und das Timing von Kapitalerhöhungen
○ die Emission.

3.4.5 Entsorgungsstrategien

Entsorgung stellt für zahlreiche Unternehmen ein sachliches Problem und ein Kostenproblem dar. Der Wahl der richtigen Strategie kommt deshalb große Bedeutung zu.

Folgende Entsorgungsstrategien werden eingesetzt:

○ Vermeidung	○ Entsorgung
○ Verwertung	- Deponieren
- Trennung	- Endlagern
- Aufbereitung	- Verbrennen.
- stoffliche Umwandlung	

Angestrebt wird folgende Reihenfolge der Strategien:
Vermeidung vor Verwertung vor Beseitigung.

3.4.6 Forschungs- und Entwicklungsstrategien

Forschungs- und Entwicklungsstrategien haben folgende Inhalte:

- ständige Durchführung von Forschungs- und Entwicklungsprojekten bei optimaler Ausnutzung der Ressourcen und Fördermittel
- Förderung des technischen Fortschritts durch Produkt- und Verfahrensinnovation
- Erhöhen der Forschungs- und Entwicklungsproduktivität
- Günstigere Lösung von Kundenproblemen durch technische Verbesserungen
- Verwertung von Schutzrechten durch optimale Eigennutzung und Fremdbezug von Patenten, Lizenzvergabe
- Verbesserte Ideensammlung
- Verbessern der Produkthaftung.

In einem mittelständischen Unternehmen der metallverarbeitenden Industrie wird erwogen, Teile der Produktion ins Ausland zu verlegen. Hauptgrund ist die Höhe der Lohnkosten, hinzu kommen noch steuerliche Überlegungen.

Der Leiter der Produktion wehrt sich dagegen und führt vor allem das Argument ins Feld, eine Verlagerung ins Ausland sei irreversibel.

Nehmen Sie dazu Stellung und nennen Sie einige Gründe, die zu einer Rückverlagerung der Produktion führen können! Seite 216

4. Prozess der Strategieentwicklung

Der Prozess der Strategieentwicklung erstreckt sich auf drei Komplexe:

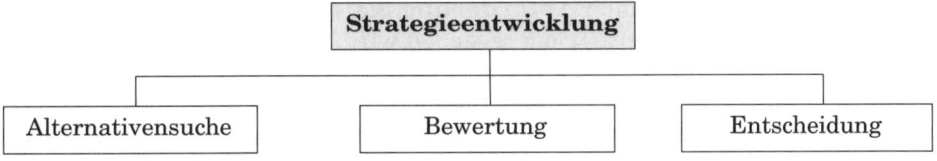

4.1 Alternativensuche

Hat sich ein Unternehmen einen guten Überblick über die möglichen Strategiearten verschafft, folgt in einem nächsten Schritt die Suche nach geeigneten Alternativen. Diese sollen in der Lage sein, die Stärken und Schwächen des Unternehmens so zu berücksichtigen, dass Chancen genutzt und Risiken vermieden bzw. minimiert werden. Für die Strategiensuche sind zwei **Situationen** denkbar:

- eine gegebene Problemsituation
- potenzielle Probleme.

Die Vorgehensweise kann in beiden Fällen die gleiche sein und basiert auf einer

- **intuitiven Ermittlung**
- **rationalen Ermittlung von Strategien**.

4.1.1 Intuitive Ermittlung von Strategien

Nimmt man eine Strategiensuche intuitiv vor, werden die Erfahrungen, die das Unternehmen in einem bestimmten Zeitraum gewonnen hat, überprüft. Die Erfahrungen beziehen sich auf das Unternehmen und seine Umwelt. In der weiteren Vorgehensweise wird festgestellt, ob die Erfahrungen die bisherige Strategie noch rechtfertigen oder ob neue Strategien zu suchen sind. Nicht selten wird während des Überprüfungsprozesses festgestellt, dass gar keine echten Strategien vorhanden sind, sondern dass lediglich vage Zielvorstellungen existieren.

Diese mehr **subjektive Einschätzung** der Situation in Unternehmen und Umwelt wird in kleineren Unternehmen mit Erfolg praktiziert.

4.1.2 Rationale Ermittlung von Strategien

Rationales Ermitteln von Strategien bedeutet ein **systematisches Vorgehen**, das auf den Ergebnissen der Unternehmens- und Umweltanalyse aufbaut und die den Zielvorstellungen entsprechenden Strategien einer kritischen Überprüfung unterzieht, um zu einer Auswahl der optimalen Strategien zu gelangen.

Der Prozess der Strategiensuche ist ein dynamischer und kreativer Prozess, der nicht schematisch ablaufen darf.

Horvath & Partner haben einen **Anforderungskatalog** für die Strategieentwicklung erstellt, der auszugsweise wiedergegeben wird:

❑ Entwickeln Sie die Strategie in einer Balance aus Kreativität und Analytik! Das heißt: Der kreative Ideengewinnungsprozess wird durch analytische Erhebungen und Auswertungen unterstützt. Ist der Gesamtprozess zu unstrukturiert, dann läuft das Unternehmen Gefahr, wesentliche Aspekte unberücksichtigt zu lassen. Läuft der Prozess zu strukturiert, fehlen die wirklich kreativen Impulse und damit der Kern jeglicher erfolgreicher Strategien.

❑ Greifen Sie auf bewährte strategische Analysemodelle zurück! Dazu gehören neben der SWOT-Analyse eine strukturierte Herangehensweise an das Makroumfeld im Rahmen einer PEST-Analyse (Political, Economical, Social, Technological) und zur Einschätzung des Mikroumfeldes die Portersche Wettbewerbsdynamikanalyse. Auch die verschiedensten Portfolio-Techniken, GAP-Lebenszyklus-, Erfahrungskurven- und Wertschöpfungsanalysen helfen zur Erarbeitung der Ist- und anschließend der Soll-Positionierung. In welcher Tiefe und Breite die jeweiligen Analysen durchgeführt werden, ist von der spezifischen Situation abhängig. Viele der Ansätze sehen wir als hervorragende Strukturierungshilfen im Rahmen der Strategienfindung an. Zu der Unternehmens- und Umweltanalyse vgl. Kap. C. 1-3.

❏ Verwenden sie Begriffe eindeutig! In vielen Unternehmen sind die Begriffe bereits belegt; dann ist zu überprüfen, ob die Begriffsverwendung unkritisch ist. Falls die Begriffe nicht eindeutig verwendet werden, muss man – um einer vollkommenen Verwirrung vorzubeugen – sich die Mühe machen und die Begriffe definieren.

❏ Berücksichtigen Sie die entsprechende „Flughöhe", d. h. Hierarchie- und Verantwortungslevel bei der Strategiediskussion und bei der Strategieerarbeitung! Entsprechend der Führungsphilosophie und des Führungsverständnisses im Unternehmen muss die Erarbeitung der Strategie jeweils auf der entsprechenden Ebene stattfinden.

❏ Stellen Sie eine ausgewogene Strategieentwicklung sicher! Dazu sind zu beachten:

> ○ inhaltliche und finanzielle Dimensionen
> ○ interne und externe Sichtweisen.

❏ Denken Sie frühzeitig in Perspektiven! Dieses Vorgehen hilft, die Unausgewogenheit und zu starke finanzielle Strategieentwicklung zu vermeiden – vgl. Ausführungen zur Balanced Scorecard im Kapitel E. 3.

❏ Führen Sie einen konsequenten Prozess zur Konsensbildung durch! Und zwar im Hinblick auf die

> ○ Einschätzung der Marktentwicklung
> ○ Unternehmensvision
> ○ Ausgangssituation im Unternehmen und
> ○ strategische Positionierung und Stoßrichtung.

Strategiearbeit scheitert selten an den Inhalten, aber häufig an der mangelhaften Konsensbildung im Ablauf.

28 ▷ Wissenschaft und Praxis haben eine Reihe von Verfahren entwickelt, mit deren Hilfe Strategien geplant werden können. Vertreter kleinerer Unternehmen haben entweder keinen Zugang zu diesen Verfahren oder scheuen den mit diesem Einsatz verbundenen Aufwand.

Können solche Unternehmen keine Strategien einsetzen?   Seite 216

4.1.3 Entscheidungshilfen bei der Strategieentwicklung

Obwohl der Prozess der Strategieentwicklung – wie bereits dargestellt – ein kreativer Prozess ist, der sich nur bedingt formalisieren lässt, sollten dennoch Techniken und Entscheidungshilfen eingesetzt werden. Die Strategieauswahl wird erleichtert und das systematische Vorgehen gefördert.

Auf Instrumente und Entscheidungshilfen der strategischen Planung wurde bereits in den Kapiteln B. 4.1 und 4.2 ausführlich eingegangen. Die folgende Darstellung vermittelt einen Überblick über ihre **Einsatzmöglichkeiten** bei der Suche geeigneter Strategiealternativen.

Instrument	Charakteristiken	Behandelt im Kapitel
Entscheidungs-baum-technik	Einsatz bei komplexen und unsicheren Entscheidungssituationen mit mehreren Lösungsmöglichkeiten. Die Lösungswege mit ihren Konsequenzen werden als Äste eines Baumes dargestellt.	B. 4.1.1
Entscheidungs-tabellen-technik	In einer Matrix werden die Bedingungen und Aktionen von Alternativen formuliert. In die Zeilen werden die Voraussetzungen und Konsequenzen (Wenn- und Dann-Komponenten) der Alternativen, in die Spalten die Regeln für die Bedingungen eingetragen. Durch Ankreuzen in den einzelnen Feldern wird dargelegt, welche Maßnahmen unter welchen Bedingungen durchgeführt werden können.	B. 4.1.2
Delphi-Methode	Mehrere Experten werden schriftlich befragt; aus abgegebenen Einzelurteilen wird ein Gruppenurteil gebildet. Die Befragung erfolgt in mehreren Phasen, die so oft wiederholt werden, bis eine Stabilität des Gruppenurteils festgestellt wird.	B. 4.1.3
Szenario-Technik	Ausgehend von der gegenwärtigen Unternehmenssituation wird versucht, alle erwägbaren Entwicklungen zu erfassen. Das ganze Untersuchungsfeld wird analysiert und aufgrund der Analyse werden künftige Situationen abgeleitet.	B. 4.1.4
Kreativitäts-techniken	❏ **Brainstorming** In kleinen Gruppen werden Ideen geäußert, diskutiert und weitergesponnen. Lockerheit und Spontaneität stehen im Vordergrund. Die Resultate der Sitzungen werden protokolliert und soweit realisierbar umgesetzt.	B. 4.1.5.1

	❑ **Methode 635** Die Methode läuft ähnlich wie das Brainstorming ab. In einer sechsköpfigen **(6)** Gruppe werden schriftliche Problemstellungen vorgelegt, zu denen sich die Mitglieder mit jeweils mindestens drei **(3)** Lösungsvorschlägen innerhalb von fünf **(5)** Minuten äußern sollen. Die Lösungsvorschläge werden von Teilnehmer zu Teilnehmer gereicht. Jeder Teilnehmer entwickelt die Ideen seines Vorgängers weiter. Man erhält 18 Lösungsvorschläge, fünfmal unter verschiedenen Aspekten.	B. 4.1.5.2
	❑ **Synektik** Ein Ausgangsproblem wird schrittweise durch die Bildung von Analogien zu anderen Bereichen verfremdet. Nach der Analogiebildung in mehreren Stufen erfolgt eine „gewaltsame Rückbesinnung" auf das Ausgangsproblem („force fit").	B. 4.1.5.3
	❑ **Morphologische Methode** Nach einer allgemeinen Problemdefinition wird das Problem in lösungsbeeinflussende Komponenten zerlegt. In einer Matrix (= morphologischer Kasten) werden für jeden Parameter festgelegte Lösungsalternativen eingetragen. Diese werden zu kreativen Lösungen kombiniert. Die nach unternehmensinternen Kriterien optimalen Lösungsalternativen werden ausgewählt.	B. 4.1.5.4
Logisch-systematische Verfahren	Die Verfahren stellen das Lösungsfeld für bestimmte Probleme umfassend dar. Problemlösungen werden durch systematische Gliederung des Gesamtproblems in Teilprobleme mit deren Analyse zu verschiedenen Lösungsmöglichkeiten gefunden.	B. 4.1.6
Simulation	Im Rahmen der Simulation werden die Auswirkungen alternativer Strategien in einem Modell getestet. Simulationsmodelle führen schneller zu Ergebnissen als Experimente z. B. in Form von Testmärkten. Sie benötigen zwar eine Fülle von Informationen und sind mit einem großen Rechenaufwand verbunden, doch befindet sich eine umfangreiche Software auf dem Markt, die den Umgang mit Simulationsmodellen erleichtert. Je sorgfältiger die folgenden Voraussetzungen erfüllt werden, umso effektiver fällt die Arbeit mit Simulationsmodellen aus *(Nieschlag / Dichtl / Hörschgen)*:	B. 4.2.1

○ Relative Einfachheit
○ Benutzungssicherheit
○ Prüfbarkeit
○ Adaptionsfähigkeit
○ Vollständigkeit
○ Kommunikationsfähigkeit.

In einer Sitzung eines Fachverbandes der elektrotechnischen Industrie (Kabel und Leitungen) werden Verfahren besprochen, die als Hilfe bei der Strategieentwicklung eingesetzt werden können. Einige Teilnehmer, die mehr produktionsorientiert sind, wollen Simulationsmodellen den Vorzug geben, Marketingfachleute machen sich für Testverfahren stark.

Was spricht für und gegen deren Auffassung?

Seite 216

4.2 Bewertung

Die Bewertung der Strategien ist in Zusammenhang mit der Alternativensuche zu sehen. Aus methodisch/didaktischen Gründen wird ihr aber in der Literatur ein eigenes Kapitel eingeräumt.

Bei der Strategienbewertung sind zu berücksichtigen:

• **Voraussetzungen**

• **Bewertungsverfahren**.

4.2.1 Voraussetzungen

Soll der Bewertungsprozess, der zur Wahl der geeignetsten Strategie angestellt wird, erfolgreich verlaufen, müssen einige Voraussetzungen berücksichtigt werden:

❏ alle infrage kommenden Strategien müssen bekannt sein
❏ die Strategien sollen problembezogen dargestellt werden
❏ die einzelnen Elemente der Strategien müssen vollständig und deutlich erkennbar sein
❏ es muss klar ersichtlich sein, in welcher Weise die Strategien einen Beitrag zur Zielerreichung leisten sollen
❏ die Strategien müssen präzise formuliert sein
❏ die Strategien müssen realistisch sein
❏ der Wille muss vorhanden sein, die Strategien umzusetzen.

4.2.2 Bewertungsverfahren

Sind im Rahmen des Suchprozesses mehrere geeignete Strategien gefunden worden, setzt ein Auswahlverfahren ein, in dem ein Bewertungsvergleich durchgeführt wird, der zur „richtigen" Strategie führt.

Zur Bewertung eignen sich sowohl qualitative als auch quantitative Instrumente, die vom einfachen Paarvergleich bis zu komplizierten mathematischen Modellen reichen.

Bea / Haas gehen von zwei **Lösungsansätzen** aus:

❏ Der **typologischen Vorgehensweise**, was bedeutet, dass für bestimmte Typen von Situationen und Zielkonstellationen Strategien (Normstrategien) empfohlen werden, von denen man aus der Erfahrung heraus annimmt, dass sie den Situationen und dem Ziel weitgehend entsprechen.

❏ Dem Einsatz von **Planungsmodellen**, die Techniken mit Lösungsverfahren zur Verfügung stellen. Das Entscheidungsproblem wird in einem Modell abgebildet und die Strategiewahl wird mittels eines Lösungsalgorithmusses oder durch ein strukturiertes Vorgehen vorgenommen.

Bea / Haas ordnen dabei die Bewertungsverfahren zwei Gruppen zu:

❏ Den **Analytischen Modellen**, welche die optimale Lösung durch einen systematisierten Rechenvorgang ermitteln, sie stellen Optimierungsmodelle dar.

❏ Den **Heuristischen Modellen**, die nicht die optimale Lösung eines Entscheidungsproblems liefern, sondern nur zu einer Näherungslösung führen. Zu unterscheiden sind dabei:

> ○ **Heuristische Regeln**, die Verhaltensregeln darstellen, die in der Vergangenheit bei ähnlichen Problemen befriedigende Ergebnisse erbracht haben, z. B. liefert die PIMS-Studie solche Regeln.
>
> ○ **Dialogmodelle**, die entscheidungsunterstützende Modelle sind, die modellierte Rechengänge und geistige Komponenten des Entscheidungsträgers kombinieren. Die Simulation spielt in den Modellen eine wichtige Rolle.

In der **betrieblichen Praxis** dürften bei der Bewertung der Strategien die **analytischen Modelle**, also die systematischen Rechenvorgänge bevorzugt angewandt werden. Es handelt sich dabei u. a. um folgende Verfahren:

> ○ Nutzwertanalysen   ○ Break-even-Analysen
> ○ Wirtschaftlichkeitsrechnungen   ○ Kennzahlenrechnungen.
> ○ Investitionsrechnungen

Im Folgenden wird auf drei der gebräuchlichsten Bewertungsverfahren näher eingegangen:

4.2.2.1 Nutzwertanalyse

Die Nutzwertanalyse wurde bereits im Kapitel B. 4.2.3 ausführlich beschrieben. An dieser Stelle soll sie anhand eines von *Diller* dargestellten **praktischen Falles** in Form eines Punktbewertungsmodells vertiefend erläutert werden.

In einem mittelständischen Produktionsunternehmen soll das Produktionsprogramm völlig umstrukturiert werden, zu diesem Zweck werden fünf Alternativen ausgearbeitet, die jeweils andere Zielgruppen ansprechen. Die Unternehmensleitung gibt sechs Ziele vor, die berücksichtigt werden müssen:

Z_1:	Langfristige Absatzsicherung (Umsatzpotenzial in drei Jahren in Mio. €)
Z_2:	Ausreichende Umsatzrendite (Konkurrenzdruck sehr hoch, hoch, mittel, gering, sehr gering)
Z_3:	Vorhandenes Produktions-Know-how (sehr hoch, hoch, mittel, gering, sehr gering)
Z_4:	Investitionsvolumen in Mio. €
Z_5:	Zugang zu den Beschaffungsmärkten (sehr gut, gut, mittel, schlecht, sehr schlecht)
Z_6:	Zugang zu den Absatzmärkten (sehr gut, gut, mittel, schlecht, sehr schlecht)

Die erwarteten Zielerreichungsgrade werden in einer **Ergebnismatrix** zusammengestellt. Sie lassen keine deutliche Priorität erkennen, Vorteilen einzelner Alternativen stehen Nachteile gegenüber:

Z_j / A_i	Z_1 Umsatz- poten- zial	Z_2 Konkur- renz- druck	Z_3 Know- how	Z_4 Investi- tions- volumen	Z_5 Beschaf- fungs- markt	Z_6 Absatz- markt
A_1	10	hoch	hoch	0,5	gut	mittel
A_2	20	sehr hoch	sehr hoch	0,3	sehr gut	gut
A_3	20	mittel	mittel	0,8	mittel	mittel
A_4	10	mittel	gering	1,5	schlecht	sehr schlecht
A_5	15	mittel	mittel	0,3	gut	gut

Die folgende **Transformationsmatrix** enthält die Bewertungsregeln. Sie hat im vorliegenden Fall folgendes Aussehen:

Kriterien \ Punkte	1	2	3	4	5
Z_1: Umsatz-potenzial	bis 4,9	5 - 7,9	8 - 11,9	12 - 15,9	16 und mehr
Z_2: Konkurrenz-druck	sehr hoch	hoch	mittel	gering	sehr gering
Z_3: Know-how	sehr gering	gering	mittel	hoch	sehr hoch
Z_4: Investitions-volumen	1,5 und mehr	1,0 - 1,49	0,75 - 0,99	0,5 - 0,74	bis 0,49
Z_5: Beschaffungs-marktzugang	sehr schlecht	schlecht	mittel	gut	sehr gut
Z_6: Absatz-marktzugang	sehr schlecht	schlecht	mittel	gut	sehr gut

Die Transformation der in der Ergebnismatrix geschätzten Erwartungen ergibt die folgende ungewichtete **Punktematrix**:

A_i \ Z_j	Z_1	Z_2	Z_3	Z_4	Z_5	Z_6
A_1	3	2	4	4	4	3
A_2	5	1	5	5	5	4
A_3	5	3	3	3	3	3
A_4			—ineffizient—			
A_5	4	3	3	5	4	4

Die Matrix weist darauf hin, dass die Alternative A_2 sehr günstig ist. Es muss jedoch berücksichtigt werden, dass noch nicht abgeklärt ist, welche Bedeutung dem Kriterium Konkurrenzdruck beizumessen ist; hierbei sieht die Alternative A_2 sehr schlecht aus.

Alternative A_4 wird in einer „Vorauswahl" ausgeschieden; bei ihr liegen die Kennzeichen der Ineffizienz vor, d. h. das Bestehen eines geringeren Zielerreichungsgrades gegenüber mindestens einer anderen Alternative und keines höheren bei den übrigen Alternativen.

Um jedoch die Bedeutung der einzelnen Kriterien herauszustellen, ist eine **Gewichtung** vorzunehmen. Für jedes Kriterium muss ein Gewichtungsfaktor W gefunden werden, der von 0 bis 1 reicht; die Summe aller Faktoren muss 1 ergeben. Die Multiplikation der ungewichteten Punktwerte mit den korrespondierenden Gewichten und die sich anschließende Summierung der Werte je Alternative ergibt die **gewichteten Mittelwerte**. Sie drücken die **Wertschätzung**, die man jeder Alternative entgegenbringt, in einer einzigen Zahl aus.

Durch die Bildung von Zielgewichten überträgt man subjektive Wertvorstellungen in ein quantitatives Gewichtungsschema. Zwar werden dadurch formal Zielkonflikte geregelt, die Wurzeln des Konflikts, die in den unterschiedlichen Werteinschätzungen zu sehen sind, jedoch nicht beseitigt.

Im Beispiel wird mit zwei stark voneinander abweichenden Gewichtungsfaktoren operiert, um die Bedeutung der Gewichtung zu demonstrieren. Dementsprechend erhält man zwei Ergebnisse:

Punktwertmatrix mit zwei alternativen Gewichtungsfaktoren

A_i	Z_1			Z_2			Z_3			Z_4			Z_5			Z_6			$\Sigma P_1 \cdot W_1$ 1,0	$P_2 \cdot W_2$ 1,0
	P_1	W_{11} 0,3	W_{12} 0,1	P_2	W_{21} 0,3	W_{22} 0,7	P_3	W_{31} 0,1	W_{32} 0,05	P_4	W_{41} 0,1	W_{42} 0,05	P_5	W_{51} 0,1	W_{52} 0,05	P_6	W_{61} 0,1	W_{62} 0,05		
A_1	3	0,9	0,3	2	0,6	1,4	4	0,4	0,2	4	0,4	0,2	4	0,4	0,2	3	0,3	0,15	3,0	2,45
A_2	5	1,5	0,5	1	0,3	0,7	5	0,5	0,25	5	0,5	0,25	5	0,5	0,25	4	0,4	0,2	3,7	2,15
A_3	5	1,5	0,5	3	0,9	2,1	3	0,3	0,15	3	0,3	0,15	3	0,3	0,15	3	0,3	0,15	3,6	3,2
A_5	4	1,2	0,4	3	0,9	2,1	3	0,3	0,15	5	0,5	0,25	4	0,4	0,2	4	0,4	0,2	3,7	2,8

Bei der Rechnung mit dem Gewichtungsfaktor W_1 sind die Alternativen A_2 und A_5 Spitzenreiter. Setzt man den Faktor W_2 ein, liegt Alternative A_3 vorne, gefolgt von Alternative A_5.

Das Punktbewertungsmodell als Verfahren der Nutzwertanalyse bietet zwar eine wertvolle Hilfe im Entscheidungsprozess, kann die Entscheidung jedoch nicht treffen. Der **Hauptvorteil** der Nutzwertanalyse besteht in der Möglichkeit, Probleme und Konflikte zu erkennen, darzustellen und zu diskutieren. **Nachteilig** kann sich auswirken, dass nur eine begrenzte Zahl von Zielen berücksichtigt werden kann und Interdependenzen mit anderen Bereichen vernachlässigt werden.

30

Die Nutzwertanalyse wird allgemein als ein einfaches, leicht handhabbares, aber sehr wirkungsvolles Instrument bezeichnet.

Geben Sie an, wofür sich die Nutzwertanalyse besonders gut eignet und skizzieren Sie kurz die Vorgehensweise!

Seite 216

4.2.2.2 Kapitalwertmethode

Die Kapitalwertmethode ermittelt den Barwert von Zahlungsreihen, die sich aus Entscheidungen ergeben. Die während des Betrachtungszeitraums anfallenden Einzahlungen und Auszahlungen bzw. die sich daraus ergebenden Zahlungsüberschüsse werden auf den gegenwärtigen Zeitpunkt mit einem Kalkulationszinsfuß abgezinst. Ist der sich ergebende Barwert, der als Kapitalwert (C_0) bezeichnet wird, größer als Null, ist das entsprechende Projekt aus mathematischer Sicht vorteilhaft. Werden mehrere Alternativen miteinander verglichen, ist die mit dem höchsten Kapitalwert die günstigste.

Beispiel: Die beiden Marketingstrategien A und B sind zu beurteilen. Die mit der Einschätzung der Alternativen beauftragten Fachleute haben für beide Alternativen für die Bewertung folgende Zahlungsreihen ermittelt (Werte in T€):

Jahre Alternativen	2006	2007	2008	2009	2010
A	– 3.000	– 2.300	+ 3.800	+ 3.600	+ 3.500
B	– 5.300	– 4.500	+ 3.000	+ 6.000	+ 7.500

In der folgenden Rechnung werden die einzelnen Werte der Zahlungsreihen mit dem (angenommenen) Zinsfuß von 8 % abgezinst. Es ergibt sich:

$$C_{0A} = -3.000 - \frac{2.300}{1,08} + \frac{3.800}{1,08^2} + \frac{3.600}{1,08^3} + \frac{3.500}{1,08^4}$$

$$C_{0A} = -3.000 - \frac{2.300}{1,08} + \frac{3.800}{1,1664} + \frac{3.600}{1,2597} + \frac{3.500}{1,3605}$$

$$C_{0A} = -3.000 - 2.129,63 + 3.257,89 + 2.857,82 + 2.572,58$$

$$C_{0A} = \mathbf{3.558,66}$$

$$C_{0B} = -5.300 - \frac{4.500}{1,08} + \frac{3.000}{1,08^2} + \frac{6.000}{1,08^3} + \frac{7.500}{1,08^4}$$

$$C_{0B} = -5.300 - \frac{4.500}{1,08} + \frac{3.000}{1,1664} + \frac{6.000}{1,2597} + \frac{7.500}{1,3605}$$

$$C_{0B} = -5.300 - 4.166,67 + 2.572,02 + 4.763,04 + 5.512,68$$

$$C_{0B} = \mathbf{3.381,07}$$

Die Alternative A hat einen höheren Kapitalwert als die Alternative B, ist also als günstiger anzusehen. Da der Unterschied jedoch relativ gering ist, empfehlen sich weitere Rechnungen, etwa die Vornahme einer „Korrekturrechnung" mit Auf- bzw. Abschlägen auf die verwendeten Daten, oder die Durchführung einer Sensitivitätsanalyse bzw. eine Rechnung mit Eintrittswahrscheinlichkeiten.

4.2.2.3 Methode des internen Zinsfußes

Die Methode des internen Zinsfußes ermittelt die „Effektivverzinsung". Der interne Zinsfuß sagt aus, zu welchem Zinsfuß sich die jeweils gebundenen Kapitalbeträge verzinsen.

Die Berechnung des internen Zinsfußes bereitet keine Schwierigkeiten, wenn konstante jährliche Zahlungsüberschüsse gegeben sind. Liegen solche nicht vor, wie es im Beispiel der Fall ist, muss mit einer Näherungsmethode gearbeitet werden. Mithilfe von zwei Versuchszinssätzen werden zwei Kapitalwerte ermittelt. Aus diesen wird durch grafische Interpolation oder rechnerisch mit dem Regula-Falsi-Verfahren der interne Zinsfuß errechnet.

Im vorliegenden Beispiel wurden die beiden Kapitalwerte C_{0A} in Höhe von 3.144,57 T€ bei einem Versuchszinssatz von 10 % und in Höhe von 1.493,50 T€ bei einem Versuchszinssatz von 20 % ermittelt. Die entsprechenden Kapitalwerte C_{0B} lauten 2.718,55 T€ und 122,80 T€.

Die Rechnung mit dem Regula-Falsi-Verfahren ergibt für die beiden Strategiealternativen folgende interne Zinsfüße:

❏ Alternative A: 28,86 %
❏ Alternative B: 20,33 %

Danach ist Alternative A vorzuziehen.

4.3 Entscheidung

Der Prozess der Strategieentwicklung wird mit der Entscheidung auch formal abgeschlossen. Nach Auswertung der Ergebnisse der mithilfe qualitativer und quantitativer Verfahren vorgenommenen Untersuchungen und angestellter Überlegungen kristallisiert sich die Strategie heraus, die den gesetzten Zielen am ehesten entspricht.

Eine abschließende Würdigung aller Argumente für und gegen eine Strategie sowie die Berücksichtigung aktueller Ereignisse und bisher nicht bekannter Tatbestände führen zur endgültigen Entscheidung.

> **31**
>
> Die „finanzmathematischen" Bewertungsverfahren werden vielfach als zuverlässig und leicht durchführbar beschrieben; dennoch weisen sie auch Schwächen auf.
>
> (1) Nennen Sie einige Risiken, die mit diesen Verfahren verbunden sind.
>
> (2) Welche anderen Verfahren würden Sie vorziehen?
>
> Seite 216

5. Planung der strategischen Maßnahmen

Strategische Maßnahmen sind Operationen, die zur Durchführung von Strategien erforderlich sind, sie konkretisieren die Strategien und füllen sie aus (Kreikebaum).

Bereits bei der Entwicklung der Strategien werden Überlegungen über deren Realisierungsmöglichkeit angestellt, werden Feststellungen getroffen, welche Aktionen erforderlich sind, um die Strategien zu verwirklichen.

Nicht selten kommen angestrebte und positiv bewertete Strategien nicht zum Zug, weil bereits während des Auswahlprozesses festgestellt wird, dass bestimmte Maßnahmen aus unternehmensinternen oder externen Gründen in absehbarer Zeit nicht realisierbar sind. Wären die strategieumsetzenden Maßnahmen nicht bereits bei der Alternativensuche und -bewertung in die Überlegungen einbezogen worden, wäre möglicherweise eine falsche Strategieentscheidung getroffen worden.

Die Präzisierung der Maßnahmen und deren Zerlegung in Einzelmaßnahmen sowie die Fixierung von Terminen und genaue Aufgabenzuweisung an Personen ist Gegenstand der **Strategieimplementierung**, die im Teil E. behandelt wird.

Zwischen Studierenden der Betriebswirtschaftslehre mittleren Semesters ist eine lebhafte Diskussion über die Begriffe „Strategische Ziele", „Strategien" und „Strategische Maßnahmen" entbrannt. Es gelingt den Diskutierenden nicht, sich auf eindeutige Begriffsinhalte zu einigen.

Helfen Sie ihnen, indem Sie die Begriffe kurz definieren!

Seite 216

6. Strategischer Plan

Ein Plan ist das Ergebnis der Planung und ist an keine bestimmte Form gebunden. Er kann schriftlich fixiert oder auf einer Diskette gespeichert sein und nach strengen im Unternehmen festgelegten Regeln aufgebaut oder relativ frei gestaltet werden.

Ein Plan soll angeben, wer, was, warum, womit, wann und unter welchen Annahmen erreichen soll *(Wild)*.

Der strategische Plan ist ein besonderer Plan, der nicht Details zum Inhalt hat, sondern **grundsätzliche Überlegungen** beinhaltet. Er bringt zum Ausdruck, wie ein Unternehmen seine existierenden und erwarteten Stärken einsetzen soll, um seine Unternehmensziele zu erreichen.

Der strategische Plan bedeutet

❏ die Verbindlichkeitserklärung der Strategien
❏ die Publikation für die Betroffenen im Unternehmen
❏ ein wichtiges Koordinierungsinstrument für die Unternehmensleitung
❏ den Nachweis des Planungsprozesses.

Der strategische Plan erstreckt sich auf die Gesamtheit der Strategien und strategischen Ziele des Unternehmens und den Weg ihres Zustandekommens. Er hat folgende Hauptinhalte:

❏ die geplanten und vorhandenen Erfolgspotenziale
❏ die strategischen Ziele sämtlicher strategischer Planungseinheiten
❏ die Ergebnisse der Umweltanalyse
❏ die Strategien sämtlicher Planungseinheiten
❏ die Ergebnisse der Unternehmensanalyse
❏ das „Strategische Zielportfolio des Unternehmens" *(Hinterhuber)*
❏ die geplanten strategischen Globalmaßnahmen
❏ Schlüssel für die Ressourcenzuweisung
❏ Regelungen der Zuordnung der Planungsaktivitäten
❏ Termingestaltung.

In vielen Unternehmen wird dem Plan eine Übersicht über die angewandten Methoden und Verfahren beigefügt, wodurch der Dokumentationscharakter des Plans hervorgehoben wird.

33 ⟩ Erläutern Sie, was unter den in diesem Kapitel behandelten Begriffen zu verstehen ist!

❏ Wachstumsstrategien	❏ Konfliktvermeidungsstrategie
❏ Marktdurchdringungs-strategie	❏ Innovationsstrategien
❏ Marktentwicklungs-strategie	❏ Kooperationsstrategien
	❏ Joint Ventures
❏ Produktentwicklungs-strategie	❏ Global Sourcing
	❏ Single Sourcing
❏ Diversifikationsstrategie	❏ Modular Sourcing
❏ Stabilisierungsstrategien	❏ Make-or-buy-Strategie
❏ Desinvestitionsstrategien	❏ Nutzwertanalyse
❏ Marktsegmentierung	❏ Kapitalwertmethode
❏ Angriffsstrategien	❏ Interne Zinsfuß-Methode
❏ Status-Quo-Strategie	❏ Strategische Maßnahmen
	❏ Strategischer Plan

Seite 217 ⟩

E. Realisierung der Strategien (Implementierung)

Unter Strategieimplementierung werden alle Aktivitäten verstanden, die zur Realisierung einer Strategie erforderlich sind *(Bea / Haas)*. Die Aktivitäten erstrecken sich auf die Umsetzung und Durchsetzung der Strategien.

Während die Strategieplanung Aussagen trifft, **was** ein Unternehmen tun sollte, hat die Implementierung die Aufgabe zu lösen, **wie** und **wann** das Was optimal zu geschehen hat.

Die anzustellenden Überlegungen erstrecken sich auf folgende **Kette**:

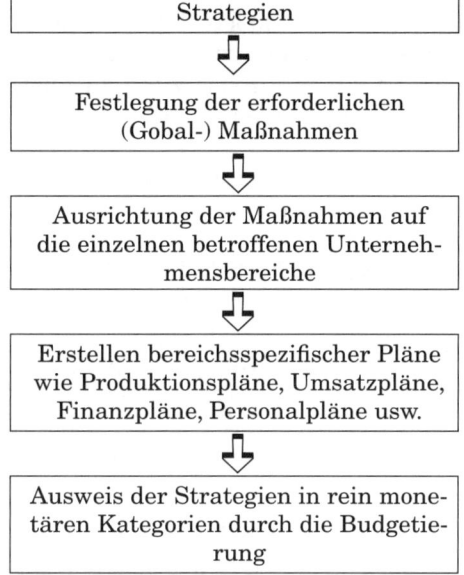

Im Verlauf des Implementierungsprozesses geht die strategische Planung in die **operative Planung** über.

Die strategische Planung hat die Aufgabe, strategische Erfolgspotenziale zu schaffen und zu erhalten, die operative Planung die Ausschöpfung der bestehenden Erfolgspotenziale *(Gähweiler)*.

Im Rahmen der Darstellung der Realisierung von Strategien ist auf folgende Bereiche einzugehen:

	Umsetzung der Strategien in Maßnahmen
Strategieimplementierung	Beseitigung personenbedingter Probleme
	Realisierung von Strategien mithilfe der Balanced Score-card

1. Strategieumsetzung in Maßnahmen

Grundsätzlich geht die Festlegung der strategischen Maßnahmen von den gleichen Instanzen aus, die die Strategien planen. Da die Maßnahmen die Strategien vor allem auf der Ebene der operativen Einheiten des Unternehmens konkretisieren, sind deren Leitungen (Geschäftsbereichsleitung, Funktionsbereichsleitung) an der Planung der Maßnahmen entsprechend zu beteiligen. Darüber hinaus ist ihnen Verantwortung für die Maßnahmendurchsetzung zu übertragen. Dies gilt auch, wenn Sie an der Strategiebildung lediglich beratend mitgewirkt haben.

Bei der Umsetzung der Strategien in Maßnahmen sind **inhaltliche** und **organisatorische Aufgaben** zu bewältigen.

Die im Folgenden in Anlehnung an *Hinterhuber* skizzierten **Schritte** zur Lösung des Strategieumsetzungsproblems verdeutlichen dies.

Feststellung der zur Strategieverwirklichung erforderlichen Aktionen

⇩

Zerlegung der zur Erreichung der Ziele erforderlichen Tätigkeiten in Teiloperationen

⇩

Bestimmung der Reihenfolge und der Interdependenzen der verschiedenen Teiloperationen

⇩

Vornahme von Koordinationsmaßnahmen

⇩

Zuteilung eines verantwortlichen Leiters für jede Teiloperation

⇩

Festlegung der Modalitäten („wie"), nach denen jede Teiloperation auszuführen ist sowie der dafür benötigten Ressourcen

⇩

Bestimmung der für die Ausführung einer jeden Teiloperation benötigten Zeit (langfristig, kurzfristig, mittelfristig)

Bei der Umsetzung der Strategien in Maßnahmen gilt:

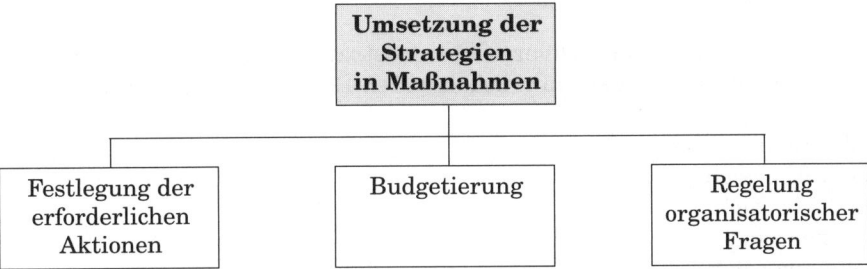

Eine konsequente Trennung zwischen der Fixierung von Aktionen und der Lösung organisatorischer Fragen lässt sich nicht vornehmen, die beiden Aufgabenkomplexe stehen in einer zu engen Verbindung zueinander. Es gibt allerdings Aufgaben, die keinen oder einen nur sehr geringen organisatorischen Aufwand verursachen, andere Aufgaben, die größere organisatorische Bemühungen erforderlich machen.

Aus methodischen Gründen ist es durchaus vertretbar, die beiden bei der Umsetzung der Strategien zu bewältigenden Aufgaben in zwei Kapiteln zu behandeln.

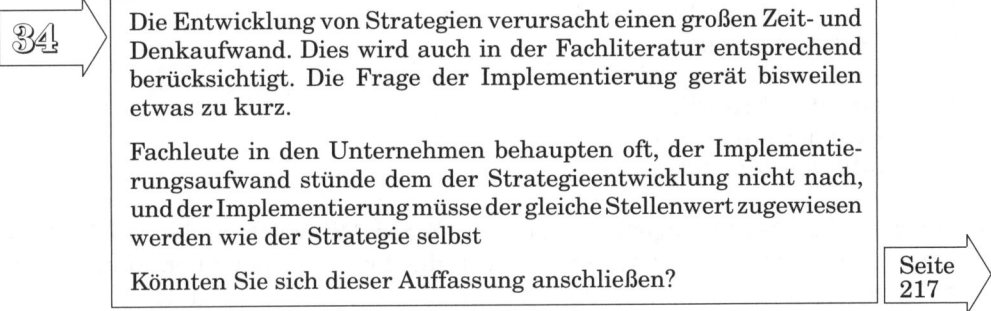

Die Entwicklung von Strategien verursacht einen großen Zeit- und Denkaufwand. Dies wird auch in der Fachliteratur entsprechend berücksichtigt. Die Frage der Implementierung gerät bisweilen etwas zu kurz.

Fachleute in den Unternehmen behaupten oft, der Implementierungsaufwand stünde dem der Strategieentwicklung nicht nach, und der Implementierung müsse der gleiche Stellenwert zugewiesen werden wie der Strategie selbst

Könnten Sie sich dieser Auffassung anschließen?

Seite 217

1.1 Festlegung der erforderlichen Aktionen

Die Umsetzung der Strategien in Maßnahmen bedeutet ihre Konkretisierung. Langfristige strategische Ziele und Strategien werden in die mittelbare Zukunft transferiert, und ein umfassendes, in hochaggregierten Größen spezifiziertes Programm wird in sachlich und zeitlich differenzierte konkrete Aufgaben aufgespalten, die den einzelnen Entscheidungsträgern auf den ausführenden Ebenen des Unternehmens entsprechen *(Hammer)*.

Die Suche nach den geeigneten Erfolg versprechenden Strategien ist mit viel Arbeits- und Zeitaufwand verbunden. Der Aufwand ist daher nur gerechtfertigt, wenn der Suche nach den richtigen Aktionen für die Strategieumsetzung das gleiche Engagement gewidmet wird. Erst dann können die Strategien ihre Wirkung entfalten.

Die bei der Maßnahmenplanung vorzunehmenden Schritte können umfangreich sein. Ein **Beispiel** verdeutlicht dies:

Bei der Realisierung einer Diversifikationsstrategie fallen nach Festlegung der Diversifikationsart z. B. Aktionen in folgenden Bereichen an:

❑ Produktionsbereich
❑ Verkaufsbereich
❑ Logistikbereich,
❑ Finanzbereich
❑ Personalbereich
❑ Abrechnungsbereich.

1.1.1 Voraussetzungen für die Ermittlung geeigneter Aktionen

Wirkungsvolle Maßnahmen zur Durchsetzung von Strategien können nur ermittelt werden, wenn folgende Voraussetzungen erfüllt werden:

❑ Klarheit und Verständlichkeit der Strategien
❑ Realistik der Strategien
❑ Autorisierung der Strategien
❑ Akzeptanz der Strategien
❑ Motivation der Mitarbeiter
❑ Flexibilität des Managements.

Wichtig ist, dass bei Management und betroffenen Mitarbeitern die Einsicht vorhanden ist, dass sowohl Strategien als auch die damit verbundenen Maßnahmen zwar Verbindlichkeitscharakter, aber keinen „Ewigkeitswert" besitzen. Kreativität und Flexibilität muss stets breiter Raum gewährt werden.

1.1.2 Vorgehensweise

Bei der Festlegung der Aktionen sind Globalmaßnahmen und Einzelmaßnahmen zu unterscheiden.

1.1.2.1 Festlegung der Globalmaßnahmen

Die Globalmaßnahmen werden in der Regel bereits im Rahmen der Strategieentwicklung festgelegt. Damit wird der erste Schritt zur Verwirklichung der Strategien getan. Die Maßnahmen sind zunächst noch undifferenziert. Am Beispiel einiger Strategien wird dies verdeutlicht:

Strategien	Maßnahmen
Marktdurch-dringung	○ Gewinnung neuer Kunden ○ Steigerung der Produktverwendung bei bereits vorhandenen Kunden ○ Gewinnung bisheriger Nichtverwender
Marktent-wicklung	○ Eindringen in Zusatzmärkte ○ Erschließen neuer Teilmärkte ○ Abschöpfen eines zusätzlichen Absatzpotenzials
Abschöpfungs-strategie im Rahmen von Beschaffungs-strategien	○ Verringerung der Eigenfertigung ○ Erzwingen von Preisreduzierungen ○ Kauf auf Spotmärkten ○ Veranlassung der Lieferanten zu Wertanalysen
Single Sourcing	○ Intensive Gestaltung der Beziehungen zum Lieferanten ○ Abstimmung der beiden Organisationen aufeinander ○ Durchführung gemeinsamer Investitionen ○ Bildung gemeinsamer Mitarbeiterteams

Die Planung der Globalmaßnahmen wird der strategischen Planung zugeordnet, ihre Zerlegung in Einzelmaßnahmen bedeutet den Übergang zur operativen Planung.

1.1.2.2 Festlegung von Einzelmaßnahmen

Der Festlegung der Gobalmaßnahmen folgt deren Ausrichtung auf die betroffenen Unternehmensbereiche, die Zerlegung in Einzelmaßnahmen. Es wird bestimmt,

○ wer	○ was	○ wann	○ wo	○ womit

zu tun hat, damit die entsprechende Strategie realisiert werden kann.

Betrachtet man die **Marktdurchdringungsstrategie**, lassen sich die vorher (Kapitel E. 1.1.2.1) aufgeführten Globalmaßnahmen wie folgt in Einzelmaßnahmen zerlegen:

Globalmaß-nahmen	Zerlegung in Einzelmaßnahmen
Gewinnung neuer Kunden	○ Verbesserung des Design und der Verpackung ○ Geringfügige Änderungen am Produkt ○ Senkung der Stückkosten mit der Möglichkeit der Preisbeeinflussung ○ Intensivierung der Werbung

Steigerung der Produktanwendung bei bereits vorhandenen Kunden	o Verbesserung des Design und der Verpackung o Geringfügige Änderungen am Produkt o Verstärkte Werbung o Beschleunigung des Ersatzbedarfs o Verbesserung des Distributions-Mix, etwa bei der Struktur der Absatzwege und Niederlassungen o Verbesserung der Kommunikation
Gewinnung bisheriger Nichtverwender	o Einschaltung neuer Absatzkanäle o Schaffung eines Einstiegproduktes o Anbieten aktivierender Testgelegenheiten

Die operativen Ebenen, denen die Einzelmaßnahmen zugewiesen werden, erstellen ihre bereichsspezifischen Pläne und nehmen weitere Zerlegungen der Maßnahmen vor.

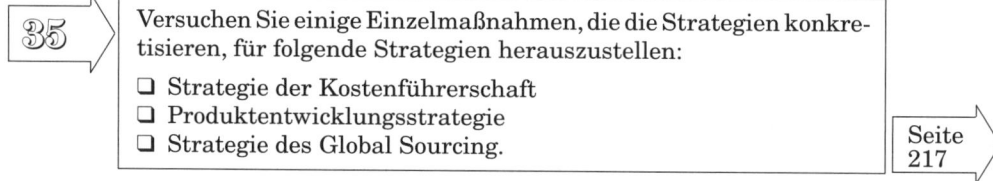

35 Versuchen Sie einige Einzelmaßnahmen, die die Strategien konkretisieren, für folgende Strategien herauszustellen:
❑ Strategie der Kostenführerschaft
❑ Produktentwicklungsstrategie
❑ Strategie des Global Sourcing.

Seite 217

1.2 Budgetierung

Erst mit der Budgetierung können die Strategien umgesetzt und die Maßnahmen realisiert werden.

Im **Budget** wird detailliert aufgeführt, welche Mittel in welchen Bereichen und für welche Aktionen eingesetzt werden, um die gesetzten Ziele zu erreichen.

Das Budget hat nach *Friedl* folgende **Merkmale**:

❑ Zukunftsbezogenheit
❑ Wertmäßige Größe
❑ Periodenbezug
❑ Bereichsorientierung
❑ Umsetzung übergeordneter Pläne
❑ Vorgabecharakter.

Das Budget weist die Strategien in rein monetären Kategorien aus.

Durch die Budgetierung der zur Verwirklichung der Strategien erforderlichen Maßnahmen münden diese in die operative Planung. Das häufig zu beobachtende Auseinanderklaffen von strategischer und operativer Planung kann damit verhindert werden. Die operative Planung orientiert sich unmittelbar an der strategischen Planung.

1.3 Regelung organisatorischer Fragen

Die Implementierung der Strategien betrifft sowohl die **Aufbauorganisation** als auch die **Ablauforganisation**.

Auf Fragen der Organisation der Planung wurde bereits in den Kapiteln B. 3.1 bis 3.3 eingegangen. Die folgenden Ausführungen erstrecken sich auf ausgesuchte organisatorische Fragen, die bei der Implementierung eine herausragende Rolle spielen. Hinsichtlich organisatorischer Details wird auf die umfangreiche Literatur hingewiesen (z. B. *Bea / Haas, Olfert / Steinbuch, Olfert / Rahn*).

1.3.1 Aufbauorganisatorische Fragen

Die Aufbauorganisation wird durch die Kriterien Verrichtung und Objekt bestimmt: es wird geregelt, was und woran etwas zu tun ist.

Finden im Unternehmen wesentliche Änderungen statt, muss sich die Organisation dem anpassen. Im Regelfall kann davon ausgegangen werden, dass die Organisation der Strategie folgt, jedoch ist auch der umgekehrte Fall möglich, dass die Strategien von der Organisationsstruktur beeinflusst werden.

An zwei Beispielen soll gezeigt werden, welche Auswirkungen neue Strategien auf die Organisation haben können.

Beispiel 1: Ein Unternehmen hat mit seiner Marktdurchdringungsstrategie nicht den gewünschten Erfolg und will in Zukunft die vertikale Diversifikation einsetzen. Es werden also Erzeugnisse in das Programm übernommen, die den gegenwärtigen Produkten vor- oder nachgeschaltet sind. Dieser Strategiewechsel verursacht Änderungen in der Aufbauorganisation in folgenden Bereichen:

❑ Leitungsstruktur
❑ Produktion
❑ Lagerlogistik
❑ Verkauf mit seinen einzelnen Teilbereichen
❑ Absatzlogistik.

Beispiel 2: In einem Unternehmen wird beschlossen, vom zentralen zum dezentralen Einkauf zu wechseln. In folgenden Bereichen ergeben sich aufbauorganisatorische Änderungen:

❑ Einkaufsorganisation
❑ Organisation des Wareneingangs und der Warenprüfung
❑ Lagerorganisation
❑ Personalbereich.

1.3.2 Ablauforganisatorische Fragen

Bei der Implementierung der Strategien sind folgende zwei Aufgabenkomplexe zu bewältigen:

- **die Festlegung der Reihenfolge des Vorgehens**
- **die Vornahme von Koordinierungshandlungen.**

1.3.2.1 Festlegung der Reihenfolge des Vorgehens

Die einzelnen Schritte zur Festlegung der Reihenfolge des Vorgehens stehen im Prinzip bereits fest,wenn der Strategieentwicklungsprozess abgeschlossen ist. Das detaillierte Vorgehen hängt ab von

❑ der Art der Strategien (Unternehmens-, Geschäftsbereichs-, Funktionsbereichs-strategien)
❑ der vorhandenen Organisation
❑ der Qualität der Mitarbeiter
❑ der Unterstützung durch das Management
❑ den verfügbaren Hilfsmitteln.

Es besteht aus den **Phasen**

1.3.2.2 Vornahme von Koordinierungshandlungen

Die Strategieimplementierung erfolgt in mehreren Unternehmensbereichen und nicht zu einem einzigen Zeitpunkt, sodass sich ein Koordinierungsbedarf ergibt.

Folgende Koordinierungshandlungen sind erforderlich:

❑ Die **zeitliche Koordinierung**, die die zeitliche Abstimmung der aufeinander folgenden Arbeitsschritte vornimmt. Häufig wird dabei die Methode der rollierenden Planung eingesetzt, durch die der permanente Prozess der Planung dokumentiert wird.

❑ Die **horizontale Koordinierung**, mit der die einzelnen Bereiche der Planung (Strategische Geschäftseinheiten, Geschäftsbereiche, Funktionsbereiche) aufeinander abgestimmt werden.

Da nicht alle Planungsbereiche über die gleichen (ausreichenden) Ressourcen verfügen, wird im Rahmen der Koordinierung der Engpass ausfindig gemacht, an dem sich kurzfristig die übrigen Bereiche orientieren. Mittel- bis langfristig ist die Engpassorientierung gefährlich, da sie dazu verführen kann, Engpässe hinzunehmen.

❑ Die **vertikale Koordinierung**, mit der die Aktivitäten der hierarchischen Ebenen abgestimmt werden.

Die Abstimmung kann erfolgen als

○ top-down-Verfahren	○ bottom-up-Verfahren	○ Gegenstromverfahren

Auf die drei Vorgehensweisen wurde im Rahmen der Festlegung der Planungsrichtung im Kapitel B. 3.2.2 bereits eingegangen.

(1) Stellen Sie dar, was unter folgenden Aufgabenbereichen zu verstehen ist:
   ○ Organisation
   ○ Aufbauorganisation
   ○ Ablauforganisation.

(2) Stellen Sie darüber hinaus dar, welche Beziehungen zwischen der Implementierung der Strategien und der Aufbauorganisation bestehen!

Seite 217

2. Beseitigung personenbedingter Probleme

Die Realisierung von Strategien ist oft nicht aus sachlichen, sondern aus personenbedingten Gründen gefährdet. Um ihnen erfolgreich zu begegnen, müssen die Ursachen rechtzeitig erkannt und analysiert werden.

2.1 Problemursachen

Bei der Strategieimplementierung auftretende Probleme können unterschiedlichster Art sein. Dies können sein:

❑ **Zielkonflikte**
   Diese können zwischen beteiligten Personen auf der gleichen Hierarchieebene oder zwischen Personen auf verschiedenen Ebenen entstehen. Häufig weichen die Ziele übergeordneter Instanzen von den eigenen wesentlich ab. Oft werden die beabsichtigten Konsequenzen einer Strategie von Mitarbeitern falsch eingeschätzt, sie sehen ihre eigenen Ziele bedroht und leisten Widerstand.

❑ **Bereichsegoismen**

Werden infolge von Strategien Ressourcen ungerecht verteilt oder wird die Verteilung als ungerecht empfunden, kann dies bei den Betroffenen zur Abwehrhaltung bis zu Boykottmaßnahmen führen. Neben Bereichsegoismen und persönlichen Egoismen spielt dabei auch eine gewisse Gekränktheit eine Rolle.

❑ **Grundlegende Einstellungsunterschiede**

In Unternehmen treffen oft gravierende Einstellungsunterschiede aufeinander. Verschiedene Denkweisen, wirtschaftstheoretische Auffassungen, ethische Einstellungen oder unterschiedliche Ausbildungsrichtungen können Widerstände auslösen. Alt/jung, konservativ/progressiv, betriebswirtschaftlich/ingenieurmäßig können Gegensätze sein, die in manchen Unternehmen nur schwer überbrückbar sind.

2.2 Lösungsmöglichkeiten

Für eine Reihe von personenbezogenen Problemen finden sich Lösungsmöglichkeiten, von denen einige wichtige erwähnt seien:

❑ **Anordnungen vorgesetzter Instanzen**

Dieses Mittel kann offenen Widerstand zwar beseitigen, wird aber auf lange Sicht keine Konflikte bereinigen und eine negative Motivation bewirken.

❑ **Einbeziehung unternehmensfremder Personen**

Unternehmensberater oder Wirtschaftsprüfer mit einschlägiger Erfahrung können den Implementierungsprozess begleiten und wegen ihrer Erfahrung und neutralen Position ausgleichend wirken.

❑ **Psychologische Beratung**

Mithilfe psychologischer Beratung kann versucht werden, mentale Barrieren zu beseitigen.

❑ **Motivationsmaßnahmen**

Der Versuch, intrinsische Motivation durch Aufklärung und Herstellen von Einsicht oder extrinsische Motivation durch Prämiensysteme u. Ä. zu ereichen, wird in Unternehmen mit Erfolg unternommen.

❑ **Gründliche Schulung**

Eine gründliche Schulung der Beteiligten vor und während der Implementierung kann Widerstände verhindern.

In einem mittelständischen Unternehmen der Lederwarenindustrie beschließt die Unternehmensleitung bei ihren Hauptprodukten Angriffsstrategien einzusetzen.

Der Leiter der Abteilung Verkauf Inland, der ein sehr gutes Verhältnis zu seinen Kollegen in den Unternehmen der Mitbewerber hat, leistet Widerstand gegen einen aggressiven Konkurrenzstil in passiver, manchmal aktiver Form. Mit welchen Argumenten könnte der Verkaufsleiter überzeugt werden?

Seite 217

3. Balanced Scorecard

Die Balanced Scorecard (BSC) ist ein Managementsystem, mit dessen Hilfe Strategien im Unternehmen umgesetzt und durchgesetzt werden und das die Möglichkeit schafft, festzustellen, ob und in welchem Ausmaß sich das Unternehmen im Rahmen der Strategie bewegt.

Im Zuge der Darstellung der Balanced Scorecard wird auf folgende Bereiche eingegangen – siehe ausführlich *Ehrmann*:

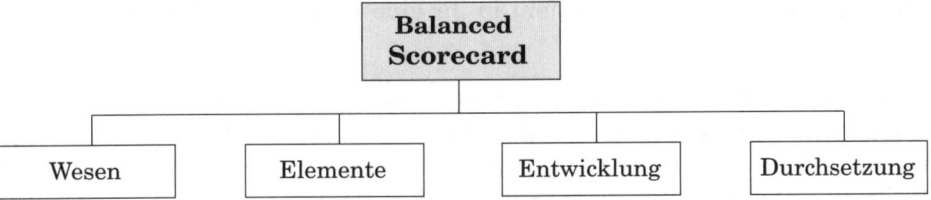

3.1 Wesen

Die Balanced Scorecard geht von den visionären Zielvorstellungen des Unternehmens aus, erarbeitet eine Mission und leitet daraus seine Unternehmensstrategie ab. Diese wird in Ziele übersetzt und in Aktionen umgesetzt.

Die strategischen Ziele und Strategien werden den Mitarbeitern verständlich und vertraut gemacht, sie erfahren, welche Ziele zu erreichen sind, damit der angestrebte Erfolg erzielt wird.

Die Mitarbeiter leiten aus den strategischen Zielen Subziele für ihre Geschäftseinheiten ab, dabei ist der Zusammenhang mit den strategischen Zielen stets zu wahren. Dies führt u. a. zu einer Verknüpfung der strategischen mit der operativen Ebene.

Kaplan / Norton, die „Väter" der Balanced Scorecard umreißen ihr Konzept folgendermaßen:

„Die Balanced Scorecard übersetzt Mission und Strategie in Kennzahlen und ist dabei in verschiedene Perspektiven unterteilt, die finanzwirtschaftliche Perspektive, die Kundenperspektive, die interne Prozessperspektive und die Lern- und Entwicklungsperspektive. Die Scorecard schafft einen Rahmen, eine Sprache, um Mission und Strategie zu vermitteln. Sie verwendet Kennzahlen, um Mitarbeiter über Erfolgsfaktoren für gegenwärtigen und zukünftigen Erfolg zu informieren. Durch genaue Artikulation der gewünschten Ergebnisse und der dahinter stehenden Leistungstreiber hoffen Manager, die Energien, Potenziale und das Spezialwissen der Mitarbeiter der gesamten Organisation auf die langfristigen Ziele hin auszurichten".

Ein wesentliches **Merkmal** der Balanced Scorecard ist die Betrachtungsweise eines Unternehmens aus mehreren Sichten. Das Operieren mit mehreren Perspektiven trägt dazu bei, Einseitigkeiten bei der Zielbildung und Zielverfolgung zu vermeiden. Es wird zum Ausdruck gebracht, dass der Erfolg eines Unternehmens nicht lediglich aus finanziellen Quellen resultiert, sondern dass mehrere strategische Orientierungen möglich sind. Die Verknüpfung der Perspektiven sichert eine ganzheitliche Betrachtungsweise.

Kaplan / Norton weisen der Balanced Scorecard die Aufgabe der Unterstützung des Führungsprozesses zu, *Horváth* sieht in ihr eine Handlungsableitung der Strategie.

Eine wichtige Aufgabe der Balanced Scorecard wird gelegentlich übersehen, die der Motivation und Identifizierung der Mitarbeiter mit dem Unternehmen. Durch Einbeziehung mehrerer Unternehmensebenen in den Prozess der Entwicklung und Durchsetzung der Balanced Scorecard wird dies erreicht.

Dem Einwand, die Balanced Scorecard verkörpere lediglich ein neues, moderneres Kennzahlensystem, muss widersprochen werden. Die Kennzahlen erfüllen zwar eine wichtige Funktion in dem Konzept, sie bringen die strategischen Ziele verständlich und präzise zum Ausdruck und sind die wichtigsten Maßgrößen für den Grad der Zielerreichung, sind aber lediglich Mittel zum Zweck.

Das Balanced Scorecard-Konzept stellt nichts vollständig Neues dar. Erkenntnisse der Betriebswirtschaftslehre werden keinesfalls außer Kraft gesetzt, vielmehr werden einige in den Vordergrund gerückt. Eine neue Betrachtungsweise fördert ein gelegentlich vernachlässigtes komplexes betriebswirtschaftliches Denken.

Das **Grundmodell** der Balanced Scorecard hat folgendes Aussehen (*Horváth & Partner*):

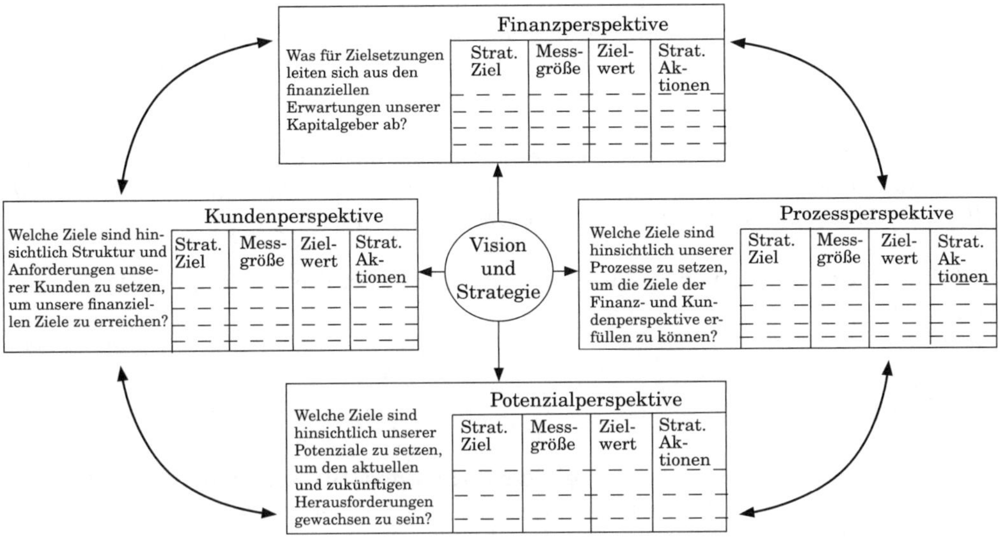

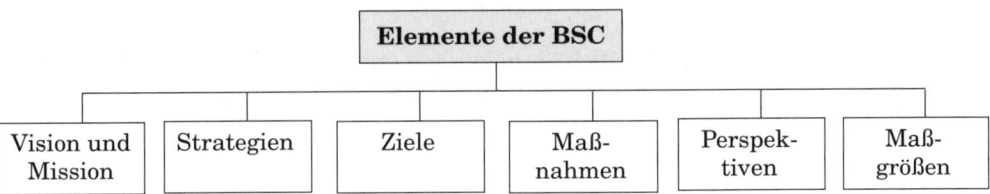

	Finanzperspektive			
Was für Zielsetzungen leiten sich aus den finanziellen Erwartungen unserer Kapitalgeber ab?	Strat. Ziel	Mess- größe	Ziel- wert	Strat. Ak- tionen

	Kundenperspektive			
Welche Ziele sind hinsichtlich Struktur und Anforderungen unserer Kunden zu setzen, um unsere finanziellen Ziele zu erreichen?	Strat. Ziel	Mess- größe	Ziel- wert	Strat. Ak- tionen

Vision und Strategie

	Prozessperspektive			
Welche Ziele sind hinsichtlich unserer Prozesse zu setzen, um die Ziele der Finanz- und Kundenperspektive erfüllen zu können?	Strat. Ziel	Mess- größe	Ziel- wert	Strat. Ak- tionen

	Potenzialperspektive			
Welche Ziele sind hinsichtlich unserer Potenziale zu setzen, um den aktuellen und zukünftigen Herausforderungen gewachsen zu sein?	Strat. Ziel	Mess- größe	Ziel- wert	Strat. Ak- tionen

38 → Die Balanced Scorecard ist ein Konzept, das in den letzten Jahren in der Literatur starke Beachtung gefunden hat und sich auch in vielen Unternehmen durchgesetzt hat. Gelegentlich wird der Eindruck hervorgerufen, mit der Einführung der BSC würden die wichtigsten Probleme im Unternehmen gelöst.

Können Sie sich damit identifizieren?

Seite 217

3.2 Elemente

Die Balanced Scorecard hat folgende Elemente:

Elemente der BSC

Vision und Mission	Strategien	Ziele	Maß- nahmen	Perspek- tiven	Maß- größen

3.2.1 Vision und Mission

Die Vision ist der Ausgangspunkt der Balanced Scorecard. Visionen stellen die Wunschvorstellungen des Unternehmens, die meist noch sehr vagen obersten Ziele dar. Sie sind oft der Antrieb zum Handeln, aus ihnen werden die Strategien abgeleitet.

Die Mission beabsichtigt im Gegensatz zur Vision, die auf das eigene Unternehmen ausgerichtet ist, Außenwirkung zu erzielen. Sie sagt aus, wie die Außenwelt, vor allem die Marktpartner das Unternehmen sehen sollen.

Auf die Unternehmensvision wurde bereits in den Kapiteln A. 6.2 und D. 1.1 eingegangen.

3.2.2 Strategien

Die klassische Balanced Scorecard geht davon aus, dass Strategien bereits vorhanden sind. Dennoch muss sich ein Unternehmen, das die BSC einführen will, intensiv mit seinen Strategien befassen. Es ist zu klären, ob:

❑ die „richtigen" Strategien verfolgt werden
❑ sich die Strategien in verständlichen und konkreten Zielen ausdrücken lassen
❑ alle Beteiligten das gleiche Verständnis von Strategien haben.

Es sollte unbedingt darauf geachtet werden, dass im Unternehmen eine einheitliche Sprachregelung herrscht, z. B. einheitliche Begriffsbestimmungen für Strategien, Ziele, Maßnahmen u. Ä. existieren.

3.2.3 Strategische Ziele

Die strategischen Ziele sind ein Kernstück der Balanced Scorecard, nur mit ihrer Hilfe können die Strategien wirkungsvoll umgesetzt werden. Sie konkretisieren die Strategie und formen sie zu maßnahmeführenden Angaben.

Auf Ziele wurde bereits ausführlich eingegangen (vgl. Kapitel A. 2.3, D. 1.2), sodass in diesen Kapiteln nur BSC-relevante Fragen behandelt werden wie

• **das Wesen strategischer Ziele**

• **der Zielfindungsprozess**

• **der Aufbau von Ursache-/Wirkungsbeziehungen.**

3.2.3.1 Wesen strategischer Ziele

Strategische Ziele im Sinne der Balanced Scorecard sind dadurch charakterisiert, dass sie *(Horváth)*:

❏ unternehmensspezifisch, individuell und nicht austauschbar sind

❏ die Strategie in aktionsorientierte Aussagen für die jeweilige Perspektive überführen („Innovationsprozess verkürzen", „Erhöhung der Anwenderfreundlichkeit") usw.

❏ die strategischen Aussagen der Strategie in ihre Bestandteile aufgliedern. So hat z. B. die strategische Grundaussage „Internationale Expansion" finanzielle, kundenprozess- und mitarbeiterseitige Elemente, die bei einer erfolgreichen Strategieumsetzung erreicht werden müssen.

❏ Wettbewerbsrelevanz und Handlungsrelevanz zum Ausdruck bringen.

Wettbewerbsrelevanz liegt vor bei Einflussnahme eines Ziels auf den Markterfolg. Die Frage wird beantwortet, ob die Umsetzung eines Ziels einen wettbewerbsentscheidenden Unterschied zur Konkurrenz bewirken würde.

Die **Handlungsrelevanz** veranschaulicht, inwieweit überdurchschnittliche Anstrengungen erfolgen müssen, um einen angestrebten Status quo zu erreichen oder einen bestehenden zu verteidigen.

Bei der Entwicklung der strategischen Ziele sollten die folgenden **Grundsätze** berücksichtigt werden:

❏ nicht zu viele Ziele festlegen; 20 Ziele sollten die Obergrenze sein, fünf Ziele je Perspektive sollten nicht überschritten werden
❏ nur strategisch bedeutende Ziele festlegen
❏ nur konkrete Ziele festlegen
❏ die Zielformulierung aktionsorientiert gestalten.

3.2.3.2 Zielfindungsprozess

Am Zielfindungsprozess sollten nur Personen mitwirken, die Führungspositionen im Unternehmen innehaben, strategisch denken und sich über Prioritäten im Klaren sind.

Mit Erfolg wurden beim Zielentwicklungsprozess **Workshops** eingesetzt. Die beteiligten Führungskräfte stellen zunächst die ihnen wesentlich erscheinenden Ziele der Perspektiven fest, aus denen dann die geeigneten Ziele ausgewählt werden. Dieser eigentliche Zielfindungsprozess läuft in folgenden **Phasen** ab:

❑ Zusammenstellung der vorgeschlagenen Ziele
❑ Analyse der Zielvorschläge
❑ Feststellung der Realisierbarkeit der Vorschläge
❑ Auswahl der infrage kommenden Ziele
❑ Zuordnung der strategischen Ziele zu den Perspektiven.

3.2.3.3 Aufbau von Ursache-/Wirkungsbeziehungen

Der Aufbau von Ursache-/Wirkungsbeziehungen ist ein weiteres Charakteristikum der Balanced Scorecard.

Isolierte Betrachtungsweisen gehören in gut geführten Unternehmen der Vergangenheit an. Tatbestände und Abläufe im Unternehmen und in seinem Umfeld werden in ihrer Abhängigkeit voneinander und in ihren Wirkungen zueinander gesehen.

Die Wirkung einer Strategie resultiert nicht aus einer einzigen Ursache, sondern ist das Ergebnis des **Zusammenwirkens mehrerer Elemente**. Die zur Konkretisierung, Realisierung und Kommunizierung der Strategie beitragenden Ziele sind nicht losgelöst voneinander, sondern stehen in engen Verbindungen zueinander mit gegenseitiger Beeinflussung. Diese Verbindungen reichen über die verschiedenen Perspektiven.

Der Aufbau und die Darstellung der Ursache-/Wirkungsbeziehungen wird als eine der wichtigsten Aufgaben der Balanced Scorecard angesehen. Es werden dadurch nicht nur die Wirkungszusammenhänge zwischen den Zielen gezeigt, sondern auch die Kommunikation der Strategie wird erleichtert.

Für die beim Aufbau der Ursache-/Wirkungsbeziehungen entstehenden Ursache-/Wirkungsketten werden in der Literatur mehrere Verfahren beschrieben. Viele Unternehmen bevorzugen eine induktive Vorgehensweise, bei der die **strategischen Ziele der Finanzperspektive** den **Ausgangspunkt** bilden.

Beispiel: Es wird von einem Finanzziel A ausgegangen und festgestellt, welche Beziehungen zwischen diesem übergeordneten Ziel und dem nachgeordneten Ziel B bestehen. Dabei ist die Frage zu beantworten, ob es die strategische Absicht des Zieles B ist, das Ziel A zu unterstützen.

Auf die gleiche Weise werden alle übrigen Ziele der Finanz-, Kunden-, internen Prozess- und Lern- und Entwicklungsperspektive verbunden.

Bei dieser Vorgehensweise wird die Rolle eines jeden Ziels im Zielsystem untersucht. Wird dabei festgestellt, dass ein Ziel nicht mindestens ein weiteres Ziel unterstützt, sollte überlegt werden, ob das Ziel von der Balanced Scorecard zu berücksichtigen ist.

Selbstverständlich kann auch ein strategisches Ziel der **Kundenperspektive** als **Ausgangspunkt** genommen werden. In diesem Fall wird ein strategisches Ziel der Kundenperspektive mit anderen Zielen dieser Perspektive paarweise verglichen.

Anschließend wird ein Vergleich mit Zielen der Internen Prozess- und Lern- und Entwicklungsperspektiven durchgeführt. Damit lässt sich beispielsweise feststellen, ob das Erreichen des Zieles B der Kunden-, internen Prozess- und Lern- und Entwicklungsperspektive es möglich macht, das Ziel A der Kundenperspektive zu realisieren.

In einem anschließenden Schritt wird in einer bottom-up-Vorgehensweise das strategische Ziel der Kundenperspektive mit den strategischen Zielen der Finanzperspektive verglichen. Man untersucht, welcher Erfolg für die Ziele der Finanzperspektive durch das Erreichen des Ziels der Kundenperspektive erreicht wird (weitere Ausführungen zu Ursache-/Wirkungsbeziehungen siehe Kapitel E. 3.2.6.3).

 Stellen Sie kurz dar, was unter dem Begriff Ursache-/Wirkungskette zu verstehen ist und überlegen Sie, ob er auch in anderen Bereichen, also außerhalb der Balanced Scorecard eine Rolle spielt! Seite 218

3.2.4 Maßnahmen

Bei den strategischen Maßnahmen handelt es sich um Aktionen, die erforderlich sind, um die Strategien zu realisieren, nicht um die alltäglichen geschäftlichen Aktivitäten.

Die Festlegung der strategischen Maßnahmen ist im Zusammenhang mit der Strategiebildung zu sehen, sie sollte nach Möglichkeit in den Prozess der Strategieplanung integriert werden.

An die Maßnahmenplanung schließt sich die Budgetierung an, erst damit wird es möglich, die Maßnahmen durchzusetzen. Mit diesem Schritt münden die Maßnahmen in die operative Planung. Diese orientiert sich somit unmittelbar an den strategischen Zielen. Das Auseinanderklaffen von strategischer und operativer Planung wird vermieden.

3.2.5 Perspektiven

Wie bereits erwähnt, geht die Balanced Scorecard von mehreren Perspektiven aus, das Unternehmen wird aus verschiedenen Sichten gesehen. Nicht die finanzielle Perspektive allein wird berücksichtigt, wie es in vielen Unternehmen üblich ist, sondern es wird davon ausgegangen, dass der Unternehmenserfolg nicht nur finanzielle Quellen hat. Sowohl die Ziele als auch die strategischen Maßnahmen werden jeweils einer Perspektive zugewiesen.

Die Sichtweisen werden unternehmensindividuell festgelegt, jedes Unternehmen muss die Perspektiven herausfinden, aus denen die strategische Umsetzung der Ziele zu sehen ist. Die geeignetsten Perspektiven sind die, die Strategien am besten abzubilden vermögen. Im Vordergrund wird immer die finanzielle Perspektive stehen.

Zahlreiche Unternehmen gehen nicht über vier Perspektiven hinaus, wobei jedoch berücksichtigt werden muss, dass in einigen Branchen oder Unternehmen mehrere Sichtweisen von Vorteil sind.

Bei der Bestimmung der Perspektiven wird oft unterschieden zwischen:

❑ interner Sicht
❑ externer Sicht.

Beobachtungen zeigen, dass häufig die folgenden **vier Perspektiven** gewählt werden, wobei ihre Benennungen variieren:

❑ Finanzwirtschaft
❑ Kundenzufriedenheit
❑ Engagement der Mitarbeiter
❑ Interne Prozesse.

Kaplan/Norton beschreiben vier **Grundperspektiven**, auf die hier eingegangen wird, da sie sich in den meisten Unternehmen, wenn auch unter verschiedenen Bezeichnungen, wiederfinden:

• **Finanzwirtschaftliche Perspektive**

• **Kundenperspektive**

• **Interne Prozessperspektive**

• **Lern- und Entwicklungsperspektive**.

3.2.5.1 Finanzwirtschaftliche Perspektive

Die finanzwirtschaftliche Perspektive verdeutlicht, ob die Realisierung der Unternehmensstrategie eine Ergebnisverbesserung bedeutet. Die typischen **Kennzahlen**, die Ziele dieser Perspektive ausdrücken, vermitteln und messen, sind auf die Rentabilität ausgerichtet wie Kapitalrentabilität, Umsatzveränderungszahlen, Unternehmenswertveränderungszahlen oder der Cash-Flow.

Die finanzwirtschaftlichen Kennzahlen haben eine Doppelfunktion. Zum einen definieren sie die von einer Strategie erwartete finanzielle Leistung, zum anderen stellen sie das Endziel für die anderen Balanced Scorecard-Perspektiven dar *(Weber/Schäffer)*. Die Kennzahlen der übrigen Perspektiven stehen über Ursache-/Wirkungsbeziehungen mit den finanziellen Zielen in Verbindung.

3.2.5.2 Kundenperspektive

Die Kundenperspektive steht für viele Unternehmen im Mittelpunkt. Die Ziele der finanzwirtschaftlichen Perspektive lassen sich nur dann gänzlich realisieren, wenn die Ziele der Kundenperspektive erreicht werden.

Die Kundenperspektive rückt die Erhöhung des **Kundennutzens** in den Vordergrund. Dieser initiiert die **Erfolgskette**: Zusätzlicher Kundennutzen bedingt zusätzliche **Kundenzufriedenheit**, diese bedingt eine stärkere **Kundenbindung**, was zu verstärktem **finanziellen Erfolg** führt *(Kumpf)*.

Die Hauptziele der Kundenperspektive lassen sich durch allgemeine und spezifische Kennzahlen vorgeben und messen. **Allgemeine Kennzahlen** erstrecken sich auf Gewinn- bzw. Deckungsbeitrags- oder Marktanteile in den Segmenten, auf die Kundentreue, die Kundenzufriedenheit oder Kundenrentabilität.

Spezifische Kennzahlen richten sich auf die besonderen Anstrengungen den Kunden gegenüber, um Kundentreue zu erreichen oder Kundenabwanderung zu verhindern. Dazu zählen die Reaktionsfähigkeit und Reaktionsgeschwindigkeit auf Kundenwünsche, die Lieferpünktlichkeit, die Durchlaufzeiten, die Innovationsfähigkeit u.v.a.

3.2.5.3 Interne Prozessperspektive

Die interne Prozessperspektive identifiziert die kritischen Prozesse, in denen die Organisation ihre Verbesserungsvorschläge setzen muss *(Kaplan/Norton)*. Diese Prozesse ermöglichen es dem Unternehmen, die Ziele der finanzwirtschaftlichen Perspektive und der Kundenperspektive zu erreichen.

Dabei steht die Frage im Mittelpunkt, wie die Prozesse gestaltet werden sollen, damit die Wünsche der Kunden und Kapitalanleger erfüllt werden. Es sind nicht primär gegenwärtige Prozesse zu kontrollieren und zu verbessern, sondern **die Prozesse** zu identifizieren, die am erfolgreichsten für die Durchsetzung der Unternehmensstrategie sind.

3.2.5.4 Lern- und Entwicklungsperspektive

Die Lern- und Entwicklungsperspektive charakterisiert die Infrastruktur, die erforderlich ist, um langfristiges Wachstum und Verbesserungen sicherzustellen.

Diese Perspektive entfaltet eine Langzeitwirkung; ihre Ziele richten sich auf eine Infrastruktur, die das Erreichen der Ziele der übrigen Perspektiven optimal ermöglicht.

Die Kennzahlen der Lern- und Entwicklungsperspektive erstrecken sich auf das Potenzial der Mitarbeiter, auf die Nutzung der Informationstechnologie und die Motivation. Im Einzelnen handelt es sich um Kennzahlen, die die Mitarbeitertreue, die Mitarbeiterzufriedenheit, die Mitarbeiterproduktivität, die Mitarbeiterinnovation, die Fort- und Weiterbildung oder die Leistungsfähigkeit der Informationssysteme abbilden.

3.2.5.5 Weitere Perspektiven

Neben den beschriebenen vier Grundperspektiven findet man in der Literatur und in der Praxis noch eine Reihe weiterer Perspektiven. Je nach Branche, Unternehmensstruktur oder auch der Interessenlage der Unternehmensleitung lassen sich Perspektiven bilden.

Friedag / Schmidt entwickeln, basierend auf Erfahrungen in mehreren Unternehmen, folgenden **Perspektivenkatalog**:

❑ Lieferantenperspektive
❑ Kreditgeberperspektive
❑ Öffentliche Perspektive (Bund, Land, Kommunen)
❑ Kommunikationsperspektive
❑ Einführungsperspektive
❑ Organisationsperspektive.

Grafisch stellen sich diese Perspektiven und die Beziehungen zueinander wie folgt dar:

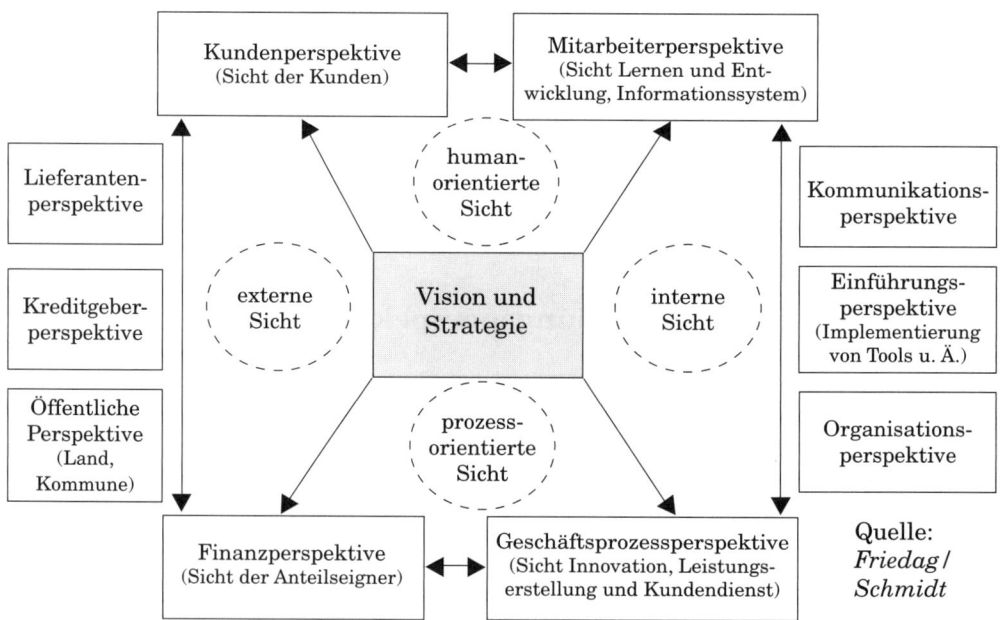

Quelle:
Friedag /
Schmidt

In einer Lehrveranstaltung wird über die Perspektivenbildung bei der Balanced Scorecard diskutiert.

Ein Hörer stellt die Behauptung auf, die Betrachtung des Unternehmens aus mehreren Perspektiven sei überflüssig und sinnlos, da im Prinzip doch nur die Rentabilitätsmaximierung angestrebt würde, und dafür benötige man nicht mehrere Perspektiven.

Äußern Sie sich zu dieser Auffassung.

Seite 218

3.2.6 Maßgrößen (Messgrößen)

Maßgrößen oder Messgrößen sind Kennzahlen, mit deren Hilfe die Ziele konkret geplant, kommuniziert und in ihrer Erreichung beobachtet werden können. „Messgrößen dienen dazu, strategische Ziele klar und unmissverständlich auszudrücken sowie die Entwicklung der Zielerreichung verfolgen zu können. Über das Messen von strategischen Zielen soll das Verhalten in eine gewünschte Richtung beeinflusst werden" (*Horváth* & Partner). Je Ziel sollten nicht mehr als zwei, maximal drei Maßgrößen festgelegt werden.

Bei der Wahl der richtigen Maßgrößen hat sich die Beantwortung folgender **Fragen** bewährt (*Horváth*):

❏ Kann an der Messgröße das Erreichen des gewünschten Ziels abgelesen werden?

❏ Wird mit der Messgröße das Verhalten der Mitarbeiter in die gewünschte Richtung beeinflusst?

❏ Wie gut bildet die Messgröße das betreffende Ziel ab?

❏ Ist eine eindeutige Interpretation der Messgröße möglich?

❏ Ist eine prinzipielle Erhebbarkeit gewährleistet?

❏ Liegt die Messgröße überwiegend im Einflussbereich des Zielverantwortlichen?

❏ Ist die Messgröße kurzfristig (1 Jahr) oder nur langfristig (> 2 Jahre) beeinflussbar?

Die Festlegung der Maßgrößen sollte nur von Mitarbeitern vorgenommen werden, denen die Ziele sehr vertraut sind, am geeignetsten sind die, die mit der Entwicklung der Balanced Scorecard befasst sind.

Bei der Bestimmung der Maßgrößen sind folgende Besonderheiten zu berücksichtigen:

3.2.6.1 Finanzielle und nichtfinanzielle Größen

Im Unterschied zu herkömmlichen Systemen verwendet das BSC-System nicht nur finanzielle Größen, sondern auch nichtfinanzielle Größen. Damit wird zum Ausdruck gebracht, dass neben den finanziell messbaren Erfolgsfaktoren auch wichtige nichtfinanzielle Erfolgsfaktoren zum Gesamtergebnis beitragen. Dazu gehören etwa

❑ die schöpferischen Fähigkeiten des Managements
❑ die innovativen Fähigkeiten der Mitarbeiter
❑ die Kundenbeziehungen
❑ die Lieferantenbeziehungen usw.

3.2.6.2 Spätindikatoren und Frühindikatoren

Ein großer Teil der in den Unternehmen eingesetzten Kennzahlen besteht aus **Spätindikatoren**. Sie sind **Ergebniskennzahlen**, angestrebte Endpunkte, sie reflektieren die Ziele der Strategie. Häufig eingesetzte Spätindikatoren sind:

❑ Umsatzgrößen
❑ Gewinngrößen
❑ Cash-Flow
❑ Return-on-Investment
❑ Marktanteil
❑ Kundenzufriedenheit
❑ Mitarbeiterqualifikation u. Ä.

Die einzelnen Positionen der GuV-Rechnung und die aus ihnen gebildeten Kennziffern stellen Spätindikatoren dar.

Frühindikatoren sind die **Leistungstreiber**. Sie zielen auf den Beginn oder auf frühe Phasen eines Prozesses.

Die Frühindikatoren geben die Besonderheiten der Strategie eines Unternehmens oder einer Geschäftseinheit wieder, z. B. finanzielle Treiber für die Rentabilität, die Marktsegmente, in denen eine Sparte konkurriert, die besonderen internen Betriebsprozesse und Zielsetzungen für die Lern- und Entwicklungsperspektive, durch die das Wertangebot an Zielkunden und Zielmarktsegmenten geschaffen wird *(Kaplan/Norton)*.

Frühindikatoren erstrecken sich auf Vorgänge, die bereits zum gegenwärtigen Zeitpunkt dazu beitragen sollen, dass zu späteren Zeitpunkten bestimmte Ergebnisse erreicht werden.

Die Balanced Scorecard muss einen ausgewogenen **Mix** aus Frühindikatoren und Spätindikatoren aufweisen, der der Unternehmensstrategie angepasst ist.

Verwendet man lediglich Spätindikatoren, wird nicht ausgedrückt, wie die Ergebnisse erzielt werden sollen. Bevorzugt man die Leistungstreiber, erhält man nicht in ausreichendem Maße Auskünfte über die Verbesserung des Gesamtergebnisses.

3.2.6.3 Ursache-/Wirkungskette der Kennzahlen

Eine wichtige Aufgabe der Kennzahlen besteht in der Aussage über die Beziehung zwischen Ursache und Wirkung. Eine gute Balanced Scorecard kann die Strategie durch Ursache-/Wirkungsketten bekunden. Eine solche Kette kann durch „Wenn-Dann-Aussagen" entstehen, z. B.:

- **Wenn** die Mitarbeiter besser ausgebildet werden, **dann** sind sie mit ihren Produkten besser vertraut.
- **Wenn** die Mitarbeiter mit ihren Produkten besser vertraut sind, **dann** steigt ihr Einsatz im Rahmen der Verkaufsaktivitäten.
- **Wenn** der Einsatz der Mitarbeiter steigt, **dann** erhöht sich die Kundenzufriedenheit.
- **Wenn** sich die Kundenzufriedenheit erhöht, **dann** steigen die Verkaufszahlen.
- **Wenn** die Verkaufszahlen steigen, **dann** erhöht sich der Gewinn.

Die Ursache-/Wirkungsbeziehungen der Kennzahlen kommen in der folgenden Darstellung in Anlehnung an *Kaplan/Norton* zum Ausdruck.

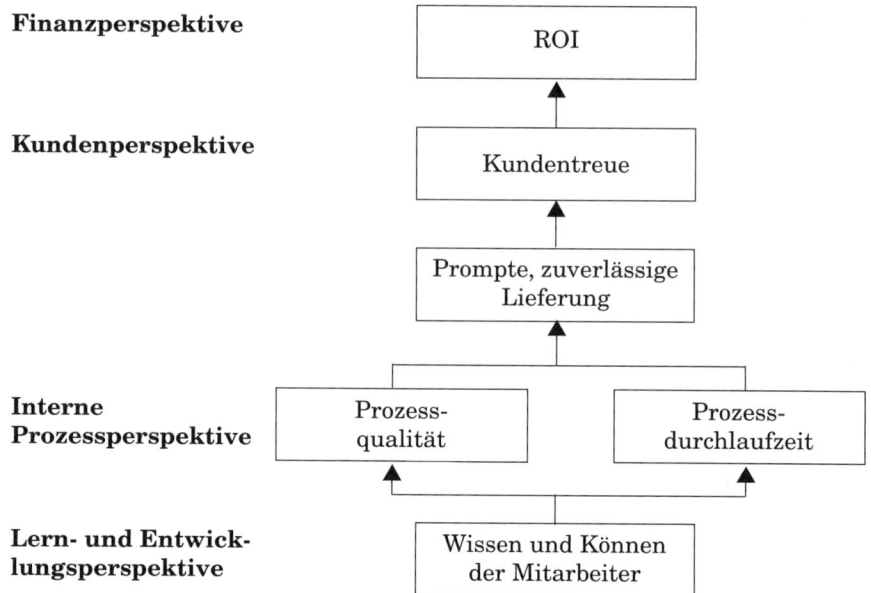

Die nachfolgend wiedergegebenen Ursache-/Wirkungsketten zeigen die Verbindungen zwischen den einzelnen Zielen auf und verdeutlichen die logischen Verknüpfungen zwischen den Zielen.

Aus dem Kennzahlensystem, das eine Geschäftsbank entwickelt hat, lässt sich u. a. die Wirkung der Mitarbeiterschulung auf die Kennzahlen „Anzahl der Kontoeröffnungen", „Zeitbedarf für Kreditgewährung", „Abschlüsse bei Kunden", „abgelehnte Kreditanträge", „Nutzung Electronic Banking" usw. ablesen.

Das dargestellte System unterscheidet auch zwischen Frühindikatoren und Spätindikatoren und zeigt deren Wirkungsweisen auf.

Die Frühindikatoren vermitteln viele und intensivere Impulse an andere Kennzahlen als die Spätindikatoren, die mehr Empfängercharakter haben.

Frühindikatoren wie „Kontakte zu Bürgermeistern", „Anzahl der Kontoeröffnungen" oder „Nutzung Electronic Banking" entfalten entscheidende Wirkungen in anderen Bereichen zum Erreichen der strategischen Ziele *(Friedag / Schmidt)*.

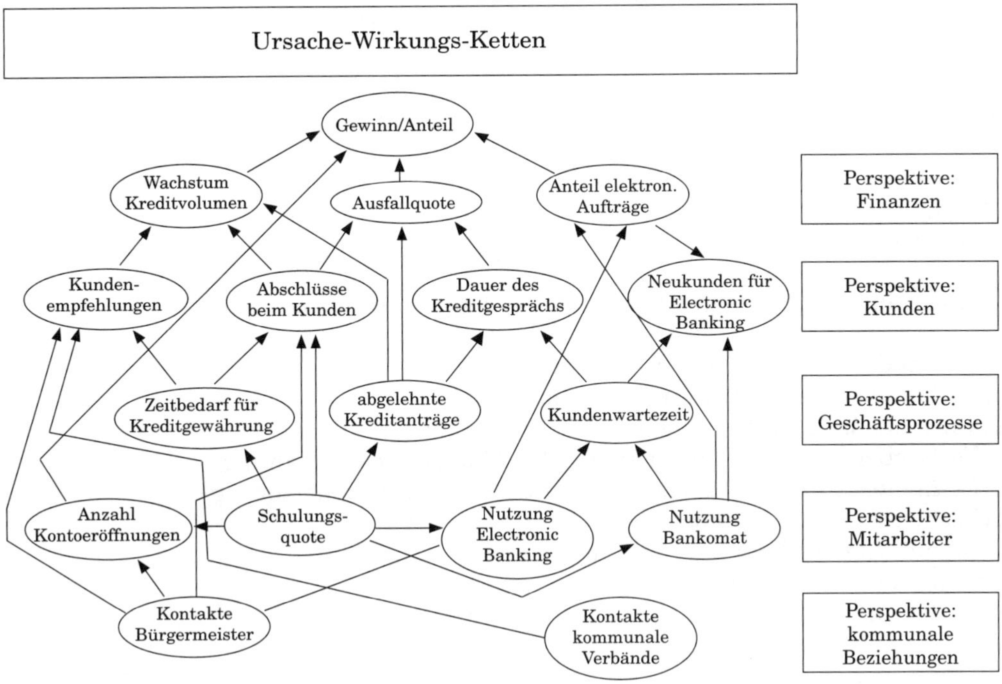

Ursache-Wirkungs-Ketten

Gewinn/Anteil

Wachstum
Kreditvolumen

Ausfallquote

Anteil elektron.
Aufträge

Perspektive:
Finanzen

Kunden-
empfehlungen

Abschlüsse
beim Kunden

Dauer des
Kreditgesprächs

Neukunden für
Electronic
Banking

Perspektive:
Kunden

Zeitbedarf für
Kreditgewährung

abgelehnte
Kreditanträge

Kundenwartezeit

Perspektive:
Geschäftsprozesse

Anzahl
Kontoeröffnungen

Schulungs-
quote

Nutzung
Electronic
Banking

Nutzung
Bankomat

Perspektive:
Mitarbeiter

Kontakte
Bürgermeister

Kontakte
kommunale
Verbände

Perspektive:
kommunale
Beziehungen

41 ▷ In der Balanced Scorecard spielen Kennzahlen eine wichtige Rolle,
wobei verschiedene Kennzahl-Formen zu berücksichtigen sind.

Erläutern Sie kurz

❑ die wichtigsten Funktionen der Kennzahlen
❑ den Unterschied zwischen finanziellen und nichtfinanziellen
Kennzahlen
❑ den Unterschied zwischen Spätindikatoren und Frühindikatoren.

Seite
218

3.3 Entwicklung der Balanced Scorecard

Nach intensiver Beschäftigung mit den Elementen der Balanced Scorecard deuten
sich die erforderlichen Schritte zu ihrer Entwicklung an. Folgender **Ablauf** bietet
sich an:

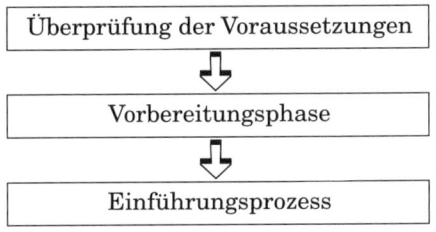

Überprüfung der Voraussetzungen

⇩

Vorbereitungsphase

⇩

Einführungsprozess

3.3.1 Überprüfung der Voraussetzungen

Die Einführung des Balanced-Scorecard-Systems ist an einige Voraussetzungen geknüpft, die sich unterscheiden lassen in Voraussetzungen

❏ sachlicher Art
❏ organisatorischer Art
❏ personeller Art.

Im Einzelnen sollten folgende **Voraussetzungen** erfüllt werden:

❏ Vorhandensein einer Vision und Mission
❏ Vorhandensein von Unternehmensstrategien
❏ Vorhandensein einer geeigneten Organisation
❏ Vorhandensein einer funktionierenden Unternehmensplanung
❏ Permanente Informationsbereitschaft und Informationsmöglichkeit
❏ Fachwissen und Fachkönnen
❏ Bereitschaft zu Kommunikation
❏ Führen mit Vertrauen
❏ Bereitschaft zum Denken in neuen Kategorien.

Der Inhaber von zwei Fachgeschäften für Damen- und Herrenbekleidung mit angeschlossener Fabrikation für Trachtenmoden mit einem Jahresumsatz von 10,0 Mio. € beschäftigt in der Produktion und im Verkauf insgesamt 35 Mitarbeiter. Er möchte expandieren und ist auch betriebswirtschaftlichen Neuerungen gegenüber aufgeschlossen.

Auf Tagungen und in Seminaren sowie in Gesprächen mit Kollegen hat er viel von der Balanced Scorecard gehört. Er erkundigt sich bei seinem Steuerberater, ob er die BSC in seinen Unternehmen einsetzen könne. Dieser rät ihm davon ab. Zum einen sei die BSC für den Handel nicht geeignet und zum anderen sei sein Unternehmen dafür zu klein.

Nehmen Sie zu dieser Aussage Stellung!

Seite 218

3.3.2 Vorbereitungsphase

Die Vorbereitungsphase erstreckt sich auf Festlegungen

• **der beteiligten Personen**

• **des Inhalts**

• **der Zeit**.

3.3.2.1 Festlegung der an der Einführung beteiligten Personen

Die Festlegung der an der Einführung beteiligten Personen umfasst folgende Personen bzw. Personenkreise:

Beteiligte Personen	Aufgaben
Management	○ Anstoß zur Einführung der BSC ○ Überprüfung vorhandener Strategien/Entwicklung neuer Strategien ○ Entscheidung über die aus der Strategie abgeleiteten strategischen Ziele ○ Beobachtung des Einführungsprozesses, ggf. Beteiligung daran ○ Eingreifen in den Prozess bei Stockungen ○ Beseitigung von Barrieren ○ Letzte Entscheidung.
Projektleiter	Projektleiter können interne oder externe Persönlichkeiten sein, die über gute Fachkenntnisse, Erfahrung und Einfühlungsvermögen verfügen. Hauptaufgaben sind: ○ Planung in zeitlicher, sachlicher, personeller Hinsicht ○ Leitung des Prozesses ○ Einberufung und Leitung von Sitzungen ○ Steuerung des Informationsbedarfs und der Informationsdeckung ○ Mitarbeiterauswahl und Schulung ○ Ideenentwicklung und -koordinierung ○ Konfliktlösung ○ Aufklärungsarbeit in den Unternehmensbereichen ○ Dokumentation der Ergebnisse ○ Berichterstattung an das Management.
Projektteam	Das Projektteam setzt sich aus den „richtigen" Managern, den „Visionären" und den „richtigen Fachleuten für die tägliche Kleinarbeit" zusammen *(Baschin)*. Seine **Aufgaben** bestehen primär in der ○ inhaltlichen Gestaltung der BSC ○ inhaltlichen Abstimmung ○ Mitwirkung bei der Durchsetzung der BSC.

43 › Stellen Sie Überlegungen an, ob externe Fachleute in das Projektteam einbezogen werden sollen! Führen Sie aus, welche Personen bzw. Personengruppen dafür infrage kommen und welche Aufgaben ihnen zugewiesen und welche Rechte eingeräumt werden sollten!

Seite 218 ›

3.3.2.2 Festlegung des Inhalts

Die Festlegung des Inhalts umfasst

❑ Die Bestimmung der Bereiche, die Entscheidung, ob eine Unternehmens-BSC oder Bereichs-BSC entwickelt werden soll – hierauf wird in Kapitel E. 3.4.5 eingegangen.

❑ die Bestimmung des Inhalts der einzelnen Arbeitsschritte – vgl. Kapitel E. 3.3.3.

3.3.2.3 Festlegung der Zeit

Die Architekten der BSC dürfen nicht unter Zeitdruck arbeiten. Die BSC ist ein Führungsinstrument, das sich nicht auf organisatorische Änderungen und Rechenvorgänge beschränkt, sondern etwas Neues im Unternehmen schafft. Bei der Entwicklung der BSC werden z. T. neue Denkprozesse in Gang gesetzt, es sind zahlreiche Informationen zu beschaffen, zu bearbeiten und zu kommunizieren und es ist viel Überzeugungsarbeit zu leisten. Dies alles benötigt ausreichend Zeit.

Der Zeitrahmen lässt sich nur unternehmensindividuell setzen, Vorschläge, die in der Literatur gemacht werden, können lediglich grobe Anhaltspunkte sein.

Der **Zeitbedarf** wird in erster Linie von den folgenden **Faktoren** bestimmt:

❑ vorhandene Organisation
❑ verfügbare Informationsquellen
❑ Verfügbarkeit der Mitarbeiter in qualitativer, quantitativer und zeitlicher Hinsicht
❑ Engagement des Managements
❑ Beweglichkeit und Motivation der Mitarbeiter
❑ auftretende Probleme während der Einführungsphase
❑ Störungen von außen.

Kaplan/Norton gehen für die Projektentwicklung von einem Zeitraum von 16 Wochen aus, deutsche Manager kalkulieren mit mindestens sechs Monaten. Für den Aufbau, die Implementierung und die endgültige Durchsetzung wird sogar ein Zeitraum von rund zwei Jahren veranschlagt.

3.3.3 Einführungsprozess

Im Rahmen der Durchführung des Einführungsprozesses sind folgende Aufgabenkomplexe zu bearbeiten:

❑ Überprüfung der Strategie unter Berücksichtigung der Vision und Mission

❏ Ableitung der strategischen Ziele für die einzelnen Perspektiven
❏ Verknüpfung der strategischen Ziele
❏ Bestimmung der Maßgrößen
❏ Bestimmung der Zielwerte
❏ Bestimmung der strategischen Maßnahmen.

Die Erarbeitung der Balanced Scorecard kann nur in einzelnen **Schritten** vorgenommen werden. Anzahl und Inhalt der Schritte werden unterschiedlich gesehen. Branche, Unternehmensgröße, Unternehmensstruktur, die Unternehmenskultur sowie die Zusammensetzung und Denkweise des Managements, um nur die wichtigsten Faktoren zu nennen, bestimmen weitgehend die Vorgehensweise.

> Verfügt das Unternehmen über eine strategische Planung und ist das Management mit den Fragen der Strategiebildung vertraut, können verschiedene in der Literatur vorgeschlagene Arbeitsschritte entfallen bzw. in einem geringeren Umfang vorgenommen werden. Dies gilt insbesondere für die strategische Analyse.

Im Folgenden wird auf zwei Einführungskonzepte eingegangen. Das **erste Konzept** basiert auf dem Vorschlag von *Kaplan / Norton*, wurde jedoch auf mittlere Unternehmen zugeschnitten.

1. Einführungsworkshop	Der Projektleiter macht die Beteiligten mit den Grundlagen der BSC vertraut und erkundet die Intentionen des Top Managements.

⇩

2. Unternehmensanalyse **Erste Interviews**	Der Projektleiter und sein Team nehmen eine strategische Analyse vor und stellen Verknüpfungen und Schnittstellen fest. Während dieser Phase werden auch erste Interviews mit dem Top Management und dem Middle Management geführt. Vorstellungen über Vision, Strategie, Ziele, Perspektiven und detaillierte Vorgehensweisen kristallieren sich heraus.

⇩

3. Erster Entscheidungsworkshop	Information des Managements über die Ergebnisse der Interviews durch den Projektleiter. Konkrete Vorschläge für die Umsetzung der Vision in Strategien und für die Zielsetzung in den einzelnen Perspektiven sowie für die zu verwendenden Maßgrößen (Kennzahlen). Erste Entscheidungen durch das Top Management.

⇩

4. Intensive Schulung des Projektteams	Schulung der Teammitglieder über grundsätzliche Fragen der BSC (falls nicht bereits geschehen), die Erarbeitung von Maßgrößen, die Formulierung von Zielen u. Ä.

Erste prak- tische Arbeit	Auf Basis der Entscheidungen des ersten Entscheidungswork-shops werden die strategischen Zielsetzungen präzisiert, die Kennzahlen identifiziert und die Verbindung zwischen den Kennzahlen innerhalb der Perspektiven und zwischen den Perspektiven hergestellt.

⇩

5. Zweiter Ent- scheidungs- workshop	Entscheidung des Top Managements nach Rücksprache mit den nachfolgendenEbenen über die strategischen Ziele je Ebene und die zu ermittelnden Kennzahlen. Fixierung des Ergebnisses des Workshops in einer Informationsbroschüre, die die Intentionen, Inhalte und Vorteile der BSC enthält. Die Broschüre ist Grundlage für Weiterentwicklungs- und Verbesserungsvorschläge durch die Mitarbeiter.

⇩

6. Umsetzungs- planung	Erstellen eines Umsetzungsplans, der Angaben enthält, wie die Kennzahlen mit den Datenbanken und Informationen zu verknüpfen sind, damit die BSC dem ganzen Unternehmen vermittelt werden kann. Der Plan soll auch die Einführung der BSC auf allen Ebenen vorbereiten.

Ein **zweites Einführungskonzept** wird von deutschen Unternehmensberatern praktiziert und stellt sich wie folgt dar *(Probst)*.

1. Strategy Assessment	○ Analyse vorhandener Informationen und strategisch wichtiger Prozesse ○ Bewertung der Informationsstruktur ○ Festlegung des Umsetzungsbereichs ○ Konsensfindung ○ Projektkonzeption

⇩

2. Scorecarding	○ Definition der strategischen Ziele ○ Analyse der Ursache-/Wirkungsbeziehungen ○ Definition von Maßgrößen ○ Maßnahmenkatalog ○ Umsetzungsplanung

⇩

3. Roll Out	○ Anpassung strategisch relevanter Prozesse (Zielvereinbarung, Planung usw.) ○ Abstimmung aller Elemente der BSC ○ Zuordnung von Kennzahlen

Sie sind Vorstandsassistent in einem Unternehmen der Nahrungs-
mittelindustrie. Im Unternehmen sind rund 600 Mitarbeiter beschäftigt, der Umsatz belief sich im letzten Geschäftsjahr auf ca. 80 Mio.
Euro. Die Aktiengesellschaft hat drei Vorstandsmitglieder.

Sie erhalten vom Vorstand den Auftrag, eine Grobplanung für die
Einführung der Balanced Scorecard vorzunehmen. Worauf wird
sich diese erstrecken?

Seite 219

3.4 Durchsetzung der Balanced Scorecard

Die Balanced Scorecard ist ein Konzept, das vom Top Management initiiert und
gesteuert wird, jedoch das Ergebnis von Managern und Mitarbeitern mehrerer
Hierarchiestufen ist. Die BSC soll so konzipiert und im Unternehmen kommuniziert sein, dass sich ein Großteil der Mitarbeiter mit ihr identifizieren und zu ihrer
Weiterentwicklung und Verbesserung beitragen kann.

Bei der Durchsetzung der Balanced Scorecard ergeben sich folgende Aufgaben:

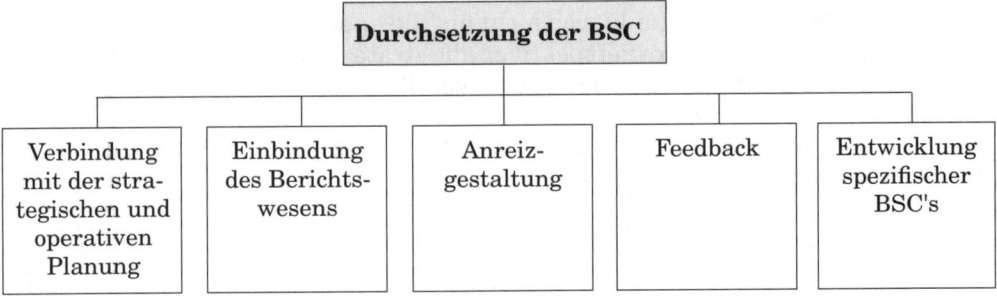

3.4.1 Verbindung mit der strategischen und operativen Planung

Die **strategische Planung** und die Balanced Scorecard sind nicht identisch. Die
strategische Planung bestimmt die Strategien für das Unternehmen und seine
Teilbereiche für einen längeren Zeitraum. Sie legt fest, was getan werden muss, um
Chancen zu nutzen, Risiken zu minimieren, Stärken zu erhalten und Schwächen
zu beseitigen.

Die Balanced Scorecard trägt dazu bei, die Strategien zu präzisieren, im Unternehmen zu kommunizieren und sie durchzusetzen.

Die strategische Planung kann als ein „Hauptlieferant" der Balanced Scorecard
betrachtet werden, die BSC trägt zur Realisierung, oft auch zur Verbesserung der
Strategie bei. Es ergeben sich folgende Zusammenhänge:

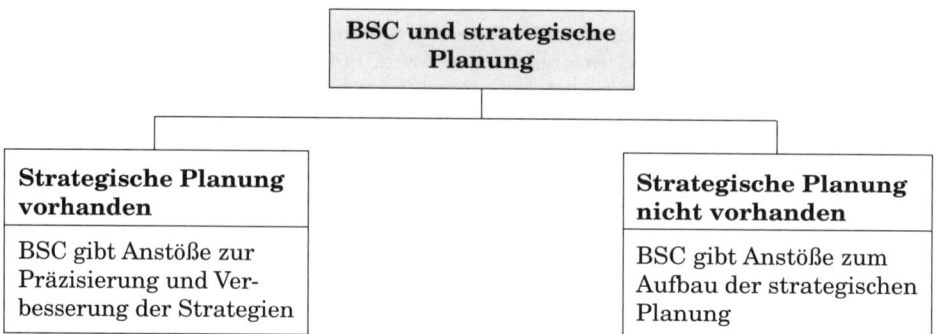

Die BSC kann dazu beitragen, das häufig beobachtete Nebeneinander und teilweise Auseinanderklaffen von strategischer und operativer Planung zu beseitigen. Hauptsächlich zwei **Gründe** machen dies möglich:

❑ Die Maßnahmen, die zur Durchsetzung der Strategien erforderlich sind, müssen um die Durchsetzung zu ermöglichen, budgetiert werden und münden in die operative Planung. Dadurch orientiert sich diese unmittelbar an den strategischen Zielen.

❑ Die operative Planung wird über den strategischen Bereich um wichtige Bereiche erweitert. Die BSC beschränkt sich nicht auf die finanzielle Perspektive, sondern berücksichtigt noch weitere Perspektiven, die strategische Maßnahmen bedingen. Diese münden letztendlich in den operativen Bereich.

Die folgende Darstellung *(Horváth)* zeigt die Verbindung zwischen Strategien und Budgets und damit der strategischen mit der operativen Planung.

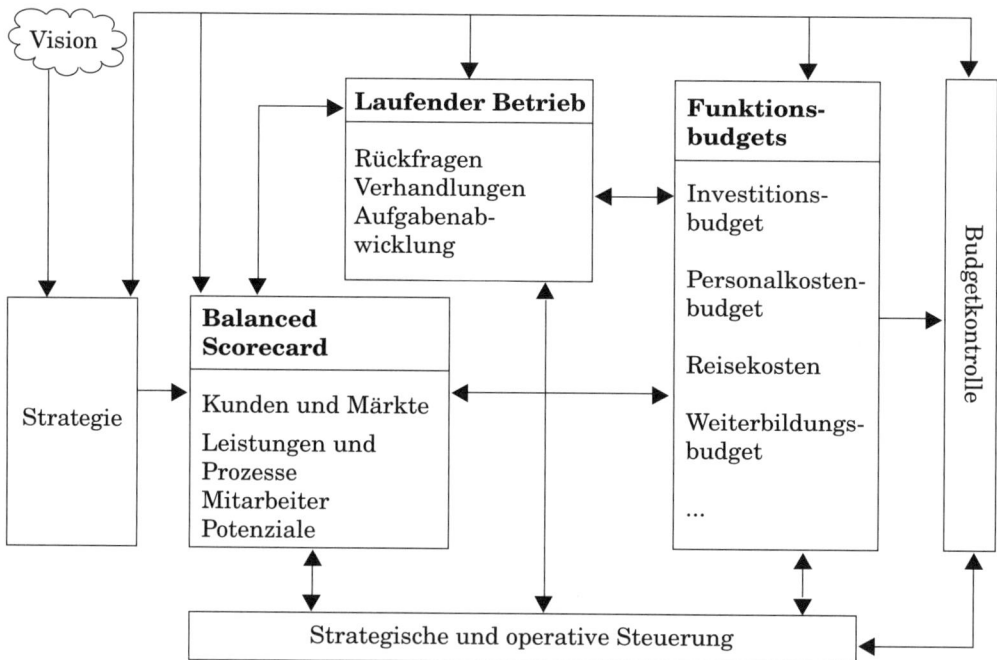

3.4.2 Einbindung des Berichtswesens

Die Balanced Scorecard kann zu einer Verbesserung des Berichtswesens, vor allem des häufig vernachlässigten strategischen Berichtswesens, beitragen.

Viele klassische Berichtsinhalte sind in der BSC enthalten. Durch Herausfiltern entsprechender Informationen aus den einzelnen Perspektiven der BSC kann ein aussagefähiges Berichtswesen entstehen.

Beispielsweise ergeben sich wichtige finanzielle Informationen wie Umsätze, Deckungsbeiträge insgesamt und je Kunde oder Verkaufsgebiet aus der Finanzperspektive und Kundenperspektive. Wichtige Informationen aus dem Personalbereich enthält die Lern- und Entwicklungsperspektive.

3.4.3 Anreizgestaltung

Anreizsysteme können an die Balanced Scorecard angebunden werden. Vor allem für Mitarbeiter, die primär in strategischen Dimensionen denken müssen, und sich mit strategischen Grundsatzfragen befassen, ist ein solches System geeignet.

Für ein Anreizsystem sind besonders **strategierelevante Kennzahlen** geeignet, die als Vorgabe- und Kontrolldaten dienen können.

3.4.4 Feedback

Die Balanced Scorecard ist kein statisches System, sondern bedarf der permanenten Kontrolle und Anpassung an sich ändernde Verhältnisse.

Strategische Feedbackprozesse analysieren, überprüfen und bestätigen die Strategie und ihre Umsetzung und fördern damit den strategischen Lernprozess.

Bereits ein intensives, systematisches Nachdenken der Unternehmensleitung über ihre Strategie stellt einen Feedbackprozess dar. In der Literatur werden qualitative und quantitative Ansätze vorgestellt. *Kaplan / Norton* empfehlen folgende **Ansätze**:

❏ Korrelationsanalyse zum Messen der Korrelation zwischen mehreren Maßgrößen
❏ Unternehmensplanspiele/Szenarioanalysen
❏ Erfolgsstories
❏ Peer Review (Einholen der Perspektiven unabhängiger Dritter)
❏ Teamorientierte Problemlösung

(ausführlicher *Kaplan / Norton*, *Eschenbach / Haddad*).

45 Ein junger Betriebswirt hat beim Aufbau und bei der Durchsetzung der BSC mitgewirkt. Im Kreise seiner Kollegen macht er die Äußerung, jetzt habe man ein „Jahrhundertwerk" geschaffen und das Management könne eine längere Zeit mit diesem Instrument arbeiten.

Was hat der Betriebswirt nicht berücksichtigt?

Seite 219

3.4.5 Entwicklung spezifischer Balanced Scorecards

Die bisherigen Ausführungen gingen davon aus, dass **eine** Balanced Scorecard für das ganze Unternehmen entwickelt wird. Es besteht jederzeit die Möglichkeit, Balanced Scorecards für einzelne Bereiche zu entwickeln.

„Wenn eine BSC einmal für eine SGE entworfen wurde, wird sie zum Ausgangspunkt für Balanced Scorecards für Abteilungen und Funktionseinheiten in der SGE. Missions- und Strategiestatements für Abteilungen und Funktionseinheiten können im Rahmen der durch die Geschäftseinheiten definierten Mission, Strategie und Scorecards definiert werden. Manager von Abteilungen und Funktionseinheiten können ihre eigenen Scorecards entwickeln, die mit Mission und Strategie der SGE im Einklang stehen und unterstützend wirken. Auf diese Weise führt die Geschäftseinheiten-BSC stufenweise herab zu den einzelnen Verantwortungszentren in der SGE und erlaubt dieser wiederum gemeinsam auf die SGE-Ziele hin zu arbeiten" (Kaplan / Norton).

Die BSC kann in **zwei Richtungen** weiterentwickelt werden:

❏ In der **horizontalen Ausdehnung** bezieht sie sich auf Unternehmensbereiche auf gleicher Ebene, auf selbstständige Unternehmensteile und Unternehmensgruppen.

❏ In der **vertikalen Ausdehnung** sind nachfolgende Hierarchiestufen betroffen. Man spricht dabei vom **Herunterbrechen**. Auf diese Form wird im Folgenden eingegangen.

Durch das Herunterbrechen sollen folgende **Ziele** erreicht werden:

• Ermittlung bzw. Konkretisierung der Ziele für die einzelnen Bereiche

• Identifikation mit der Unternehmensstrategie und deren Umsetzung in dem eigenen Bereich

• Verstärkung der Motivation der Mitarbeiter und Identifikation mit dem Unternehmen

• Deutliches Herausstellen von Verantwortlichkeiten

• Ausrichtung der Mitarbeiter auf strategische Aufgaben.

Wie tief die Balanced Scorecard heruntergebrochen wird, wird unternehmensindividuell festgelegt. Das Herunterbrechen ist bis zum einzelnen Mitarbeiter möglich. Die Grenze bestimmen Wirtschaftlichkeit und Übersichtlichkeit.

Für das Herunterbrechen der Balanced Scorecard stehen folgende **Methoden** zur Verfügung:

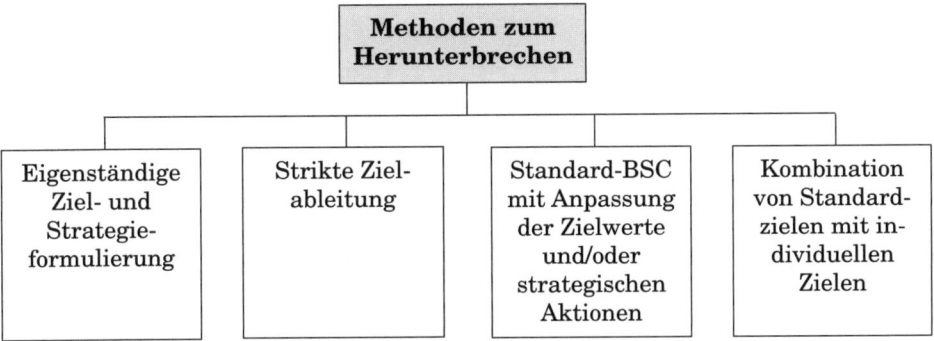

Das wichtigste **Prinzip**, das beim Herunterbrechen der Balanced Scorecard beachtet werden muss, besteht in der Forderung nach Übereinstimmung der Bereichs-BSC mit der Unternehmens-BSC.

Für das Herunterbrechen der Balanced Scorecard wird in Anlehnung an *Horváth & Partner* folgende **Vorgehensweise** vorgeschlagen:

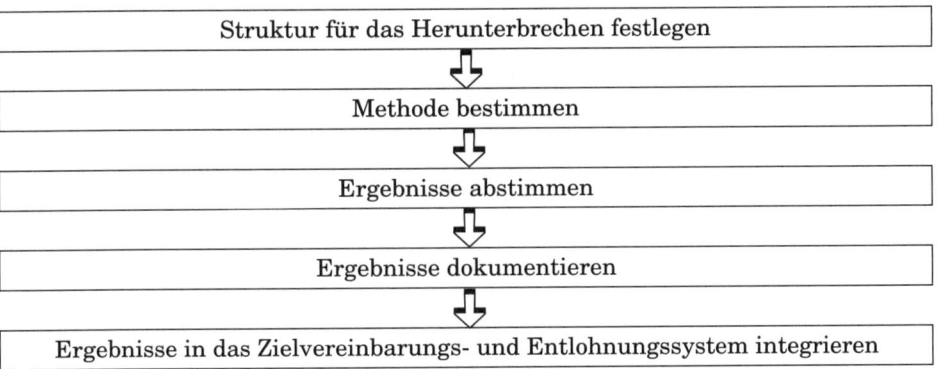

Es würde zu weit führen, ginge man hier auf Einzelheiten ein. Es wird auf die mittlerweile recht umfangreiche Literatur hingewiesen, u. a. auf *Ehrmann, Friedag / Schmidt, Horváth, Kaplan / Norton, Probst, Völker / Appun.*

Abschließend wird ein Auszug aus einer Balanced Scorecard wiedergegeben, welche die vorstehenden Ausführungen zusammenfasst:

Auszug aus einer Balanced Scorecard	Strategische Ziele	Messgrößen	Zielwerte 20..	Strategische Aktionen
Finanzielle Perspektive: Was für Zielsetzungen leiten sich aus den finanziellen Erwartungen unserer Kapitalgeber ab?	CFROI deutlich steigern	CFROI	18 %	In den folgenden Perspektiven definiert
	Konkurrenzfähige Kostenstruktur aufbauen	% Gesamtkosten vom Umsatz % Vertriebs- und Verwaltungskosten	80 % 7 %	In den folgenden Perspektiven definiert
	Internationales Wachstum vorantreiben	Gesamtumsatz % Umsatz nicht EU/ nicht USA	2 Mrd. € 900 Millionen €	Marktstudie „Mittel-Ost-Europa" Task Force „Pacific"
Kundenperspektive: Welche Ziele sind hinsichtlich Struktur und Anforderungen unserer Kunden zu setzen, um unsere finanziellen Ziele zu erreichen?	Affordable but good: Einfachgeräte am Markt positionieren	Marktanteil im Massensegment Bewertungsindex Händler	12 % 75 Indexpunkte	Marketingoffensive Einrichtung Händlerforum
	Excellenz in copying im Hochpreissegment	Marktanteil im Hochpreissegment Imagewerte Zielkunden	16 % 88 Indexpunkte	Designstudie Überarbeitung Marketingmaterial
	Funktionssicherheit erhöhen	Anzahl Störfälle	– 45 %	Technikumstellung RCP Projektgruppe „No excuses"
	Kundenbetreuung aktiver gestalten	Wiederverkaufsquote Besuche/Zielkunde	75 % 2 p.a.	Key Account Management Ausrichtung Vertriebsmeeting
Prozessperspektive: Welche Ziele sind hinsichtlich unserer Prozesse zu setzen, um die Ziele der Finanz- und Kundenperspektive erfüllen zu können?	Produkte standardisieren	Gleichteilkosten in Relation zu den gesamten Materialkosten	65 %	Benchmarking mit Hyoto Baukastenanalyse
	Synergien nutzen	Personalkosten in % vom Umsatz Synergiebericht	8,5 % Kein Zielwert	Synergieleitfaden erarbeiten Synergiezirkel initiieren
	Fertigungstiefe an Kernkompetenzen anpassen	Kerntechnologiequote	80 %	Definition der Kernkompetenzen Anpassung Fertigungslayout
	Interne Kundenorientierung erhöhen	Schnittstellenbefragungsindex	75 Indexpunkte	Synergiezirkel initiieren (w.o.) Einführung Prozessmanagement
Potenzialperspektive: Welche Ziele sind hinsichtlich unserer Potenziale zu setzen, um den aktuellen und zukünftiger Herausforderungen gewachsen zu sein?	Entwicklungskompetenz steigern	Assessmentwerte (durch F&E, Vertrieb, Produktion, Management)	80 Indexpunkte	Recrutierungsoffensive Partnerschaft mit Uni Stuttgart
	Neue Medien nutzen	Bestellvorgänge über Internet	+ 125 %	Neugestaltung Homepage Web Auftritt offensiv bewerben
	Mitarbeitermotivation erhöhen	Austritte von Key Employees Mitarbeiterbefragungswerte	3 % 85 % Indexwerte	Einführung Mitarbeiterbefragung Feedbacksysteme überarbeiten

Quelle: *Horváth & Partner*

46

In diesem Kapitel wurde die vertikale Ausdehnung der Balanced Scorecard, ihr Herunterbrechen, beschrieben.

Legen Sie dar, was für die vertikale Ausdehnung der BSC spricht und welche Methode Sie für das Herunterbrechen einsetzen würden.

Seite 219

47

Erläutern Sie, was unter den in diesem Kapitel behandelten Begriffen zu verstehen ist!

❑ Implementierung
❑ Globalmaßnahmen
❑ Einzelmaßnahmen
❑ Budgetierung
❑ Balanced Scorecard
❑ Ursache-/Wirkungs-
  beziehungen

❑ Perspektiven
❑ Maßgrößen
❑ Spätindikatoren
❑ Herunterbrechen

Seite 219

F. Strategische Kontrolle

Unter **Kontrolle** versteht man einen Prozess, in dessen Verlauf Abweichungen durch den Vergleich zweier oder mehrerer Größen ermittelt und analysiert werden.

Die **strategische Kontrolle** begnügt sich nicht mit dem Vergleich vorliegender Ergebnisse, sondern überprüft die Planung im Hinblick auf ihre Prämissen, Prozesse und Ergebnisse.

Jede Planung bedarf der Kontrolle, soll sie den ihr gestellten Aufgaben gerecht werden. Der von *Wild* geprägte Satz „Planung ohne Kontrolle ist sinnlos, Kontrolle ohne Planung unmöglich" gilt nach wie vor für jedes planende Unternehmen und für jede Planungsart. Die strategische Planung erstreckt sich auf Bereiche, die Existenz und Entwicklung des Unternehmens bestimmen, deshalb ist es umso wichtiger, sie der Überprüfung zu unterziehen. Dennoch muss leider festgestellt werden, dass in zahlreichen Unternehmen die operative Planung intensiver kontrolliert wird als die strategische.

Im Rahmen der strategischen Kontrolle wird auf folgende Bereiche eingegangen:

Strategische Kontrolle	Wesen der strategischen Kontrolle
	Bausteine der strategischen Kontrolle
	Kontrollsystem

1. Wesen

Die strategische Kontrolle ist ein Führungsinstrument, dem manche Autoren den gleichen Rang einräumen wie der strategischen Planung. Auch wenn man ihre Bedeutung nicht so hoch ansiedelt, ist die strategische Kontrolle ein wichtiges, die strategische Planung begleitendes und ergänzendes Instrument.

Zur Erläuterung des Wesens der strategischen Kontrolle werden dargestellt:

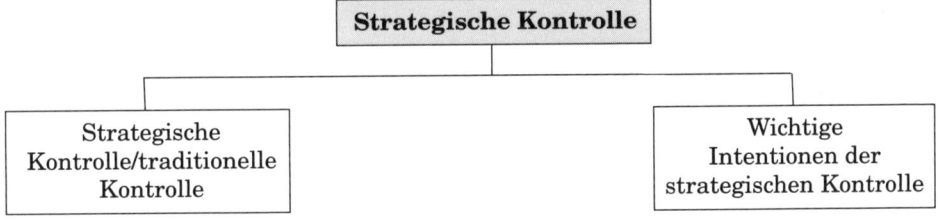

1.1 Strategische Kontrolle/traditionelle Kontrolle

Die strategische Kontrolle, wie sie heute in der Regel konzipiert ist, wurde erst in den achtziger Jahren entwickelt. Sie löste sich von der Auffassung, der Kontrollprozess müsse sich an den Planungsprozess anschließen, vielmehr wurde sie zu einem planungsbegleitenden Vorgehen mit zusätzlichen Aufgaben.

Die Hauptunterschiede zwischen den beiden Auffassungen sind in der folgenden Übersicht enthalten *(Bea / Scheurer)*, sie skizzieren gleichzeitig in groben Zügen die Vorgehensweisen.

Vergleichs-merkmale	Traditionelle Kontrolle	Strategische Kontrolle
Kontroll-aufgabe	Reiner Soll-Ist-Vergleich i. S. einer Endergebniskontrolle mit einer zusätzlichen Analyse der Abweichungsursachen	Vor der Endergebniskontrolle sind die Prämissenkontrolle, die Planfortschrittskontrolle sowie die Richtigkeit der Planung von Bedeutung
Kontrollgrößen	Es werden nur quantifizierbare Größen (sog. hard facts) kontrolliert (z. B. Einhaltung von Budgetvorgaben)	Neben quantifizierbaren Größen werden auch qualitative Größen (sog. soft facts) kontrolliert (z. B. Ausbildungsstand des Personals)
Kontrollaus-richtung	Unternehmensintern ausgerichtet und punktuell fixierte Kontrolle (sog. gerichtete Kontrolle)	Sowohl auf die internen als auch auf die externen Erfolgsfaktoren der Unternehmung ausgerichtete Rundumkontrolle (sog. ungerichtete Kontrolle, „strategisches Radar")
Kontrollzeit-punkt	Die Kontrolle erfolgt einmalig nach der Planrealisation (Ex-post-Kontrolle)	Die Kontrolle erfolgt in einem kontinuierlichen, die Planung begleitenden Prozess

1.2 Wichtige Intentionen der strategischen Kontrolle

Die strategische Kontrolle steht wie die strategische Planung im Dienste der Sicherung von Erfolgspotenzialen. Sie ist nicht als Feedback-Kontrolle anzusehen, sondern dient primär Steuerungszwecken. Versäumnisse und Fehler machen sich im strategischen Bereich in der Regel nur langfristig bemerkbar, deshalb hat die strategische Kontrolle nicht die Intention, Fehler, die in der Vergangenheit entstanden sind, aufzudecken, sondern versucht Inhaltspunkte für erforderliche Kurskorrekturen zu finden *(Jenner)*.

Die wichtigsten Intentionen der strategischen Kontrolle sind:

❑ Abkehr von der reinen Endergebniskontrolle durch laufende kritische Begleitung der strategischen Planung

❑ Evaluierung der langfristigen Erfolgsaussichten strategischer Handlungsprogramme und Ermöglichung einer schnellen Anpassung an auftretende Probleme *(Jenner)*

❑ Feststellung der Gültigkeit von Planungsprämissen

❑ Feststellung der Abweichung von (Zwischen-) Zielen

❑ Berücksichtigung von Alternativen, die zum Zeitpunkt der strategischen Planung vernachlässigt wurden, später jedoch eine Rolle spielen

❑ Aufdecken von Bedrohungen des bestehendes Kurses und Initiieren von Maßnahmen zur Kurskorrektur *(Bea / Haas)*.

Auf die Bausteine, die bei der Realisierung der Intentionen eingesetzt werden, wird in Kapitel E. 2. eingegangen.

1.3 Rechtsvorschriften und strategische Kontrolle

Gesetzliche Vorschriften spielen für die strategische Kontrolle höchstens eine untergeordnete Rolle. Das am 1. Mai 1998 in Kraft getretene Gesetz zur Kontrolle und Transparenz im Unternehmensbereich (KonTraG) wird im Zusammenhang mit der strategischen Kontrolle gesehen. Das Gesetz gilt vor allem für börsennotierte Gesellschaften, hat aber auch Auswirkungen auf andere Unternehmen. Die Vorschriften des KonTraG finden ihren Niederschlag vor allem im Handelsgesetzbuch, Aktiengesetz, Publizitätsgesetz und Genossenschaftsgesetz (vgl. Kap. C. 3.1).

Die wichtigste Vorschrift des Gesetzes betrifft Änderungen des § 91 AktG. Er verpflichtet den Vorstand „geeignete Maßnahmen zu treffen, insbesondere ein Überwachungssystem einzurichten, damit den Fortbestand der Gesellschaft gefährdende Entwicklungen früh erkannt werden."

Im Mittelpunkt dieser Bestimmungen steht die Entwicklung eines Überwachungssystems und die Einrichtung eines Frühwarnsystems sowie die Konzipierung von Kommunikationsstrukturen zur Sicherstellung der frühen Risikoerkennung.

Weitere Vorschriften des KonTraG beziehen sich auf die Berichte des Vorstandes an den Aufsichtsrat (§ 90 AktG), die Aufstellung des Lageberichtes (§§ 289, 315 HGB), in dem auf die Risiken der künftigen Entwicklung einzugehen ist und auf die Prüfung des Jahresabschlusses (§ 317 HGB) und den Prüfungsbericht (§ 321 HGB).

Betrachtet man das Gesetz selbst und dessen Begründung, speziell zum § 91 AktG, kann man folgende **Mindeststandards für Kontrollsysteme** ableiten *(Grof)*:

❑ Nachweis von Maßnahmen zur systematischen Erfassung und Identifikation wesentlicher Risiken

❑ systematische Risikobewertung und -steuerung wesentlicher Risiken

❑ systematische Institutionalisierung von Controlling- und Innenrevisionsfunktionen

❑ Gewährleistung von Risikoberichten an die Leitungs- und Überwachungsorgane über wesentliche Risiken

❑ Systemdokumentation.

Auch wenn das KonTraG einige wichtige Kontrollvorschriften enthält, kann ihr Befolgen eine strategische Kontrolle nicht ersetzen. Zum einen gelten die Vorschriften nur für einen beschränkten Unternehmenskreis, und zum anderen sind ihre Inhalte nicht umfassend. Das Vorhandensein einer strategischen Kontrolle hingegen erleichtert es dem Unternehmen die Bestimmungen des KonTraG einzuhalten.

Ein mittelständisches Unternehmen der Nahrungs- und Genussmittelindustrie hat eine strategische Planung eingeführt und möchte auch eine strategische Kontrolle entwickeln. In einer Besprechung äußert das für das Rechnungs- und Finanzwesen zuständige Mitglied der Unternehmensleitung, der Aufbau eines eigenen Kontrollsystems sei überflüssig, man verfüge ja über eine funktionierende interne Revision.

Nehmen Sie Stellung zu dieser Aussage!

Seite 219

2. Bausteine

Eine Kontrollkonzeption setzt sich stets aus mehreren Bausteinen zusammen. Eine verbreitete Konzeption geht auf *Schreyögg / Steinmann* zurück und berücksichtigt folgende Bausteine:

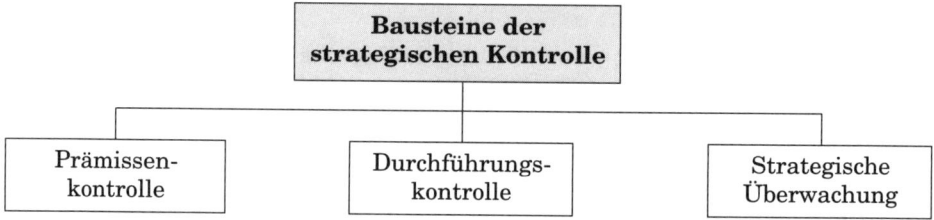

2.1 Prämissenkontrolle

Die Prämissenkontrolle überprüft die explizit gemachten Plannahmen laufend auf ihre Gültigkeit hin.

Die strategische Planung ist ein in die Zukunft gerichtetes Instrument und deshalb auf Prognosen angewiesen. Diese werden als Prämissen in der Planung eingesetzt. Da bei Prognosen immer die Gefahr der Unsicherheit besteht, ist eine Prämissenkontrolle erforderlich, die die fortwährende Gültigkeit der zu Grunde liegenden Planungsprämissen überprüft *(Schreyögg / Steinmann)*. Im Mittelpunkt der Überprüfung steht das Weitergelten der gegenwärtigen Erfolgspotenziale. Es ist festzustellen, ob die Entscheidungen zum Aufbau von Erfolgspotenzialen noch vertretbar sind.

Die Prämissen können sich auf unternehmensinterne und -externe Faktoren erstrecken. Es kann sich dabei um Marktdaten, technische Entwicklungen, Lohnabschlüsse oder die Verfügbarkeit verschiedener Ressourcen handeln.

Bei der Identifizierung von Planungsprämissen kann unterschieden werden zwischen *(Böcker)*

❑ **Tatbestandsbeschreibungen**, die sich auf Eigenschaftsdimensionen der Verbraucher, der Wettbewerber und des eigenen Unternehmens beziehen. „Veränderungen der Verbraucherbedürfnisse, die zu einem Bedeutungsverlust unternehmerischer Fähigkeiten führen und/oder Entwicklungen im Wettbewerbsumfeld, die neue Herausforderungen schaffen, können das marktliche Potenzial verändern und die Gültigkeit der zu Grunde liegenden Planungsprämissen infrage stellen" *(Jenner)*. Darüber hinaus müssen auch die Ressourcen und Fähigkeiten des Unternehmens und die Faktoren, die auf deren Entwicklung einwirken, in die Überprüfung einbezogen werden.

❑ **Wenn-dann-Aussagen**, die sich im Anschluss an die Feststellung von Tatbestandsveränderungen ergeben. Die Herstellung von Ursache-Wirkungszusammenhängen soll verhindern, dass gegenwärtige Zustände, insbesondere Erfolge, in die Zukunft fortgeschrieben werden. Unabhängig von den gegenwärtigen Möglichkeiten wird versucht, Marktchancen zu entdecken und Fähigkeiten und Ressourcen zur Wahrnehmung der Chancen zu erkennen. Ein Vergleich zwischen den benötigten und den verfügbaren Potenzialen schließt sich an.

Die strategische Prämissenkontrolle soll nicht nur gewährleisten, dass die entscheidenden Faktoren der Realität in die strategische Planung Eingang finden, sondern sie versucht auch Entwicklungen, die sich nicht allein aus der heutigen Situation ergeben, zu erfassen.

2.2 Durchführungskontrolle

Während die Prämissenkontrolle parallel zur strategischen Planung erfolgt, sie von der Festlegung der Strategien bis zu deren Implementierung begleitet, setzt die Durchführungskontrolle erst mit der Strategieimplementierung ein. Sie hat die Aufgabe, zu erkennen, ob durch Störungen, die bei der Implementierung der Strategie festgestellt werden, oder bei Abweichungen von strategischen **Zwischenzielen** der eingeschlagene strategische Kurs gefährdet wird.

Voraussetzung für die Durchführungskontrolle ist das Vorhandensein eindeutig definierter Zwischenziele. Diese werden auch als **Meilensteine** oder **milestones** bezeichnet. Diese lassen sich bei einigen Strategien ohne weiteres festlegen. Erstreckt sich ein strategisches Ziel etwa auf die Erhöhung des ROI, ist die Formulierung von Zwischenzielen unproblematisch. Anders verhält es sich bei strategischen Zielen, die nicht oder nicht ohne weiteres quantifizierbar sind, etwa im Personalbereich oder im F&E-Bereich dürfte es unmöglich sein, Meilensteine zu fixieren.

2.3 Strategische Überwachung

Der dritte Baustein der strategischen Kontrolle, die strategische Überwachung, stellt eine „globale, ungerichtete Kontrolle", eine umfassende Rundumkontrolle dar. Sie wird vorgenommen, um kritische Ereignisse, die den Bestand des Unternehmens gefährden können und die bisher übersehen oder falsch eingeschätzt wurden, möglichst früh zu erkennen *(Kreikebaum)*. Ähnlich äußert sich *Hasselberg*, der feststellt: „die Aufgabe dieser strategischen Überwachung liegt in einer kontinuierlichen, ungerichteten Beobachtung der externen und internen Umwelt auf bisher vernachlässigte oder unvorhergesehene Ereignisse, die eine Bedrohung für die gewählte strategische Ordnung der Unternehmung bedeuten können. Sie fungiert quasi als ein „strategisches Radar", das die Umwelt gewissermaßen flächendeckend auf strategiegefährdende Informationen hin überwacht".

Betrachtet man die Aufgaben der Prämissenkontrolle und vor allem der strategischen Überwachung, erkennt man die Nähe zu Früherkennungs- bzw. Frühwarnsystemen. Diese sind besondere Informationssysteme, die dazu dienen, sich anbahnende Entwicklungen mit dem zeitlichen Vorlauf zu erkennen, der rechtzeitig Gegenmaßnahmen zur Minderung oder Abwehr der entstehenden Störungen initiiert. Eine besondere Bedeutung haben die Frühwarnsysteme der dritten Generation, die die Erkennung der „schwachen Signale" (strategischer Radar) zum Gegenstand haben. Diese Signale spielen auch in der strategischen Überwachung eine wichtige Rolle. Auf Frühwarnsysteme wurde bereits im Rahmen der Darstellung der Analyse von Umwelt und Unternehmen (vgl. Kap. C. 3.) eingegangen, es wird auf die entsprechenden Ausführungen hingewiesen.

Die folgende Darstellung gibt das dieser Ausführung zu Grunde gelegte **Konzept** von *Schreyögg / Steinmann* wieder.

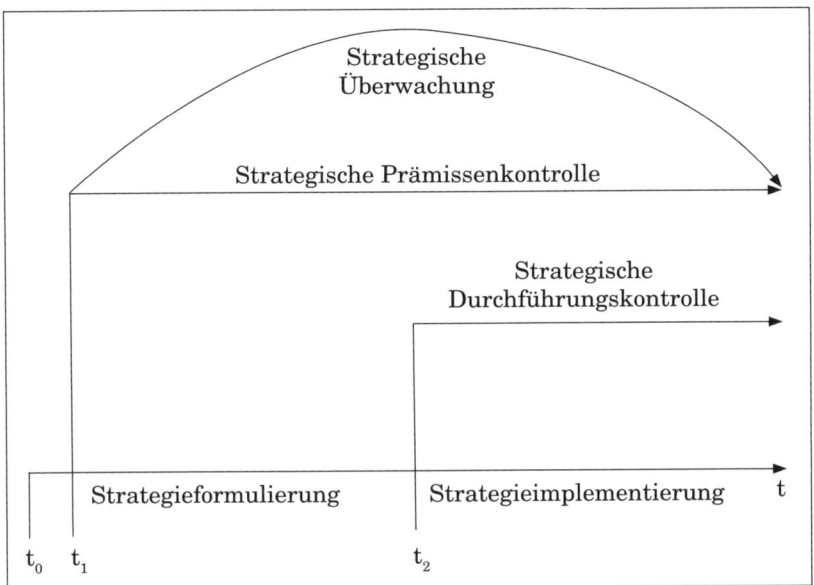

2.4 Ergänzung des Drei-Bausteine-Konzeptes durch die Kontrolle der Potenziale

Wird während des Prozesses der strategischen Überwachung festgestellt, dass die gewählte strategische Orientierung nicht beibehalten werden kann, also ein „Richtungswechsel" vorgenommen werden muss, ist zu untersuchen, ob das Unternehmen über die dafür erforderlichen Potenziale verfügt. Die Technologie, das Personal und die Produktion werden als die wesentlichen Potenziale genannt. Es wird also die Notwendigkeit gesehen, die Kontrolle der Potenziale als einen weiteren Baustein der strategischen Kontrolle einzusetzen. Damit wird neben den Kontrollen, die am Plan selbst ausgerichtet sind, eine Kontrolle der **Entwicklungsfähigkeit** des Unternehmens vorgenommen.

Ein Unternehmen ist entwicklungsfähig, wenn es ihm gelingt, Veränderungen in der Unternehmensumwelt zu erkennen und darauf effektiv zu reagieren. Ein Problem ergibt sich bei der Messung der Entwicklungsfähigkeit, da sich viele Merkmale nicht quantifizieren und damit nur schwer messen lassen. Die Ansprüche an die Messverfahren sind sehr hoch, sie sollen Ausdruck der Entwicklungsfähigkeit eines Unternehmens sein und auch eine Verbindung zu finanziellen Kennzahlen herstellen *(Bea / Haas)*. Im Folgenden wird eine Übersicht der „Väter" der Kontrolle der Potenziale *Bea / Haas* vorgestellt, die die Potenziale, ihre Merkmale und Verfahren der Messung enthält.

Potenziale	Merkmale	Verfahren der Messung
(1) Leistungspotenziale ○ Beschaffung	Abhängigkeit von Lieferanten	ABC-Analyse
	Qualität der Vorprodukte	Zahl der Mängel
○ Produktion	Fertigungstiefe	Wertschöpfungsquote
	Kostenstruktur	Verhältnis von direkten zu indirekten Kosten
○ Absatz	Produktqualität	Zahl der Mängel
	Altersaufbau der Produkte	Position der einzelnen Geschäftsfelder im Portfolio
○ Personal	Alter	Alterspyramide
	Lernbereitschaft	Häufigkeit von Schulungen
	Motivation	Personalfluktuation
○ Kapital	Standing am Kapitalmarkt	Kursentwicklung der eigenen Aktie im Verhältnis zum DAX
	Verschuldungsgrad	Verhältnis von Eigenkapital zu Fremdkapital
○ Technologie (Forschung und Entwicklung)	Innovationsbereitschaft	Zahl der Neuentwicklungen
	Forschungsaufwand	Verhältnis von Aufwand für Forschung und Entwicklung zum Gesamtaufwand
(2) Führungspotenziale ○ Planung	Flexibilität	Fristigkeit der Pläne, Bereitschaft zur Änderung der Pläne
	Planungstechniken	Anspruchsniveau der Planungstechniken
○ Kontrolle	Standardisierung der Kontrolle	Häufigkeit von Kontrollvorgängen
	Kontrolltechniken	Anspruchsniveau der Kontrolltechniken
○ Information	Aktualität der Unternehmensrechnung	Kostenrechnungssystem
	Aktualität der Umweltanalyse	Früherkennungssysteme
○ Organisation	Grad der Dezentralisierung	Zahl von Hierarchieebenen
	Kooperationsfähigkeit mit anderen Unternehmen	Zahl der Vereinbarungen mit anderen Unternehmen
○ Unternehmenskultur	Stärke der Unternehmenskultur	Befragungen
	Grad der Außenorientierung	Häufigkeit von Kontakten mit anderen Unternehmen

3. Strategisches Kontrollsystem

Die strategische Kontrolle ist ein komplexer Prozess mit einer Fülle von Aufgaben, die einer Ordnung bedürfen und in ein bestimmtes System gebracht werden müssen.

Ein strategisches Kontrollsystem enthält folgende **Elemente**:

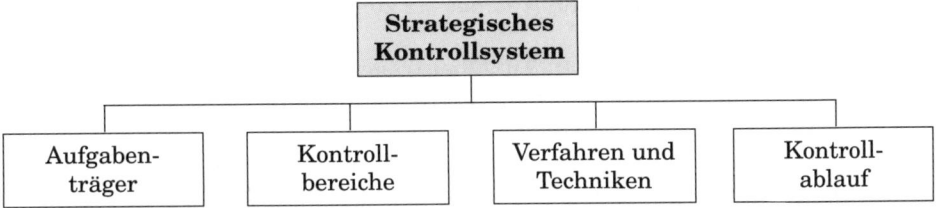

3.1 Aufgabenträger

Wer als Kontrollträger infrage kommt, hängt ab von:

❏ der Größe des Unternehmens
❏ der Struktur des Unternehmens
❏ dem verfügbaren Mitarbeiterpotenzial.

Die strategische Kontrolle ist wie die strategische Planung eine Führungsaufgabe, folglich muss sie auch von der Unternehmensführung ausgehen. Da diese die einzelnen Kontrollaufgaben nicht selbst ausführen kann, ergibt sich die Frage, an welche internen oder externen Stellen die Kontrolle teilweise oder ganz delegiert werden kann.

3.1.1 Interne Stellen

Kontrollfunktionen können im Unternehmen wahrgenommen werden:

❏ vom Controlling
❏ von eigens eingerichteten Stäben
❏ von zentralen Kontrollbereichen
❏ von Ausschüssen und Kommissionen.

Für den Einsatz des **Controlling** sprechen die Sachkenntnis über die wichtigsten Unternehmensbereiche und die Mitwirkung bei der Planung.

Eigens **eingerichtete Stäbe**, die der Unternehmensführung unmittelbar unterstellt sind, übernehmen einzelne Kontrollaufgaben und sind vor allem in der Informationsbeschaffung und im Rahmen von Koordinierungsmaßnahmen tätig.

Zentrale Kontrollbereiche, die mit zentralen Planungsbereichen identisch sein können, führen im Wesentlichen die gesamte Kontrolle durch. Sie müssen auf einer hohen Führungsebene installiert sein, um unabhängig und störungsfrei arbeiten zu können.

Ausschüsse und Kommissionen setzen sich aus leitenden Mitarbeitern der einzelnen Unternehmensbereiche unter Leitung der Unternehmensführung zusammen. Sie werden gebildet, um fachliche Kompetenz zu bündeln.

Unabhängig von den eingesetzten Aufgabenträgern muss gewährleistet sein, dass die Unternehmensleitung die strategische Kontrolle lenkt.

Der gelegentlichen Forderung, die **interne Revision** in die strategische Kontrolle einzuschalten, kann nicht gefolgt werden, da deren Aufgabenbereich auf anderen Gebieten liegt (vgl. *Ehrmann*, Risikomanagement).

3.1.2 Externe Stellen

Als externe Stellen kommen infrage

❏ Unternehmensberater
❏ Wirtschaftsprüfer
❏ Ratingagenturen (mit Einschränkungen).

Kontrollen durch Externe haben den Vorteil der Objektivität, weisen aber auch einen großen Nachteil auf; die externen Kontrollträger sind mit der Planung nicht so vertraut wie die Planungsträger und können die Voraussetzungen der Planung und aus ihrer Entstehungsgeschichte resultierende Besonderheiten nicht beurteilen.

3.2 Kontrollbereiche

Die Kontrollbereiche ergeben sich aus dem Aufbau der strategischen Planung. Die strategische Kontrolle kann nach der Überprüfung des unternehmensexternen und des unternehmensinternen Bereichs unterschieden werden:

❏ Die **unternehmensexterne Kontrolle** erstreckt sich auf das politische und gesellschaftliche Umfeld, die technologische und ökologische Umwelt, die gesamtwirtschaftliche Entwicklung und vor allem auf den Markt.

❏ Die **unternehmensinterne Kontrolle** wird von der Strategieart bestimmt; danach lassen sich unterscheiden

❍ Unternehmenskontrollen
❍ Geschäftsbereichskontrollen
❍ Funktionsbereichskontrollen (vgl. dazu Kap. D. 2. und D. 3.).

Die Intensität der Kontrolle hängt von der Bedeutung, die der Strategie beigemessen wird, ab.

3.3 Verfahren und Techniken

In der strategischen Kontrolle eingesetzte Verfahren und Techniken sollen dazu beitragen, den Kontrollprozess zu erleichtern, zu beschleunigen und transparent zu gestalten. Es handelt sich dabei im Wesentlichen um die Hilfsmittel, die in den Kapiteln über die Instrumente und Entscheidungshilfen bei der Planung und Analyse von Umwelt und Unternehmen bereits ausführlich dargestellt wurden (vgl. Kap. B. 4. und C. 1.-3.).

Bea / Haas geben einen Überblick über eine Zuordnung möglicher Kontrolltechniken zu den Bausteinen der strategischen Kontrolle. Dieser Katalog lässt sich je nach Strategieart, Kontrollart und veranschlagter Kontrolldauer sowie Kontrollintensität erweitern. Er hat folgendes Aussehen:

Kontrollart	Kontrollprozesse	Kontrolltechniken
Strategische Prämissen-kontrolle	Ermittlung der Prämissen, Ordnung der Prämissen nach Wichtigkeit, Überprüfung des Erfüllungs-grades	Kennzahlensysteme, Standardkostenrechnung, Früherkennungssysteme, Checklisten, Szenario-Analyse, Prozesskostenrechnung, Lebenszyklusorientierte Kosten- und Leistungs-rechnung, Target Costing, Benchmarking, Argumentenliste
Strategische Durchfüh-rungskontrolle	Formulierung von Meilensteinen Ordnung der Meilensteine nach Wichtigkeit, Überprüfung des Erfüllungsgrades	
Strategische Überwachung	Ungerichtete Beobachtung	Szenario-Analyse, Früherkennungssysteme

3.4 Kontrollablauf

Für den Kontrollablauf können keine festen, verbindlichen Regelungen vorgeschrieben werden, da zum einen jeder Kontrollbaustein einen eigenen Ablauf bedingt und zum anderen Kontrollschwerpunkte unternehmensindividuell festgelegt werden.

Die für Kontrollvorgänge typische **Ablauffolge**

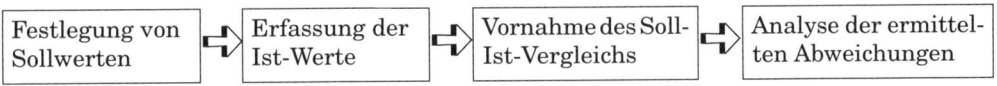

| Festlegung von Sollwerten | ⇨ | Erfassung der Ist-Werte | ⇨ | Vornahme des Soll-Ist-Vergleichs | ⇨ | Analyse der ermittelten Abweichungen |

lässt sich in der strategischen Kontrolle nicht durchgehend realisieren. Während der erwähnte Ablauf in der Prämissenkontrolle und Durchführungskontrolle möglich ist, kann sich die strategische Überwachung nicht daran orientieren.

Die strategische Überwachung ist eine ungerichtete Kontrolle, bei der sich die Vorgabe von Sollwerten verbietet.

Die herrschende Meinung geht davon aus, dass der Kontrollprozess der strategischen Kontrolle weder formalisierbar noch standardisierbar ist.

4. Risikomanagement und strategische Kontrolle

Will man die strategische Kontrolle in einen größeren Zusammenhang stellen, kann man sie in Verbindung mit dem Risikomanagement sehen. Dieses ist ein wichtiger Teil der Unternehmensführung mit dem Hauptziel der Sicherung der Existenz und des Erfolges des Unternehmens. Der Risikomanagement-Prozess umfasst alle Handlungen, die zum systematischen Umgang mit Risiken erforderlich sind. Er läuft nicht isoliert ab, sondern ist im Rahmen des gesamten Führungsprozesses zu sehen, ist also eingebettet in die übrigen Planungs-, Steuerungs- und Überwachungsprozesse *(Hahn)*. Der Prozess erstreckt sich auf die systematische Analyse und auf die koordinierte Führung aller Risiken *(Helten)*.

Risikomanagement und strategische Kontrolle sind keinesfalls identisch, allerdings kann ein funktionierendes Risikomanagement Aufgaben der strategischen Kontrolle ausüben (ausführlicher *Ehrmann*, Risikomanagement).

 Ein neuer Mitarbeiter, der die Geschäftsleitung einer Großbäckerei in betriebswirtschaftlichen Fragen unterstützen soll, bemängelt, dass im Unternehmen kein Risikomanagment vorhanden sei. Sein Vorgesetzter, der das Unternehmen seit vielen Jahren leitet, erwidert, es gäbe wohl ein Risikomanagement, er soll sich im Unternehmen umschauen. Worauf sollte der Mitarbeiter besonders achten? Seite 220

 Erläutern Sie, was unter den in diesem Kapitel behandelten Begriffen zu verstehen ist!

❏ Kontrolle
❏ Strategische Kontrolle
❏ Endergebniskontrolle
❏ Kontrollbausteine
❏ Prämissenkontrolle
❏ Durchführungskontrolle

❏ Strategische Überwachung
❏ Kontrollbereiche
❏ Risikomanagement
❏ Innenrevision
❏ KonTraG

Seite 220

Lösungen
zu den Übungen

Unter Berücksichtigung der hierarchischen Überordnungsverhältnisse werden den Planungsträgern folgende Planungsbereiche mit dem zugehörigen Planungsgegenstand zugeordnet.

Art der Planung	Planungsträger	Planungsgegenstand
Strategische Planung	Unternehmensleitung	Strategisches Programm (Strategien und strategische Maßnahmen)
Operative Planung	Leitungen der Geschäftsbereiche	Operatives Programm (Produktionsprogrammplanung, Ziel- und Maßnahmenplanung für die einzelnen Funktionsbereiche)
Taktische Planung	Leitungen der Funktionsabteilungen	Planung von Aktionsprogrammen und Teilaktivitäten

Die **Visionen** könnten lauten:

a) für ein Kaufhaus:
„Die Beratung, Preise und Qualität sind in unserer Branche ohne Konkurrenz".

b) für einen Hersteller elektrischer Haushaltsgeräte:
„Die Qualität und das Design unserer Produkte sind unerreichbar".

Die Unternehmensgrundsätze können sich auf folgende Bereiche richten:

- auf den Führungsstil
- auf die Kommunikation
- auf die Humanisierung der Arbeit
- auf den Grad der Arbeitsteilung
- auf die Motivation
- auf die Gestaltung des Arbeitsplatzes
- auf die Gestaltung der Arbeitszeit
- auf die Förderung der Aus- und Weiterbildung
- auf die Förderung der persönlichen Bindungen
- auf die Förderung der Identifizierung mit dem Unternehmen.

Siehe MiniLex (S. 223 ff.)

Folgende Gefahren können entstehen:

a) Bei einer falschen Informationsstandsermittlung:
Eine fehlerhafte Ermittlung des Informationsstandes kann zu einer Verzögerung und Verteuerung der Planung führen, da zum einen als vorhanden vermutete Informationen zusätzlich beschafft werden müssen und zum anderen nicht benötigte Informationen zu einer Kostenerhöhung beitragen können.

b) Eine falsche Informationsbedarfsermittlung kann zu Unvollständigkeit, Ungenauigkeit und Verspätung der Planung führen.

Lindemann übertreibt. Es gibt zwar auch sehr kompliziert aufgebaute Informationssysteme, die Informatikkenntnisse bei ihrer Konzipierung voraussetzen, deren Anwendung jedoch keine größeren Probleme verursacht. Der Studiosus sollte zunächst überlegen, was unter einem Informationssystem zu verstehen ist. Es gibt auch eine Anzahl relativ unkompliziert aufgebauter Systeme wie z. B. die Kostenrechnung oder Statistiken.

Die Unternehmensleitung kann sich bei folgenden Gegebenheiten auf die Mitwirkung eines kleinen Mitarbeiterkreises beschränken:

○ bei einer geringen Unternehmensgröße
○ bei (selten vorkommenden) relativ unverändert bleibenden Verhältnissen im Unternehmen und in der Umwelt
○ bei mangelnder Qualifikation der Mitarbeiter.

Ein Strategiewechsel ist in der Regel mit Änderungen, vor allem organisatorischer Art verbunden. Beim Übergang vom zentralen zum dezentralen Einkauf ändern sich

○ die Einkaufsorganisation
○ die Organisation der Warenprüfung und des Wareneingangs
○ die Lagerorganisation
○ mit großer Wahrscheinlichkeit auch die personelle Besetzung.

Der Diskussionsteilnehmer irrt. Die qualitativen Verfahren beruhen auf Erfahrungen, Kenntnissen, Überlegungen und Intuitionen, also Faktoren, die bei den meisten Entscheidungen eine wichtige Basis bilden. Viele Probleme lassen sich nicht durch den Einsatz mathematischer Verfahren lösen. Zahlreiche Entscheidungen, gerade strategischer Art, betreffen den qualitativen Bereich.

Nichts hindert den Kritiker daran, Berechenbares auch zu berechnen und mithilfe qualitativer Verfahren getroffene Entscheidungen mathematisch zu überprüfen, soweit dies überhaupt möglich ist.

Die Nutzwertanalyse kann den in Zahlen ausgedrückten subjektiven Wert von Maßnahmen im Hinblick auf die Zielvorgaben ermitteln. Die möglichen Bewertungsspielräume gestatten einen guten Vergleich von Alternativen. Im Gegensatz zu den Rechenverfahren kann der Nutzwert qualitativer Natur sein.

Als strategische Erfolgsfaktoren für den mittelständischen Handel sind u. a. zu nennen:

○ Standort
○ Sortiment
○ fachkundige Beratung
○ Dienstleistungen
○ Preisgestaltung
○ Personal
○ Ladengestaltung
○ Werbung und Verkaufsförderung
○ Nutzung von Informationssystemen
○ Mitgliedschaft in einer Verbundgruppe

○ Unternehmensleitung
  - Kreativität
  - Umsetzungsfähigkeit
  - Denken in Zusammenhängen
  - Langfristige Anlage der Geschäftspolitik
  - Flexibilität
  - Menschenführung.

Siehe MiniLex (S. 223 ff.)

❑ Folgende Marktfaktoren sollten erfasst werden:

- Marktvolumen
- Marktwachstum
- Eigener Marktanteil

- Marktanteil des stärksten Konkurrenten
- Preisentwicklung
- Wirkung der Marketinginstrumente.

❑ Die beiden Erhebungsarten sind:

- die Primärerhebung
- die Sekundärerhebung.

❑ Die Vorgehensweise bei der Konkurrentenanalyse wird Folgende sein:

- Informationsbedarfs- und Bestandsanalyse
- Beschaffung und Aufarbeitung der gewonnenen Informationen
- Festlegung von Bewertungskriterien
- Bewertung der Analyseobjekte im Team
- Verbale und grafische Berichterstattung.

❑ Die Liste der Inhalte könnte folgendes Aussehen haben:

- Anzahl der Konkurrenten
- Standorte
- Betriebsgröße
- Marktstellung
- Absatzgebiete
- Kundenstruktur
- Sortiment
- Umsatz
- Anwendung des Marketing-
  instrumentariums
- Ertragslage

- Kostenstruktur
- Finanzielle Situation
- Management
- Erkennbare Strategien
- Innovationsneigung
- Forschung und Entwicklung
- Technische Leistungsfähigkeit
- Qualität der Mitarbeiter
- Qualität der Organisation
- Qualität der Planung
- Qualität des Rechnungswesens.

Die Stärken-/Schwächenanalyse ergänzt die Potenzialanalyse. Man ermittelt die Stärken und Schwächen eines Unternehmens und versucht sie zu bewerten. Neben der Vergangenheit und Gegenwart versucht man auch die zukünftige Entwicklung in die Analyse einzubeziehen.

Wenn von 800 möglichen Potenzialpunkten lediglich 360 erreicht werden, lässt dies auf Schwachstellen schließen. In einer gründlichen Analyse muss festgestellt werden, wo im Einzelnen die Schwächen des Unternehmens liegen.

Die Einflussfaktoren können unterschiedlich differenziert werden. Darüber hinaus ergeben sich folgende Unterschiede:

Vier-Felder-Matrix	Neun-Felder-Matrix
• Die Matrix berücksichtigt nur die Faktoren Marktwachstum und relativer Marktanteil • Die Matrix ist übersichtlich und leicht gestaltbar • Die Matrix eignet sich auch für Klein- und Mittelbetriebe • Das Verfahren zwingt zur Konzentration auf wesentliche Faktoren	• Eine große Zahl von Faktoren muss gebündelt und gewichtet werden, um die Marktattraktivität und die relativen Wettbewerbsvorteile festzulegen • Die Komplexität ist wegen der zahlreich zu berücksichtigenden Faktoren relativ hoch • Für Klein- und Mittelunternehmen eignet sich die Matrix nur eingeschränkt

(1) Der Jungunternehmer sollte auf jeden Fall die Anregung aufgreifen und ein Controlling aufbauen. Wenn er Kennzahlen einsetzen will, sollte er sich auf eine übersichtliche Zahl beschränken und sie kontinuierlich ermitteln, da nur ein Vergleich mehrerer aufeinander folgender Zahlen aussagefähig ist.

(2) Für das Gesamtunternehmen sollten Rentabilitätskennzahlen, Wirtschaftlichkeits- und Produktivitätskennzahlen sowie Cash-Flow-Kennzahlen und Risikokennzahlen ermittelt werden. Besonderes Augenmerk sollte auch auf das Marktwachstum, den Marktanteil, die Kundenzufriedenheit und die Kundentreue gerichtet und in Kennzahlen ausgedrückt werden. Für bereichstypische Erscheinungen lassen sich darüber hinaus Bereichskennzahlen ermitteln.

(1) Frühwarnsysteme sind besondere Informationssysteme, die dazu beitragen sollen, sich anbahnende Entwicklungen so rechtzeitig zu erkennen, dass geeignete Gegenmaßnahmen zur Abwehr entstehender Störungen und Nutzung sich andeutender Chancen ergriffen werden können.

(2) Frühwarnsysteme der beiden ersten Generationen berücksichtigen einige Tatbestände nicht, die in den heutigen Unternehmen und ihrer Umwelt eine wichtige Rolle spielen. Sie sind nicht in der Lage, schwache Signale, die zunächst nur schwer erkennbar und deutbar sind, zu orten.

Siehe MiniLex (S. 223 ff.)

Zuerst wird der Controller darauf bestehen, dass die Ergebnisse der durchgeführten Umwelt- und Unternehmensanalyse berücksichtigt werden. Aus diesen können die Möglichkeiten, die Chancen und Risiken des Unternehmens erkannt werden. Die gewonnenen Erkenntnisse in Verbindung mit den von der Unternehmensleitung formulierten obersten grundsätzlichen Zielen ermöglichen die Bildung strategischer Ziele. Die Festlegung von Strategien erfolgt dann im nächsten Schritt, wobei sich weitere Ziele ergeben. Welche Marketingziele zu bilden sind und welche Strategien geplant werden können, muss das Ergebnis weiterer Beratungen sein. Schließlich muss auch festgestellt werden, inwieweit Marketingstrategien zu dominieren haben.

❑ Abgeleitete Strategien stehen im Dienste der Realisierung der Normstrategien.

❑ Es handelt sich zum einen um Funktionsbereichsstrategien wie Beschaffungsstrategien, Produktionsstrategien usw. und zum anderen um Hilfsstrategien. Diese sind nicht funktional ausgerichtet, sollen aber auch die Realisierung der Normstrategien ermöglichen.

(1) Die Produktentwicklungsstrategie sichert und erweitert das Wachstum eines Unternehmens durch Innovation. Neue Produkte werden für bestehende Märkte entwickelt.

(2) Folgende Möglichkeiten bieten sich dem Unternehmen an:

○ Eine echte Innovation durch die Weiterentwicklung bestehender Produkte, die Entwicklung von völlig neuen Produkten, Angebot neuer Serviceleistungen u. Ä.

○ Quasi-Innovation, bei der Leistungen erbracht werden, die in einer Beziehung zu bisherigen Leistungen stehen, z. B. Ergänzung der Produktion von Sakkos durch Freizeitjacken.

○ Aufnahme von „Met-too-Produkten" ins Programm, bei denen es sich im Wesentlichen um „nachgemachte" Produkte handelt.

Die Unternehmen werden tatsächlich vom Markt geführt, sodass die Behauptung, Marketingstrategien seien die eigentlichen Unternehmensstrategien gerechtfertigt ist.

Der Inhaber der Elektromotorenfabrik denkt möglicherweise primär in technischen Kategorien. Sollten seine Erzeugnisse entweder konkurrenzlos sein oder sollte die Produktion sehr diffizil oder einzigartig sein, ist seine Auffassung akzeptierbar.

Folgende Gründe sprechen für eine Marktsegmentierung:

○ die Marktsegmentierung ermöglicht eine genaue und differenzierte Erschließung des Marktes

○ die Kunden können individueller angesprochen werden, was zu einer höheren Kundenzufriedenheit führt

○ die Konkurrenz kann besser erkannt werden, was Reaktionen auf ihre Maßnahmen erleichtert

○ die Planung einschließlich der Finanzplanung wird erleichtert.

Als Nachteil können sich höhere Kosten der differenzierten Marktbearbeitung auswirken. Hinzu kommt eine möglicherweise zu einseitige Ausrichtung des Unternehmens.

Es sind mehrere Situationen denkbar, die ein Unternehmen daran hindern, Innovation zu betreiben, z. B.

○ das Unternehmen verfügt nicht über die erforderlichen Ressourcen
○ der Markt ist für veränderte oder verwandte bzw. neue Produkte nicht aufnahmebereit
○ die Konkurrenz hat die Märkte bis in Marktnischen besetzt
○ die Unternehmensleitung ist nicht flexibel genug.

(1) Durch Kooperation mit anderen Unternehmen kann

○ sich der Unternehmer deren Know-how nutzbar machen
○ deren Markt- und Kundenkenntnisse nutzen
○ an deren Informationssystemen teilnehmen.

(2) Die Kooperation kann auch mit Nachteilen verbunden sein, u. a. können

○ Initiative und Kreativität eingeschränkt werden
○ andere Unternehmen ein De-facto-Mitspracherecht erwerben
○ wettbewerbsrechtliche Probleme entstehen.

Ein Bewertungskatalog könnte folgende Kriterien umfassen:

Kriterien zur Beurteilung der wirtschaftlichen Lage	Rechtsform Image Kapitalbasis Stellung auf dem Markt Qualität des Managements Qualität der Mitarbeiter Kostenstruktur Ertragslage Organisation F&E-Aktivitäten
Kriterien zur Beurteilung der grundsätzlichen Eignung als Zulieferer	Entfernung zum Abnehmer Anlieferungsmöglichkeiten Möglichkeiten zur Just-in-Time-Anbindung Flexibilität Service Garantie/Kulanz Recyclingmöglichkeit Abstimmung der Informationssysteme Möglichkeit gemeinsamer Investitionen Möglichkeit gemeinsamer Produktionsplanung und -steuerung u. Ä.

Kriterien zur Beurteilung im Hinblick auf das Beschaffungsobjekt	Qualität Preis Lieferungs- und Zahlungsbedingungen Zahlungstermine

 Eine Rückverlagerung der Produktion ins Inland ist selbstverständlich möglich, wenn auch wieder mit Kosten verbunden.

Gründe für dieses Vorgehen können sein:

○ Lohnerhöhungen, Abgabenerhöhungen im Ausland
○ Facharbeitermangel
○ Qualitätsdefizite
○ staatliche Barrieren
○ Mentalitätsprobleme.

 Selbstverständlich können auch kleinere Unternehmen, die mit dem Einsatz wissenschaftlicher Methoden nicht oder nur wenig vertraut sind, Strategien entwickeln und einsetzen.

Gute Kenntnisse des Marktes, des Geschehens im eigenen Unternehmen, jahrelange Erfahrung und auch das „Gespür für Entwicklungen" können die Basis guter Strategien sein.

 Für die Testverfahren spricht ihre Genauigkeit und Zuverlässigkeit. Als wichtigstes Gegenargument ist ihre Langsamkeit zu sehen. Ergebnisse liegen wesentlich später vor als dies bei der Simulation der Fall ist. Diese benötigt eine Fülle an Informationen und ist mit einem großen Rechenaufwand verbunden. Moderne Software bewältigt die Probleme.

 Die Nutzwertanalyse bewährt sich immer dann, wenn bei mehrfacher Zielsetzung mehrere Alternativen zu bewerten sind.

Die Nutzwertanalyse läuft in folgenden Schritten ab:

1. Schritt: Fixierung des Zielprogamms
2. Schritt: Bildung einer Ergebnismatrix mit Angabe der Zielerträge für die einzelnen Alternativen
3. Schritt: Bildung einer Transformationsmatrix mit den Bewertungsregeln
4. Schritt: Bewertung der einzelnen Alternativen und Bildung einer ungewichteten Punktwertmatrix
5. Schritt: Gewichtung der einzelnen Kriterien und Bildung der gewichteten Punktwertmatrix.

 (1) Die Festlegung der Zahlungsreihen ist problematisch. Über längere Zeiträume lassen sich Einzahlungen und Auszahlungen selten zuverlässig ermitteln. Hinzu kommt eine Unsicherheit im Hinblick auf den Kalkulationszinsfuß. Er ist eine subjektive Größe und bietet die Möglichkeit, Ergebnisse in eine gewünschte Richtung zu rechnen.

(2) Als weitere Verfahren bieten sich die Nutzwertanalyse, Kostenvergleichsrechnungen, Kosten-Nutzen-Analysen, Break-even-Analysen, Kennzahlenanalysen, Simulationen u. Ä. an.

 Strategische Ziele sind ein angestrebter, zukünftiger Zustand der Realität, den ein Unternehmen auf der Basis der in der Situationsanalyse ermittelten internen und externen Rahmenbedingungen definiert.

Strategien sind Grundsatzentscheidungen zur Sicherung des langfristigen Erfolges eines Unternehmens.

Strategische Maßnahmen sind Operationen, die erforderlich sind, um die Durchsetzung der Strategien zu ermöglichen.

Siehe MiniLex (S. 223 ff.)

Im Zuge der Implementierung wird festgelegt, wie und wann der Inhalt der Strategien optimal realisiert wird. Ohne die Umsetzung der Strategien in Maßnahmen und die Veranlassung konkreter Aktivitäten ist eine Planung nicht Erfolg versprechend zu verwirklichen.

Strategie	Maßnahmen
Kostenführerschaft	Ausnutzung sämtlicher Kostensenkungspotenziale z. B. Standardisierung der Produkte, aggressive Mengenpolitik, Straffung der Organisation, Verfahrensänderungen u. Ä.
Produktentwicklung	Weiterentwicklung bestehender Produkte, Entwicklung von Nachfolgeprodukten, Einführung neuer Serviceleistungen u. Ä.
Global Sourcing	Intensive Marktforschung, Erhöhung der Qualität der Mitarbeiter, Verbesserung der Einkaufsorganisation, Verbesserung der Kommunikationsmöglichkeiten, Optimierung der Transportsysteme u. Ä.

(1) Unter den Aufgabenbereichen ist zu verstehen:

    ○ **Organisation** ist ein System dauerhaft angelegter Regelungen, das einen möglichst kontinuierlichen und zweckmäßigen Betriebsablauf sowie den Wirkungszusammenhang zwischen den Trägern betrieblicher Entscheidungsprozesse gewährleisten soll.

    ○ Durch die **Aufbauorganisation** wird das Unternehmen strukturiert. Sie operiert mit der Aufgabenanalyse und Aufgabensynthese.

    ○ Die **Ablauforganisation** befasst sich mit dem Ablauf der Aufgabenerfüllung, ihr Gegenstand sind die Arbeitsgänge und Arbeitsfolgen.

(2) Strategie und Aufbauorganisation beeinflussen sich gegenseitig. In der Regel folgt bei Änderungen der Strategie die Organisation der Strategie, doch ist auch der umgekehrte Fall möglich, dass die Organisation Einflüsse auf die Strategie ausübt. Dies ist z. B. durch den Einsatz der modernen IT möglich.

Die Unternehmensleitung kann mit folgenden Argumenten versuchen, ihren Verkaufsleiter von der Richtigkeit der Strategie zu überzeugen:

    ○ Die Angriffsstrategie richtet sich nicht gegen seine Kollegen in den Konkurrenzunternehmen.
    ○ Die Ertragssituation zwingt das Unternehmen zu der Strategie.
    ○ Die Strategie entspricht der betriebswirtschaftlichen Logik.
    ○ Jede Strategie wird überprüft und lässt sich ändern.

Die Balanced Scorecard ist ein Managementsystem, das in der Lage ist, Strategien umzusetzen. Die Zuordnung der Ziele, Maßgrößen und Maßnahmen zu verschiedenen

Perspektiven verhindert einseitige Betrachtungsweisen und fördert das Denken in Zusammenhängen. Die strategischen Ziele, die Maßgrößen und die strategischen Maßnahmen werden nicht isoliert betrachtet, sondern stehen durch Ursache-/Wirkungsbeziehungen in einer engen Verbindung.

Die Balanced Scorecard ist zwar in der Lage einige Managementprobleme zu lösen und eine Reihe von Problemen aufzudecken, doch kann sie keinesfalls ein Instrument sein, das sämtliche Probleme löst.

 Die Ursache-Wirkungskette drückt die Interdependenzen zwischen den Zielen aus. Die Verbindungen zwischen den strategischen Zielen werden perspektiveübergreifend innerhalb der Balanced Scorecard aufgezeigt.

Ursache-Wirkungsketten sind selbstverständlich auch außerhalb der Balanced Scorecard von Bedeutung. Immer wenn man Wirkungszusammenhänge verdeutlichen will, werden solche Ketten aufgebaut.

 Die finanzwirtschaftliche Perspektive ist zwar die dominierende Perspektive, die die Einsicht vermittelt, ob die Umsetzung der Unternehmensstrategie zu einer Ergebnisverbesserung beiträgt, doch darf die Bedeutung der übrigen Perspektiven nicht übersehen werden.

Berücksichtigte man nur die finanzwirtschaftliche Perspektive, würde die Bildung und Verfolgung der Ziele einseitig vorgenommen.

Erst das Denken in verschiedenen Perspektiven und deren Verknüpfung macht die Zusammenhänge bei der Realisierung der Strategie deutlich. Die finanzwirtschaftlichen Kennzahlen stehen mit den Kennzahlen der übrigen BSC-Perspektiven über Ursache-Wirkungsbeziehungen in Verbindung.

- **Kennzahlen** sind Maßgrößen, mit deren Hilfe strategische Ziele klar und unmissverständlich ausgedrückt werden und die in der Lage sind, die Entwicklung der Zielerreichung zu verfolgen.

- **Finanzielle Kennzahlen** definieren die von einer Strategie erwartete finanzielle Leistung.

  Nichtfinanzielle Kennzahlen erstrecken sich auf den nichtfinanziellen Bereich. Sie bringen zum Ausdruck, dass nicht nur finanzielle Größen am Unternehmenserfolg beteiligt sind.

- **Spätindikatoren** sind Ergebniskennzahlen, angestrebte Endpunkte. Sie reflektieren die Ziele einer Strategie.

  Frühindikatoren sind die Leistungstreiber. Sie beziehen sich auf Vorgänge, die zum gegenwärtigen Zeitpunkt dazu beitragen sollen, dass zu späteren Zeitpunkten bestimmte Ergebnisse erzielt werden.

 Der Steuerberater sollte sich ausführlicher mit der Balanced Scorecard befassen. Sie ist selbstverständlich auch für Handelsunternehmen geeignet. Auch ist die BSC kein Konzept, das ausschließlich für Großunternehmen entwickelt wurde, sondern kann auch im Unternehmen der beschriebenen Größenordnung eingesetzt werden. Man wird wahrscheinlich nur eine BSC für das ganze Unternehmen entwickeln.

 Externe Fachleute können durchaus Mitglieder des Projektteams werden. Dafür können folgende Gründe maßgeblich sein:

- ihre Unabhängigkeit
- ihre Unvoreingenommenheit
- ihre Kenntnisse und Erfahrungen.

Infrage kommen in erster Linie Unternehmensberater und Wirtschaftsprüfer mit einschlägiger Erfahrung.

Die Aufgabenzuweisung hängt vom vorhandenen Know-how ab. Als rechtliche Stellung sollte ihnen ein Beraterstatus zugewiesen werden. Die Vertragsgestaltung sollte wie bei Unternehmensberatern und Wirtschaftsprüfern üblich erfolgen.

Die Planung sollte sich erstrecken auf:

- die Auswahl des Projektteams
- den zeitlichen Rahmen
- den Inhalt.

Ein Vorstandsmitglied sollte ständig am Aufbau der BSC mitwirken. Die beiden übrigen Vorstandsmitglieder sind an den anstehenden Workshops zu beteiligen. Das Projektteam sollte interdisziplinär zusammengesetzt sein und außer Mitgliedern des Managements mehrerer Ebenen engagierte, begeisterungsfähige Mitarbeiter aus mehreren Unternehmensbereichen umfassen.

Der Zeitrahmen sollte zunächst ein halbes Jahr ausmachen. Zuerst sollte eine Unternehmens-BSC erstellt werden, zu einem späteren Zeitpunkt die vertikale Ausdehnung erfolgen.

Eine Balanced Scorecard hat keinesfalls Ewigkeitswert, sie muss in regelmäßigen Zeitabständen überprüft werden. Folgende Ereignisse können eine umfassende Korrektur der BSC erforderlich machen:

- gravierende Änderungen der Konjunktur
- wesentliche Änderungen der Kundenstruktur
- staatliche/überstaatliche Eingriffe
- grundlegend veränderte Verfahren
- Änderungen im Top-Management.

Durch das Herunterbrechen der BSC will man Folgendes erreichen:

- Motivationsstärkung
- Ermittlung bzw. Konkretisierung von Zielen für einzelne Bereiche
- Identifizierung mit der Unternehmensstrategie im eigenen Bereich
- Betonung der Verantwortlichkeiten
- Ausrichtung der Mitarbeiter auf strategierelevante Aufgaben.

Zu bevorzugen ist die Methode der „eigenständigen Ziel- und Strategieformulierung". Sie ermöglicht eine individuelle Balanced Scorecard eines Bereiches unter Berücksichtigung der Belange der vorgelagerten Einheit.

Siehe MiniLex (S. 223 ff.)

Die Auffassung des Leiters des Rechnungs- und Finanzwesens ist falsch. Eine interne Revision ersetzt nicht die strategische Kontrolle. Die Innenrevision hat ihre Aufgabenschwerpunkte in

- der Kontrolle des Rechnungswesens
- der Begutachtung organisatorischer Maßnahmen
- der Vorbereitung von Abschlussprüfungen
- der Zuarbeitung zum Risikomanagement.

Im strategischen Bereich hat sie höchstens eine Beratungsfunktion.

Der neue Mitarbeiter wird wahrscheinlich bemerken, dass in den einzelnen Unternehmensbereichen Risiken festgestellt und deren voraussichtliche Schadenhöhen ermittelt
werden sowie Vorkehrungen zur Risikohandhabung getroffen werden.

Ein Risikomanagement liegt erst vor, wenn eine Ordnung geschaffen wurde, innerhalb
der Prozesse ablaufen, die alle Handlungen enthalten, die zum systematischen Umgang
mit Risiken erforderlich sind.

Siehe MiniLex (S. 223 ff.)

MiniLex

Das **MiniLex** enthält die wichtigsten Begriffe, die in diesem Buch behandelt werden. Weitere Begriffe finden sich in:

Olfert / Rahn, Lexikon der Betriebswirtschaftslehre, Kiehl Verlag

Ablauf-organisation	Sie befasst sich mit der Festlegung des Ablaufgeschehens im Unternehmen. Sie wird nach den Merkmalen Raum (wo) und Zeit (wann) gestaltet.
Absichten	Es handelt sich um einen von *Kreikebaum* geprägten Begriff. Generelle Absichten sind die Unternehmensgrundsätze, spezielle Absichten sind qualitative Aussagen über Art und Richtung der Ziele (Zielinhalte).
Angriffs-strategie	Sie ist gekennzeichnet durch einen aggressiven Konkurrenzstil. Konflikte mit den Wettbewerbern werden bewusst in Kauf genommen.
Aufbau-organisation	Sie verdeutlicht die Organisationsform. Sie bestimmt, welche Aufgaben welchen Aufgabenträgern zuzuordnen sind. Die Aufgabenzuordnung erfolgt nach den Kriterien Verrichtung (was) und Objekt (woran).
Balanced Score-card (BSC)	Sie ist ein strategisches Steuerungsinstrument. Die BSC übersetzt Mission und Strategie in Ziele und Kennzahlen und ist dabei in mehrere Perspektiven unterteilt. Diesen werden die Ziele, Maßgrößen (Kennzahlen) und strategischen Maßnahmen zugeordnet. Dadurch wird ein einseitiges Denken bei der Ableitung und Verfolgung der Ziele vermieden. Durch die Verknüpfung der Perspektiven werden die Zusammenhänge bei der Strategieumsetzung verdeutlicht. Die strategischen Ziele, ihre Zielwerte und Maßgrößen sowie die strategischen Maßnahmen sind durch Ursache-Wirkungsbeziehungen fest miteinander verbunden.
Branchen-analyse	Darunter versteht man die systematische Erfassung wichtiger Branchen-daten wie: ○ Branchenstruktur ○ Einsatz der Marketinginstrumente ○ Kundenstruktur ○ Einsatz der Technologie ○ Wettbewerbssituation ○ Innovationstendenzen u. Ä.
Budgetierung	Sie ist die wertmäßige Vorgabe und Kontrolle von Daten. Sie kann unter folgenden Aspekten betrachtet werden: ○ zeitliche Sicht ○ prozessbezogene Sicht ○ personale Sicht ○ formale Sicht. ○ sachbezogene Sicht Sie dient der Entscheidung, Koordination und Integration, Motivation, Kontrolle.
Chancen-Risiken-Analyse	Die Analyse fasst die Resultate der Umwelt-, Markt-, Branchen- und Stär-ken-Schwächen-Analyse zusammen und versucht dadurch Störungen und Tendenzen relativ früh zu erkennen, die die Unternehmensziele gefährden können oder Chancen darstellen können.
CPM-Verfahren	Das CPM-Verfahren ist ein Verfahren der Netzplantechnik. Die „Critical Path Method" ist eine Ablaufplanung und Zeitplanung, die als Darstellungsform das Diagramm einsetzt.
Delphi-Methode	Es werden Experten aufgeboten, deren Urteil man im Rahmen einer schrift-lichen Befragung einholt. Aus abgegebenen Einzelurteilen wird das Urteil

	der Expertengruppe gebildet. Die Befragung erfolgt in mehreren Phasen bis eine Stabilität des Gruppenurteils festgestellt wird.
Desinvestitions-strategie	Desinvestition bedeutet den Abbau von Kapazitäten, im weitesten Sinne deren Veräußerung, im engeren Sinne die Eliminierung von Produkten und anderen Leistungen.
Differen-zierungs-strategie	Die Differenzierungsstrategie ist eine Wettbewerbsstrategie, sie wird auch als Präferenzstrategie bezeichnet. Durch die Differenzierung unterscheidet sich die Leistung eines Unternehmens von den Leistungen seiner Konkurrenten; dies führt nach *Porter* zu Kundenloyalität, die Schutz vor Substitutionsgütern und Markteintrittsbarrieren schafft, sowie höhere Gewinnspannen und Schwächung der Nachfragemacht von Großkunden bewirkt.
Diversifika-tionsstrategie	Sie ist gekennzeichnet durch ein „Ausbrechen" des Unternehmens aus seinen eigentlichen Aktionsfeldern. Diese Strategie eignet sich besonders für stagnierende Märkte und zur Risikostreuung. Man unterscheidet folgende Arten: ○ **Horizontale Diversifikation** Die Aktivitäten werden auf der gleichen Wirtschafts- bzw. Produktionsstufe ausgeweitet. Im Zuge dieser Diversifikation werden entweder neue Produkte auf dem Markt angeboten, die artverwandt mit den bisherigen sind, oder neue Produkte werden an die bisherigen Kunden verkauft. ○ **Vertikale Diversifikation** Es werden Erzeugnisse in das Programm übernommen, die den gegenwärtigen Produkten vor- oder nachgeschaltet sind. ○ **Laterale Diversifikation** Ist ein sachlicher Zusammenhang mit dem bisherigen Programm nicht mehr zu sehen, liegt die laterale Diversifikation vor.
Durchführungs-kontrolle	Sie hat die Aufgabe, festzustellen, ob Störungen, die bei der Implementierung der Strategie erkannt werden, oder Abweichungen von strategischen Zwischenzielen den eingeschlagenen strategischen Kurs gefährden.
EDI	**E**lectronic **D**ata **I**nterchange. Es handelt sich um ein System, das die Informationsversorgung durch Datenaustausch praktiziert.
EDIFACT	**E**lectronic **D**ata **I**nterchange **F**or **A**dministration, **C**ommerce and **T**ransport. Es ist ein Standard für den Austausch kommerzieller Daten. Gängige Geschäftsvorfälle können direkt von DV zu DV übertragen und weiterverarbeitet werden.
Einzelmaß-nahmen	Die Festlegung von Einzelmaßnahmen bedeutet die Ausrichtung der Maßnahmen auf die einzelnen Unternehmensbereiche. Es wird festgelegt, wer wann was wo womit zu tun hat, damit eine Strategie realisiert wird.
Endergebnis-kontrolle	Nach Vorliegen bestimmter Ergebnisse wird eine Kontrolle durch einen Soll-Ist-Vergleich durchgeführt. In der Regel wird eine Analyse der Abweichungen vorgenommen.
Entscheidungs-baumtechnik	Eine Planungstechnik, die eingesetzt wird, wenn komplexe und unsichere Entscheidungssituationen mehrere Lösungen bedingen. Die verschiedenen Lösungswege mit ihren Konsequenzen werden als Äste eines Baumes dargestellt. Man geht von einem Entscheidungspunkt, der die zu treffende

	Entscheidung markiert, aus und gibt die Lösungsalternativen als Verästelungen (Entscheidungsäste) an. Von jedem Knotenpunkt aus können je nach Zahl der Alternativen und deren Folgen neue Verästelungen entstehen.
Entscheidungstabellentechnik	In einer Matrix werden die Bedingungen und Aktionen von Alternativen formuliert. In den Zeilen werden die Voraussetzungen und Konsequenzen, die Wenn- und Dann-Komponenten der Alternativen, in den Spalten die Regeln für die Bedingungskombinationen eingesetzt. Durch Ankreuzen der einzelnen Felder wird klargestellt, welche Maßnahmen unter welchen Bedingungen durchgeführt werden können.
Experimentelle Verfahren des OR	Zu den experimentellen Verfahren des OR zählen die „Heuristische Programmierung" und die „Simulation". Sie werden eingesetzt, wenn für mathematische Optimierungsverfahren keine Algorithmen vorliegen bzw. der Rechenaufwand zu groß ist.
Frühindikatoren	Sie werden im Rahmen der BSC auch als Leistungstreiber bezeichnet. Sie zielen auf den Beginn oder auf frühe Phasen eines Prozesses. Durch sie werden die Vorgänge in den Vordergrund der Betrachtungen gestellt, die schon zum gegenwärtigen Zeitpunkt dazu beitragen sollen, dass zu späteren Zeitpunkten bestimmte Ergebnisse erzielt werden.
Frühwarnsysteme	Bei ihnen handelt es sich um besondere Informationssysteme, mit deren Hilfe sich anbahnende Entwicklungen mit einem zeitlichen Vorlauf erkannt werden können, der rechtzeitige Gegenmaßnahmen ermöglicht.
Gegenstromverfahren	Das Verfahren ist eine Mischform zwischen top-down-Planung und bottom-up-Planung. Auf der obersten Führungsebene wird ein vorläufiger Rahmenplan aufgestellt, aus dem die vorläufigen Teilpläne abgeleitet werden. Ausgehend von der unteren Ebene wird darauf bis zur oberen Ebene eine Überprüfung der Planungsvorgaben mit den erforderlichen Korrekturen vorgenommen.
Globalmaßnahmen	Zur Realisierung der Strategien vorzunehmende Aktionen. Die zunächst noch undifferenzierten Maßnahmen werden durch Ausrichtung auf die einzelnen Unternehmensbereiche zu Einzelmaßnahmen.
Global Sourcing	Unter diesem Begriff wird die internationale Marktbearbeitung in Form der systematischen Ausdehnung der Beschaffungspolitik mit strategischer Ausrichtung verstanden *(Weber / Kummer)*. Die Auffassung in der Literatur ist nicht einheitlich.
Hauptziele	Bei Zielen mit Konkurrenzbeziehungen muss eine Zielgewichtung vorgenommen werden. Die Leitungsinstanzen haben zu entscheiden, welchem Ziel jeweils größere Bedeutung beizumessen ist. Es muss eine **Rangordnung** der Ziele hergestellt werden. Die stärker gewichteten Ziele, denen ein höherer Rang zugewiesen wird, sind Hauptziele, die niedriger eingestuften Nebenziele.
Herunterbrechen	Es handelt sich um die **vertikale Ausdehnung** der Balanced Scorecard durch Einbeziehung nachfolgender Hierarchieebenen. Theoretisch ist ein Herunterbrechen bis zum einzelnen Mitarbeiter möglich. Die einzelnen Bereichs-Scorecards müssen immer mit der Unternehmens-Balanced Scorecard übereinstimmen.
Implementierung	Sie erstreckt sich auf sämtliche Aktivitäten, die zur Realisierung einer Strategie erforderlich sind.

Informations-bedarf	Er bedeutet die Art und Menge der benötigten Informationen. Die Diskrepanz zwischen der Informationsmenge, die zur Problemlösung relevant ist und dem vom Entscheidungsträger subjektiv empfundenen Nachfragebedarf ist zu überbrücken.
Informations-prozess	Der Informationsprozess beinhaltet die Beschaffung, Speicherung und Weitergabe von Informationen.
Informations-quellen	Sie sind die Herkunftsorte der Informationen. Man unterscheidet: ○ interne Informationsquellen ○ externe Informationsquellen.
Informations-system	Unter einem Informationssystem wird das planvolle, zielgerichtete, systematische Vorgehen beim Initiieren, Organisieren und Steuern von Informationsprozessen verstanden.
Innenrevision	Sie hat die Aufgabe, das Rechnungswesen zu kontrollieren, organisatorische Maßnahmen im Finanzbereich zu begutachten, Abschlussprüfungen vorzubereiten und beim Aufbau eines Risikomanagement-Systems mitzuwirken.
Innovations-strategie	Die Innovation identifiziert Kundenwünsche und schafft Leistungen, um diese Wünsche zu befriedigen. Sie geht über die Entwicklung von Produkten hinaus.
Interne Zins-fußmethode	Die Methode des internen Zinsfußes ermittelt die „Effektivverzinsung". Der Interne Zinsfuß gibt an, zu welchem Zinsfuß sich die jeweils gebundenen Kapitalbeträge verzinsen.
Joint Ventures	Sie sind im Rahmen der internationalen Kooperationsstrategie zu sehen. Joint Ventures sind Gemeinschaftsunternehmen mit mindestens einem inländischen und einem ausländischen Partner.
Kapitalwert-methode	Die Kapitalwertmethode ermittelt den Barwert von Zahlungsreihen. Die Auszahlungen und Einzahlungen, die während des Betrachtungszeitraums anfallen bzw. die sich daraus ergebenden Zahlungsüberschüsse werden mit einem Kalkulationszinsfuß auf den gegenwärtigen Zeitpunkt abgezinst. Der ermittelte Barwert ist der Kapitalwert. Ist dieser größer als Null, ist das betrachtete Projekt aus rechnerischer Sicht vorteilhaft.
Kennzahlen	Kennzahlen stellen Informationen in verdichteter Form über betriebswirtschaftliche Tatbestände, Abläufe und Zusammenhänge dar. Sie sind im Zeit- oder Betriebsvergleich sehr aussagefähige Messinstrumente. Sie werden hauptsächlich eingesetzt in der: ○ Analyse ○ Kontrolle ○ Zielvorgabe.
Kennzahlen-analyse	Mithilfe der Kennzahlenanalyse versucht man die Leistungsfähigkeit eines Unternehmens, seine Stärken und Schwächen festzustellen.
Kennzahlen-systeme	Kennzahlensysteme sind geordnete Gesamtheiten von Kennzahlen, die in Beziehung zueinander stehen. Die gebräuchlichsten Systeme sind: ○ Ordnungssysteme ○ Rechensysteme. Ordnungssysteme enthalten Kennzahlen ganz bestimmter Sachverhalte, sie betreffen bestimmte Aspekte des Unternehmens.

	Rechensysteme sind durch das rechnerische Zerlegen von Kennzahlen gekennzeichnet, das zu einer Pyramidenbildung führt. Eine Kennzahl an der Pyramidenspitze macht die Kernaussage.
Konfliktvermeidungsstrategie	Der Einsatz der Konfliktvermeidungsstrategie bedeutet das Ausweichen vor der Konkurrenz, das Besetzen von Marktnischen. Diese Strategie wird von kleineren Industrie- und Handelsunternehmen praktiziert.
Konkurrentenanalyse	Die Konkurrentenanalyse ist eine Sonderform der Umweltanalyse. Sie erstreckt sich auf die Analyse der Konkurrentendaten, die für die strategische Planung relevant sind. Ihre Ergebnisse ermöglichen dem analysierenden Unternehmen das Leistungsangebot und die entscheidenden Aktivitäten der Konkurrenten kennen zu lernen, um die eigenen Möglichkeiten auf dem Markt richtig einzuschätzen.
Konkurrenzprofil	Das Konkurrenzprofil ist eine Darstellungsform der Ergebnisse der Konkurrentenanalyse. In einer tabellarischen Übersicht werden die Analyseobjekte der untersuchten Mitbewerber wiedergegeben.
Kontrolle	Unter Kontrolle werden die Vorgänge verstanden, die Fehlentscheidungen und falsche Maßnahmen aufdecken sollen.
Kontrollbausteine	Strategische Kontrollen sind komplexe Verfahren, die in geordneten Prozessen ablaufen müssen. Diese enthalten in der Regel drei bis vier Bausteine: ○ die strategische Prämissenkontrolle ○ die strategische Durchführungskontrolle ○ die strategische Überwachung und ggf. ○ die Kontrolle der strategischen Potenziale.
Kooperationsstrategien	Zahlreiche Aufgaben haben einen so großen Umfang und hohen Schwierigkeitsgrad, dass sie von vielen Unternehmen nur noch schwer allein erledigt werden können. Kooperationen mit anderen Unternehmen im In- und Ausland erleichtert die Bewältigung der Aufgaben. Ein weiterer Grund für Kooperationen ist für manche Unternehmen das Bestreben, sich das Know-how und Image anderer Unternehmen nutzbar zu machen. Die Kooperation ist in mehreren Formen möglich, sie reicht von Rationalisierungs- und Werbegemeinschaften über F&E-Gemeinschaften bis zu gemeinsamen Einkaufs- und Verkaufsorganisationen (soweit wettbewerbsrechtlich zulässig).
KonTraG	Gesetz zur Kontrolle und Transparenz im Unternehmensbereich vom 1.5.1998. Das Gesetz gilt vor allem für börsennotierte Gesellschaften, hat aber auch Auswirkungen auf andere Rechtsformen. Das KonTraG findet seinen Niederschlag vor allem im Handelsgesetz, Aktiengesetz, Publizitätsgesetz und Genossenschaftsgesetz. Die für die strategische Kontrolle bedeutsame Vorschrift ist die des § 91 Abs. 2 AktG. Diese fordert die Errichtung eines **Überwachungssystems**, das die Aufgabe hat, die den Fortbestand der Gesellschaft gefährdenden Entwicklungen frühzeitig aufzudecken.
Kreativitätstechniken	Sie zählen zu den Techniken und Entscheidungshilfen, die bei der Strategieentwicklung eingesetzt werden können. Man wendet sie an, um schöpferische Denkprozesse in Gang zu setzen und unkonventionelle Ideen zu entwickeln oder mittels lückenloser Erfassung eines umfangreichen, meist

komplizierten Problembereichs viele Lösungen zu entdecken. Häufig angewandt werden

- das Brainstorming
- die Methode 635
- die Synektik
- die Morphologische Analyse.

Logisch-systemmatische Verfahren	Diese Verfahren sind bestrebt, das Lösungsfeld für ein bestimmtes Problem möglichst umfassend darzustellen. Man versucht, neue Problemlösungen zu finden, indem man systematisch das Gesamtproblem in Teilprobleme gliedert, diese analysiert und verschiedene Lösungsmöglichkeiten kombiniert. Zu den Verfahren zählen die „Eigenschaftslisten", die „Methode der erzwungenen Beziehungen" und die „Morphologische Methode".
Lückenanalyse	Die klassische Lückenanalyse stellt für einen planerisch übersehbaren Zeitraum einer quantitativ geplanten Zielgröße die erwartete Entwicklung gegenüber *(Kreikebaum)*. Liegt die erhoffte Zielerreichung unter der geplanten Zielgröße, ergibt sich eine Ziellücke (Gap). Diese soll Hilfestellung zur Entwicklung und Anpassung von Strategien geben.
Make-or-buy-Strategie	Die Make-or-buy-Strategie umfasst den Komplex Eigenfertigung/Fremdbezug bzw. Eigenleistung/Fremdleistung. Zu unterscheiden ist bei der Entscheidung, ob sie kurzfristig oder langfristig wirken soll und ob Unterbeschäftigung oder eine Engpasssituation vorliegt.
Marktanalyse	Sie erfasst systematisch die interessierenden Sachverhalte über die gegenwärtigen und künftigen Marktpartner. Von besonderer Bedeutung sind Informationen über die Struktur und die Entwicklungsmöglichkeiten der Marktteilnehmer.
Marktdurchdringungsstrategie	Sie ist eine „Grundstrategie", die sich aus der Verknüpfung von Produkten und Märkten ergibt. Diese Strategie soll eine Vergrößerung des Marktanteils und Marktvolumens bewirken. Dies kann u. a. erreicht werden durch - Gewinnung neuer Kunden durch Verbesserung des Design, der Verpackung, des Produktes in geringem Ausmaß, durch Preisänderungen, Werbung u. Ä. - Steigerung der Produktverwendung bei bereits vorhandenen Kunden durch Beschleunigung des Ersatzbedarfs, Verbesserung des Distributions-Mix, durch bestimmte Verbesserungen des Design, der Verpackung u. Ä. (s. o.) - Gewinnung bisheriger Nichtverwender.
Marktentwicklungsstrategie	Auch sie ist eine „Grundstrategie", die aus der Kombination von Strategiekriterien resultiert. Die Marktentwicklungsstrategie bewirkt den Absatz bestehender Produkte auf neuen Märkten.
Marktforschung	Die Marktforschung soll in erster Linie Informationen über Komponenten vermitteln, die den Absatzerfolg des Unternehmens bewirken. Sie wird betrieben als - Marktbeobachtung - Marktanalyse - Marktprognose. Die Marktforschung ist nicht nur auf den Absatzmarkt gerichtet, sondern kann sich auch auf den Beschaffungsmarkt, den Finanzmarkt, den Arbeitsmarkt und den Markt für öffentliche Leistungen erstrecken.

Marktsegmentierung	Marktsegmentierung bedeutet die Aufspaltung des Marktes in klar abgrenzbare Bereiche, in bestimmte Käufergruppen. Jeder Bereich ist ein Zielmarkt, auf dem ein eigens für ihn entwickelter Marketing-Mix eingesetzt wird. Die Segmentierung kann nach einem einzigen Kriterium (z. B. Alter, Geschlecht, soziale Schicht, Einstellungen, Gewohnheiten) erfolgen, oder man nimmt die Aufteilung des Marktes in mehreren Schritten mit jeweils einem neu hinzukommenden Kriterium vor.
Maßgrößen	Synonym werden die Begriffe Maßgrößen, Messgrößen und Kennziffern verwendet. Sie spielen vor allem bei der Balanced Scorecard eine wichtige Rolle. Die Maßgrößen bringen die strategischen Ziele verständlich zum Ausdruck. Mit ihrer Hilfe wird das Erreichen dieser Ziele festgestellt. Management und Mitarbeiter können die Entwicklung der Zielerreichung verfolgen.
Maßnahmenplanung	Es wird festgelegt, welche Maßnahmen zu welchen Zeiten ergriffen werden sollen, um die angestrebten Ziele zu erreichen. Es ist zu unterscheiden zwischen strategischen Maßnahmen, die der Realisierung der Strategien dienen und den alltäglichen Aktivitäten.
Mathematische Optimierungsverfahren	Sie werden oft unter dem Begriff „Operations-Research" zusammengefasst. Es handelt sich im Einzelnen um ○ die lineare Programmierung ○ die nichtlineare Programmierung ○ die dynamische Programmierung ○ die parametrische und stochastische Programmierung.
Modular Sourcing	Das Modular Sourcing bedeutet, dass man nicht Einzelteile einkauft, sondern vormontierte oder bereits montierte Module wie Armaturenbretter oder Festplatten.
Nebenziele	Beim Erstellen einer Rangordnung der Ziele werden höher gewichtete Ziele als Hauptziele und niedriger eingestufte Ziele als Nebenziele bezeichnet (s. Hauptziele).
Neun-Felder-Matrix	Die Neun-Felder-Matrix ist eine Darstellungsform der Portfolio-Analyse. Auf den Achsen der Matrix werden die jeweiligen Messkriterien aufgeführt, in die Felder der Matrix die Strategischen Geschäftseinheiten in der Regel als Kreise eingetragen, wobei die Kreisgröße die Bedeutung, etwa das Marktvolumen ausdrückt.
Netzplantechnik	Mithilfe der Netzplantechnik will man die Planung überschaubar gestalten. Diese Technik ist in der Lage, ○ den zeitlichen Ablauf einzelner Planungsschritte und ganzer Pläne übersichtlich darzustellen ○ den sachlichen und zeitlichen Zusammenhang der einzelnen Planungsschritte und einzelnen Pläne im Gesamtzusammenhang der Planung zu verdeutlichen ○ die vorhandenen Reserven in Plänen darzustellen.
Normstrategien	Sie sind die aus einem Portfolio abgeleiteten Strategien, die eine noch grobe Stoßrichtung angeben.

Nutzwert-analyse	Die Nutzwertanalyse kann immer dann eingesetzt werden, wenn bei mehrfacher Zielsetzung mehrere Alternativen zu bewerten sind. Eine Nutzwertrechnung ermittelt den in Zahlen ausgedrückten subjektiven Wert von Aktionen im Hinblick auf die Zielvorgaben. Verschiedene Alternativen können durch Nutzenzuweisung miteinander verglichen werden. Kernpunkt der Nutzwertrechnung ist die Bestimmung der Bewertungskriterien; diese können sein: ○ wirtschaftliche Kriterien ○ rechtliche Kriterien ○ technische Kriterien ○ soziale Kriterien. Um den Nutzen der einzelnen Kriterien richtig einschätzen zu können, sind geeignete Bewertungsmaßstäbe zu suchen und anzuwenden. Geeignet sind ○ die nominale Skalierung ○ die kardinale Skalierung. ○ die ordinale Skalierung
Oberziele	Oberziele sind hierarchiebezogene Ziele. Die Planung von Oberzielen und Unterzielen führt zur Bildung einer Zielhierarchie. Der Entscheidungsprozess wird so gesteuert, dass die Oberziele stets im Vordergrund stehen und bei der Erfüllung der Unterziele immer im Blick behalten werden.
Operative Planung	Sie wird aus der strategischen Planung abgeleitet; sie trägt dazu bei, die geplanten Strategien zu realisieren. Die operative Planung ist detaillierter als die strategische Planung, die deren Vorgaben konkretisiert. Die zukünftigen Aktivitäten werden im Einzelnen durchdacht und auf ihre Auswirkungen hin überprüft.
Perspektiven	Perspektiven spielen bei der Balanced Scorecard eine entscheidende Rolle; sie sind Betrachtungsweisen des Unternehmens aus verschiedenen Sichten. Sie sollen dazu beitragen, dass sämtliche möglichen Aspekte berücksichtigt werden und ihre Verknüpfung eine ganzheitliche Betrachtung gewährleistet. Strategische Ziele, Maßgrößen und Maßnahmen werden jeweils einer Perspektive zugeordnet. Die Festlegung der Perspektiven geschieht unternehmensindividuell. Die vier klassischen von *Kaplan / Norton* vorgeschlagenen Perspektiven sind: ○ Finanzen ○ Prozesse ○ Kunden ○ Mitarbeiter.
PIMS-Projekt	Das PIMS-Projekt (Profit Impact of Market Strategies) erfasst eine Reihe erfolgsbeeinflussender Faktoren in amerikanischen, europäischen und deutschen Unternehmen und wertet sie aus. Das PIMS-Projekt verdeutlicht, dass der Erfolg der Strategischen Geschäftseinheiten von einer Reihe von Faktoren bestimmt wird. Die wichtigsten sind: ○ Marktattraktivität (Marktwachstum, Exportanteil, Konzentrationsgrad u. Ä.) ○ relative Wettbewerbsposition (absoluter und relativer Marktanteil, relative Produktqualität u. Ä.) ○ Investitionsattraktivität (z. B. Investitionsintensität, Wertschöpfung/Umsatz) ○ Kostenattraktivität (z. B. Marketingaufwand/Umsatz, F&E-Aufwand/Umsatz) ○ Allgemeine Unternehmensmerkmale (Unternehmensgröße, Diversifikationsgrad u. Ä.).

Plan	Der Plan ist das Objekt bzw. das Resultat der Planung.
Planperiode	Unter Planperiode versteht man den Planungszeitraum, die Zeitdauer, für die der Plan Geltung hat.
Planung	Planung ist der Entwurf einer Ordnung nach der sich das betriebliche Geschehen in Zukunft vollziehen soll. Sie ist das gedankliche, systematische Gestalten des zukünftigen Handelns. Es sind zu unterscheiden: ○ Planung nach dem hierarchischen Überordnungsverhältnis der Planstufen ○ Planung nach dem Bereich ○ Planung nach dem Integrationsgrad ○ Planung nach der Datensituation ○ Planung nach dem Inhalt ○ Planung nach dem Zeitraum.
Planungs-kalender	Im Planungskalender werden die zeitlichen Aktivitäten der Planung festgehalten. Er umfasst: ○ die zeitliche Reihenfolge der Aktivitäten ○ die Dauer der Aktivitäten ○ die Anfangs- und Endtermine.
Planungs-richtung	Darunter versteht man die Art der Zuordnung der Planprozesse zu den hierarchischen Ebenen. Es ergeben sich drei Möglichkeiten: ○ die retrograde oder top-down-Planung ○ die progressive oder bottom-up-Planung ○ die Planung nach dem Gegenstromverfahren.
Planungs-träger	Als Planungsträger werden die Personen und Instanzen, denen Planungsaufgaben zugeordnet werden, bezeichnet. Wer im Unternehmen als Planungsträger infrage kommt, hängt primär von der Planungsart und der organisatorischen Struktur des Unternehmens ab.
Portfolio-analyse	Die Portfolioanalyse wurde von der strategischen Planung vom Finanzbereich übernommen. Dort sind einzelne Gruppen von Anlagemöglichkeiten so zu kombinieren, dass der Gesamtgewinn maximiert und/oder das Risiko minimiert wird. Auch in der strategischen Planung steht bei der Portfolioanalyse ein Mix im Vordergrund. Die Strategischen Geschäftseinheiten eines Unternehmens sind so aufzubauen, zu erhalten und zu kombinieren, dass ein Mix, ein Portfolio, entsteht, das den Zielvorstellungen der Unternehmensleitung im Hinblick auf Gewinn, Umsatz, Deckungsbeiträge, ROI, Cash-Flow u. Ä. am besten entspricht.
Potenzial-analyse	Die Potenziale eine Unternehmens sind seine Stärken bzw. seine Ressourcen, die anzeigen, wo sich seine Kompetenzen befinden. Um sie zu erkennen, müssen sämtliche Funktionsbereiche des Unternehmens analysiert werden. Die Ergebnisse der Analyse werden in einer Dokumentation festgehalten.
Prämissen-kontrolle	Die Prämissenkontrolle überprüft die explizit gemachten Plannahmen laufend auf ihre Gültigkeit. Im Vordergrund der Überprüfung steht die Feststellung, ob die gegenwärtigen Erfolgspotenziale noch weitergelten.

	Es muss herausgefunden werden, ob die Entscheidungen zum Aufbau von Erfolgspotenzialen noch vertretbar sind.
Primärerhebung	Primärerhebung bedeutet die Gewinnung von Informationen an ihrem Ursprungsort. Sie wird auch als „field research" bezeichnet.
Produktent-wicklungs-strategie	Diese Strategie ist eine Produkt-Markt-Strategie und trifft die Aussage, dass neue Produkte für bestehende Märkte entwickelt werden.
Progressive Planung (bottom-up-Pla-nung)	Als progressive Planung wird die Zuordnung der Planprozesse zu den hie-rarchischen Ebenen „von unten nach oben" bezeichnet. Der Ausgangspunkt der Planung liegt auf den unteren hierarchischen Ebenen. Diese legen den Planungsinhalt auf der Basis der ihnen relevant erscheinenden Daten fest. Die unteren und mittleren Ebenen erstellen die Ziel- und Maßnahmenpläne, die von Ebene zu Ebene weiterentwickelt werden. Der Aggregationsgrad nimmt ständig zu und aus der operativen Planung entwickelt sich die strategische Planung, die Abteilungspläne wer-den zu Bereichsplänen, die schließlich zur gesamten Unternehmensplanung verknüpft werden.
Retrograde Planung (top-down-Planung)	Bei der retrograden Planung verläuft der Planungsweg „von oben nach unten". Die Zielvorstellungen und die ihnen entsprechenden Rahmendaten werden von der obersten Führungsebene ausgearbeitet und die entspre-chenden Bedingungen festgelegt. Die strategischen Ziel- und Maßnahmenpläne sind für die nachgeordneten Ebenen Fixdaten, die die Basis für ihre jeweiligen Maßnahmenplanungen darstellen.
Risikomanage-ment	Das Risikomanagement ist ein wichtiger Teil der Unternehmensführung. Sein Hauptziel ist die Sicherung der Existenz und des Erfolges eines Unterneh-mens. Der Risikomanagement-Prozess erstreckt sich auf alle Handlungen, die zum systematischen Umgang mit Risiken erforderlich sind.
Sekundär-erhebung	Die Sekundärerhebung stellt bereits vorhandene Informationen zusammen und wertet sie aus. Der auch verwendete Begriff „desk research" deutet darauf hin, dass die Datenerhebung am Schreibtisch erfolgt.
Single Sourcing	Single Sourcing bedeutet die Konzentration auf eine einzige Beschaffungs-quelle für eine bestimmte Materialart.
Spätindikatoren	Sie sind Ergebniszahlen, ihnen liegen Daten zu Grunde, die erst am Ende betriebswirtschaftlicher Prozesse ermittelt werden. Häufig entstammen sie dem Rechnungswesen. Beispiele sind ○ der Umsatz ○ der ROI ○ der Gewinn ○ der Marktanteil. ○ der Cash-Flow
Stabilisierungs-strategien	Setzt ein Unternehmen eine Stabilisierungsstrategie ein, verhält es sich abwartend, defensiv. Infrage kommen Stabilisierungsstrategien u. a. bei Erreichen der ange-strebten Marktposition, bei Marktsättigung und bei sich anbahnenden wirtschaftlichen oder politischen Entwicklungen, die noch nicht genau eingeschätzt werden können.

Stärken-Schwächen-Analyse	Die Stärken-Schwächen-Analyse untersucht und bewertet die Ressourcen eines Unternehmens. Sie überprüft die in der Gegenwart und Vergangenheit festgestellten Stärken und Schwächen auf ihre Ursachen. Sie begnügt sich nicht mit dem Gegenwarts- und Vergangenheitsbezug, sondern versucht einen Zukunftsbezug herzustellen. Da ein Unternehmen nicht isoliert auf dem Markt auftritt, werden die eigenen Stärken und Schwächen mit denen der bedeutendsten Konkurrenten verglichen. Die Analyseergebnisse werden in Tabellen oder in einer „Ranking-Skala" dargestellt.
Status-Quo-Strategie	Sie ist eine Marktverhaltens-Strategie. Nach Erreichen der angestrebten Marktposition expandiert man nicht weiter, sondern versucht das Eindringen von Konkurrenten zu verhindern.
Strategien	Strategien bringen zum Ausdruck, wie ein Unternehmen seine vorhandenen und potenziellen Stärken einsetzt. Sie deuten die Richtung an, in die sich ein Unternehmen entwickelt.
Strategische Erfolgsfaktoren	Sie sind die Faktoren, die den Erfolg eines Unternehmens oder einer Strategischen Geschäftseinheit beeinflussen. Die Erfolgsfaktoren befinden sich sowohl im Unternehmen selbst als auch außerhalb des Unternehmens und müssen ständig erkannt und nutzbar gemacht werden. Strategische Erfolgsfaktoren können sowohl ökonomische als auch vorökonomische Erfolgsgrößen sein, wie etwa der Bekanntheitsgrad, die Markentreue, der Wiedererkennungswert u. Ä. *(Becker)*.
Strategische Geschäftseinheiten (SGE)	SGE sind voneinander weitgehend unabhängige Tätigkeitsfelder des Unternehmens. Sie sind gekennzeichnet durch eine eigenständige Marktaufgabe, durch eine gegenüber anderen SGE klar abgrenzbare Produktgruppe und durch einen eindeutig bestimmbaren Kreis von Wettbewerbern.
Strategische Kontrolle	Die strategische Kontrolle ist ein Führungsinstrument, das die strategische Planung neben ihren Ergebnissen im Hinblick auf ihre Prämissen und Prozesse überprüft. Sie schließt nicht an den Planungsprozess an, sondern ist durch ihre planungsbegleitenden Aufgaben charakterisiert.
Strategische Maßnahmen	Strategische Maßnahmen stellen Operationen dar, die zur Durchführung der Strategien erforderlich sind. Sie konkretisieren die Strategien und füllen sie aus *(Kreikebaum)*. Strategische Maßnahmen dürfen nicht mit den alltäglichen Routinemaßnahmen verwechselt werden.
Strategischer Plan	Der strategische Plan drückt aus, wie das Unternehmen seine existierenden und erwarteten Stärken einsetzen will, um seine Unternehmensziele zu erreichen. Er umfasst die Gesamtheit der Strategien und strategischen Ziele des Unternehmens und den Weg ihres Zustandekommens. Er dient als: ○ Verbindlichkeitserklärung der Strategien ○ Publikation für die Betroffenen im Unternehmen ○ Nachweis des Planungsprozesses ○ Koordinierungsinstrument für die Unternehmensleitung.
Strategische Überwachung	Die strategische Überwachung ist ein Baustein des strategischen Kontrollsystems. Sie ist eine „globale, ungerichtete Kontrolle", eine umfassende Rundumkontrolle. Kritische Ereignisse, die den Bestand des Unternehmens gefährden können und die bisher übersehen oder nicht richtig eingeschätzt wurden, sollen mithilfe der strategischen Überwachung möglichst früh erkannt werden.

SWOT-Analyse	Die SWOT-Analyse ist eine Kombination von Analyseinstrumenten. Die Übersetzung aus dem Englischen lautet: **S**trengths = Stärken **W**eakness = Schwächen **O**pportunities = Chancen **T**reats = Risiken. Die Analyse stellt den Stärken und Schwächen des Unternehmens die Chancen und Risiken gegenüber und erarbeitet als Konsequenz daraus die strategische Stoßrichtung.
Szenario-Technik	Die Szenario-Technik ist ein Instrument, das vorwiegend in der langfristigen Planung eingesetzt und häufig bei der Ziel- und Strategiefindung verwendet wird. Diese Technik versucht ausgehend von der gegenwärtigen Unternehmenssituation alle erwägbaren Entwicklungen zu erfassen. Aus der Analyse des gesamten Untersuchungsfeldes werden zukünftige Situationen abgeleitet.
Taktische Planung	Die taktische Planung erfolgt auf der untersten hierarchischen Planungsstufe durch die Leitungen der Funktionsbereiche. Sie legt die Aktionsprogramme bzw. Teilaktionen der einzelnen Funktionsbereiche wie Absatz, Fertigung, Finanzierung usw. im Monatsmaßstab fest. Die betriebswirtschaftliche Literatur sieht die operative und die taktische Planung nicht einheitlich. Einige Autoren sehen die operative Planung auf der letzten hierarchischen Ebene angesiedelt, andere vernachlässigen die taktische Planung und gehen nur von der strategischen Planung und der operativen Planung aus.
Unternehmens-analyse	Sie gibt Aufschlüsse über die Leistungsfähigkeit des Unternehmens, sein Potenzial, seine Stärken und Schwächen. Sie erstreckt sich im Wesentlichen auf folgende Einzelanalysen: ○ Potenzialanalyse ○ Lückenanalyse ○ Stärken-Schwächenanalyse ○ Portfolio-Analyse ○ Chancen-Risiken-Analyse ○ Kennzahlenanalyse.
Unternehmens-grundsätze	Die Unternehmensgrundsätze konkretisieren die noch recht abstrakte Unternehmenskultur und Unternehmensphilosophie. Sie bedeuten die Gesamtheit der Grundprinzipien, auf denen die Maßnahmen zur Erreichung der Unternehmensziele basieren.
Unternehmens-kultur	Die Unternehmenskultur ist die unverwechselbare Persönlichkeit des Unternehmens. Sie hat Auswirkungen auf die wesentlichen Entscheidungen des Unternehmens. Die Unternehmenskultur wird von der Geschichte des Unternehmens und den jeweils dominierenden Umwelteinflüssen bestimmt und in erster Linie von den Führungspersönlichkeiten und ihren externen Beratern gestaltet.
Unterziele	Sie sind in einer Zielhierarchie die den Oberzielen untergeordneten Ziele (s. Oberziele).
Ursache-Wirkungs-Bezie-hungen	Der Aufbau von Ursache-Wirkungsbeziehungen ist in gut geleiteten Unternehmen eine Selbstverständlichkeit. Diese Beziehungen sind gleichzeitig ein wichtiges Merkmal der Balanced Scorecard. Die Ereignisse im Unternehmen

	und seiner Umwelt werden in ihrer Abhängigkeit voneinander und ihren Wirkungen zueinander gesehen. Die Darstellung von Ursache-Wirkungs-Beziehungen durch Formulierung von „Wenn-Dann-Aussagen" wird als Ursache-Wirkungs-Kette bezeichnet.
Vier-Felder-Matrix	Die Vier-Felder-Matrix wird in der Portfolio-Technik verwendet. Die Achsen der Matrix enthalten die jeweiligen Messkriterien, die Felder die Strategischen Geschäftseinheiten, die in der Regel als Kreise eingetragen werden. Die Größe der Kreise drückt die Bedeutung der Strategischen Geschäftseinheiten aus. Die aus vier Feldern bestehende Matrix stellt die Grundform der Portfolio-Analyse dar.
Vision	Visionen sind die Wunschvorstellungen des Unternehmens, die manchmal noch vagen obersten Ziele. Sie sind der Ausdruck des Selbstbewusstseins des Unternehmens. Bei der Balanced Scorecard bilden sie den Ausgangspunkt, aus ihnen werden die Strategien abgeleitet.
Wachstums-strategien	Mithilfe der Wachstumsstrategien sollen die Wachstums- und Gewinnziele des Unternehmens erreicht werden. Nach *Ansoff* lässt sich dies mit den Produkt-Marktstrategien realisieren. Dabei handelt es sich um die ○ Marktdurchdringungsstrategie ○ Marktentwicklungsstrategie ○ Produktentwicklungsstrategie ○ Diversifikationsstrategie.
Wettbewerbs-matrix	Porter analysiert die Wettbewerbsposition eines Unternehmens innerhalb seiner Branche, die durch folgende Wettbewerbskräfte geprägt wird: ○ Konkurrenten ○ neue Konkurrenten ○ mächtige Abnehmer ○ Ersatzprodukte. ○ mächtige Lieferanten Eine starke Wettbewerbsposition des Unternehmens lässt sich nur aufbauen, wenn es Folgendes beachtet: ○ niedrige Kosten gegenüber der Konkurrenz ○ Differenzierung ○ Konzentration auf Marktsegmente, in denen Wettbewerbsvorteile aufgebaut werden können. Mit diesen Faktoren wird eine Matrix aufgebaut, die als Wettbewerbsmatrix bezeichnet wird. Sie hat folgendes Aussehen:

Strategischer Vorteil

Strategisches Zielobjekt		Singularität aus der Sicht des Käufers	Kostenvorsprung
	Branchenweit	Differenzierung	Umfassende Kostenführerschaft
	Beschränkung auf ein Segment	Konzentration auf Schwerpunkte	

Zeitreihen-analysen	Zeitreihenanalysen nehmen eine Analyse der Komponenten vor, die die Zeit-reihen bestimmen und führen darüber hinaus eine Extrapolation durch. Zu den Zeitreihenanalysen zählt man ○ die Technik des gleitenden Durchschnitts ○ die Freihandmethode (einfache Trendextrapolation) ○ die Trendextrapolation ○ die exponenzielle Glättung.
Zentrale Kon-trollbereiche	Analog zu den zentralen Planungsbereichen können Kontrollbereiche eingerichtet werden, denen die gesamten Kontrollfunktionen übertragen werden können.
Ziele	Ziele sind Absichtserklärungen der Leitungsfunktionen eines Unternehmens, sie peilen einen zukünftigen Zustand an.
Zielbeziehungen	Ziele stehen in der Regel miteinander in bestimmten Verbindungen, daraus ergeben sich: ○ konkurrierende Ziele, bei denen das Erreichen eines Zieles das Erreichen eines anderen Zieles verhindert oder wesentlich erschwert ○ komplementäre Ziele, deren Zielerreichung auch zum Erreichen eines anderen Zieles führt ○ indifferente Ziele, deren Zielerfüllung keine Auswirkungen auf die Er-füllung anderer Ziele hat.
Zielsysteme	Die Vielfalt der Ziele im Unternehmen ergibt eine Reihe von Kombina-tionsmöglichkeiten, die das Zielsystem des Unternehmens bilden. Die übergeordneten Unternehmensziele sind Globalziele, die spezifiziert und den Funktionsbereichen als Subziele vorgegeben werden. Die noch groben Unternehmensziele werden dabei immer mehr verfeinert.

Literaturverzeichnis

A. Grundlagen

Becker, J., Marketing-Konzeption, 7. Auflage, München 2002

Bramsemann, R., Handbuch Controlling, Methoden und Techniken, 3. Auflage, München/Wien 1993

Bussiek, J., Anwendungsorientierte Betriebswirtschaftslehre für Klein- und Mittelunternehmen, 2. Auflage, München/Wien 1996

Diller, H. (Hrsg.), Marktingplanung, 2. Auflage, München 1998

Ehrmann, H., Unternehmensplanung, 5. Auflage, Ludwigshafen/Rhein 2006

Ehrmann, H., Logistik, 5. Auflage, Ludwigshafen/Rhein 2005

Hammer, R. M., Unternehmensplanung, 7. Auflage, München 1998

Koch, H., Aufbau der Unternehmensplanung, Wiesbaden 1977

Koch, H., Integrierte Unternehmensplanung, Wiesbaden 1982

Kreikebaum, H., Strategische Unternehmensplanung, 6. Auflage, Stuttgart 1997

Olfert, K./Rahn, H.-J., Lexikon der Betriebswirtschaftslehre, 5. Auflage, Ludwigshafen/Rhein 2004

Zerres, M. P., Unternehmensführung, in: Pepels, W. (Hrsg.), Betriebswirtschaftslehre als Nebenfach, Stuttgart 1999

B. Ausgangspunkte der strategischen Planung

Becker, J., Marketing-Konzeption, 7. Auflage, München 2002

Ehrmann, H., Unternehmensplanung, 5. Auflage, Ludwigshafen/Rhein 2006

Ehrmann, H., Kompakt-Training Balanced Scorecard, 3. Auflage, Ludwigshafen/Rhein 2003

Ehrmann, H., Marketing-Controlling, 4. Auflage, Ludwigshafen/Rhein 2004

Ehrmann, H., Kompakt-Training Risikomanagement. Rating - Basel II, Ludwigshafen/Rhein 2005

Ehrmann, H., Logistik, 5. Auflage, Ludwigshafen/Rhein 2005

Gaul, W./Both, M., Computergestütztes Marketing, Berlin u. a. 1990

Hammer, R. M., Unternehmensplanung, 7. Auflage, München 1998

Heinzelbecker, K., Marketing-Informationssysteme, Stuttgart/Berlin/Köln/Mainz 1985

Kiener, J., Marketing-Controlling, Darmstadt 1980

Korndörfer, W., Unternehmensführungslehre. Einführung, Entscheidungslogik, Soziale Komponenten im Entscheidungsprozess, 9. Auflage, Wiesbaden 1999

Kotler, Ph., Marketing-Management, 11. völlig neu bearbeitete Auflage in deutscher Übersetzung, Stuttgart 2002

Kotler, Ph./Bliemel, F., Marketing-Management. Analyse, Planung, Umsetzung und Steuerung, 9. Auflage, Stuttgart 1999

Kreikebaum, H., Strategische Unternehmensplanung, 6. Auflage, Stuttgart 1997

Meffert, H., Marketing, 9. Auflage, Wiesbaden 2000

Meffert, H., Marketing-Management, Wiesbaden 2005

Mulder, W./Weis, H. C., Computerintegriertes Marketing, Ludwigshafen/Rhein 1996

Nieschlag R./Dichtl, E./Hörschgen H., Marketing, 19. Auflage, Berlin 2002

Olfert, K./Pischulti, H., Kompakt-Training Unternehmensführung, 3. Auflage, Ludwigshafen/Rhein 2004

Olfert, K./Rahn, H.-J., Lexikon der Betriebswirtschaftslehre, 5. Auflage, Ludwigshafen/Rhein 2004

Olfert, K./Rahn, H.-J., Einführung in die Betriebswirtschaftslehre, 8. Auflage, Ludwigshafen/Rhein 2005

v. Reibnitz, U., So können Sie die Szenario-Technik nutzen, in: Marketing-Journal, 14. Jg. (1981) Nr. 1, S. 37-41

Wassmer, C., Data Warehouse-Integration unternehmensweiter Informationen, in: Thexis 47 1997, S. 41-44

Weis, H. C., Marketing, 13. Auflage, Ludwigshafen/Rhein 2004

Ziegenbein, K., Controlling, 8. Auflage, Ludwigshafen/Rhein 2004

C. Analyse von Umwelt und Unternehmen

Ansoff, H. J., Management Strategie, München 1966

Ansoff, H. J., Strategic Management, London 1979

Bea, F. X./Haas, J., Strategisches Management, 4. Auflage, Stuttgart/Jena 2005

Becker, J., Marketing-Konzeption, 7. Auflage, München 2002

Bramsemann, R., Handbuch Controlling, Methoden und Techniken, 3. Auflage, München/Wien 1993

Ehrmann, H., Unternehmensplanung, 5. Auflage, Ludwigshafen/Rhein 2006

Ehrmann, H., Marketing-Controlling, 4. Auflage, Ludwigshafen/Rhein 2004

Ehrmann, H., Logistik, 5. Auflage, Ludwigshafen/Rhein 2005

Hammer, R. M., Unternehmensplanung, 7. Auflage, München 1998

Hinterhuber, H. H., Strategische Unternehmensführung, 4. Auflage, Berlin/New York 1992

Hinterhuber, H. H., Strategische Unternehmensführung, 6. Auflage, Berlin/New York 2000

Horváth & Partner, Balanced Scorecard umsetzen, 2. Auflage, Stuttgart 2001

Jenner, Th., Controlling strategischer Erfolgspotenziale unter besonderer Berücksichtigung realer Optionen, in: Reinecke, S./Tomczak, T./Geis, G. (Hrsg.), Handbuch Marketingcontrolling: Marketing als Motor von Wachstum und Erfolg, Frankfurt/Wien 2003

Kiener, J., Marketing-Controlling, Darmstadt 1980

Krajlic, P., Versorgungsmanagement statt Einkauf, in: Harvard Manager, H. 1, 1985, S. 6-14

Kreikebaum, H., Strategische Unternehmensplanung, 6. Auflage, Stuttgart 1997

Kühn, R./Fasnacht, R., Strategische Frühwarnung als Aufgabe des Marketingcontrolling, in: Reinecke, S./Tomczak, T./Geis, G. (Hrsg.), Handbuch Marketingcontrolling: Marketing als Motor von Wachstum und Erfolg, Frankfurt/Wien 2003

Mayr, A., Insolvenzursachenforschung und -prophylaxe unter besonderer Berücksichtigung der Früherkennungsproblematik, in: Feldbauer-Durstmüller, B./Schlager, J. (Hrsg.), Krisenmanagement - Sanierung - Insolvenz, 2. Auflage, Wien 2002

Nieschlag R./Dichtl, E./Hörschgen H., Marketing, 19. Auflage, Berlin 2002

Porter, M. E., Wettbewerbsstrategie, 10. Auflage, Frankfurt/New York 1999

Rahn, H. J., Unternehmensführung, 6. Auflage, Ludwigshafen/Rhein 2005

Rogge, H.-J., Marktforschung, 2. Auflage, München/Wien 1992

Weis, H. C., Marketing, 13. Auflage, Ludwigshafen/Rhein 2004

Weis, H. C./Steinmetz, R., Marktforschung, 6. Auflage, Ludwigshafen/Rhein 2005

D. Entwicklung der Strategien

Ansoff, H. J., Management Strategie, München 1966

Ansoff, H. J., Strategic Management, London 1979

Bea, F. X./Haas, J., Strategisches Management, 4. Auflage, Stuttgart/Jena 2005

Däumler, K.-D./Grabbe, J., Kostenrechnung, Bd. 2: Deckungsbeitragsrechnung, 7. Auflage, Herne/Berlin 2002

Diller, H., Marketingplanung, München 1980

Diller, H., Marketingplanung, 2. Auflage, München 1998

Ehrmann, H., Unternehmensplanung, 5. Auflage, Ludwigshafen/Rhein 2006

Ehrmann, H., Marketing-Controlling, 4. Auflage, Ludwigshafen/Rhein 2004

Ehrmann, H., Kompakt-Training Balanced Scorecard, 3. Auflage, Ludwigshafen/Rhein 2003

Ehrmann, H., Logistik, 5. Auflage, Ludwigshafen/Rhein 2005

Hammer, R. M., Unternehmensplanung, 7. Auflage, München 1998

Horváth & Partner, Balanced Scorecard umsetzen, 2. Auflage, Stuttgart 2001

Kreikebaum, H., Strategische Unternehmensplanung, 6. Auflage, Stuttgart 1997

Nieschlag R./Dichtl, E./Hörschgen H., Marketing, 19. Auflage, Berlin 2002

Olfert, K., Personalwirtschaft, 12. Auflage, Ludwigshafen/Rhein 2006

Olfert, K./Pischulti, H., Kompakt-Training Unternehmensführung, 3. Auflage, Ludwigshafen/Rhein 2004

Olfert, K./Rahn, H.-J., Lexikon der Betriebswirtschaftslehre, 5. Auflage, Ludwigshafen/Rhein 2004

Olfert, K./Rahn, H.-J., Einführung in die Betriebswirtschaftslehre, 8. Auflage, Ludwigshafen/Rhein 2005

Olfert, K./Reichel, Ch., Finanzierung, 13. Auflage, Ludwigshafen/Rhein 2005

Rahn, H.-J., Unternehmensführung, 6. Auflage, Ludwigshafen/Rhein 2005

Schröder, E., Modernes Unternehmens-Controlling, 8. Auflage, Ludwigshafen/Rhein 2003

Stahr, G., Internationales Marketing, 4. Auflage, Ludwigshafen/Rhein 2001

Thissen, S., Strategisches Desinvestitionsmanagement: Entwicklung eines Instrumentariums zur Bewertung ausgewählter Desinvestitionsformen, Frankfurt/Main 2000

Weber, J./Kummer, S., Logistik-Management, Führungsaufgaben zur Umsetzung des Flußprinzips im Unternehmen, 2. Auflage, Stuttgart 1998

Weis, H. C., Marketing, 13. Auflage, Ludwigshafen/Rhein 2004

Wild, J., Grundlagen der Unternehmensplanung, Reinbek bei Hamburg 1974

Ziegenbein, K., Controlling, 8. Auflage, Ludwigshafen/Rhein 2004

E. Realisierung der Strategien (Implementierung)

Bea, F. X./Haas, J., Strategisches Management, 4. Auflage, Stuttgart/Jena 2005

Ehrmann, H., Kompakt-Training Balanced Scorecard, 3. Auflage, Ludwigshafen/Rhein 2003

Ehrmann, H., Kompakt-Training Risikomanagement. Rating - Basel II, Ludwigshafen/Rhein 2005

Eschenbach, R./Haddad, T. (Hrsg.), Die Balanced Scorecard. Führungsinstrument im Handel. Rin Handbuch für den Praxiseinsatz, Wien 1999

Friedag, H. R./Schmidt, W., Balanced Scorecard – Mehr als ein Kennzahlensystem, 4. Auflage, Freiburg i. Br. 2002

Friedag, H. R./Schmidt, W., My Balanced Scorecard, 3. Auflage, Freiburg i. Br. 2004

Friedl, B., Controlling, Stuttgart 2003

Gählweiler, A./Schwaninger, M., Unternehmensplanung - Grundlagen und Praxis, Frankfurt a. M./New York 1986

Hammer, R. M., Unternehmensplanung, 7. Auflage, München 1998

Hinterhuber, H. H., Strategische Unternehmensführung, Bd. 1, 7. Auflage, Berlin2004

Hinterhuber, H. H., Strategische Unternehmensführung, Bd. 2, 7. Auflage, Berlin 2004

Horváth & Partner, Balanced Scorecard umsetzen, 2. Auflage, Stuttgart 2001

Horváth, P. u. a., Balanced Scorecard – Unternehmen erfolgreich steuern. Die Scorecard verstehen – Die Scorecard optimieren, Hamburg 2004

Kaplan, R. S./Norton, D. P., Balanced Scorecard. Strategien erfolgreich umsetzen, aus dem Amerikanischen von Horváth, P. u. a., Stuttgart 1997

Kumpf, A., Balanced Scorecard in der Praxis, Landsberg/Lech 2001

Olfert, K., Organisation, 14. Auflage, Ludwigshafen/Rhein 2006

Probst, H.-J., Balanced Scorecard leicht gemacht, Wien/Frankfurt 2001

Völker, R./Appun, Th., Die Kundenperspektive bei der Balanced Scorecard – Umsetzung in einer Daimler-Chrysler-Niederlassung, in: Reinecke, S./Tomczak, T./Geis, G. (Hrsg.), Handbuch Marketingcontrolling: Marketing als Motor von Wachstum und Erfolg, Frankfurt/Wien 2003

Weber, J./Schäffer, U., Balanced Scorecard & Controlling, 3. Auflage, Wiesbaden 2001

F. Strategische Kontrolle

Bea, F. X./Haas, J., Strategisches Management, Stuttgart/Jena 1995

Bea, F. X./Haas, J., Strategisches Management, 4. Auflage, Stuttgart/Jena 2005

Bea, F. X./Scheurer, S., Die Kontrollfunktion des Aufsichtsrats, in: Der Betrieb 47. Jg. (1994), S. 21-46

Böcker, F., Ganzheitliche Marketing-Kontrolle, in: Wirtschaftswissenschaftliches Studium, Nr. 3/1991, S. 106-113

Ehrmann, H., Unternehmensplanung, 5. Auflage, Ludwigshafen/Rhein 2006

Ehrmann, H., Marketing-Controlling, 4. Auflage, Ludwigshafen/Rhein 2004

Ehrmann, H., Kompakt-Training Risikomanagement. Rating - Basel II, Ludwigshafen/Rhein 2005

Grof, E., Risikomangagement, in: Feldbauer-Durstmüller, B./Schlager, J. (Hrsg.), Krisenmanagement - Sanierung - Insolvenz, 2. Auflage, Wien 2002

Hahn, D., Risiko-Management. Stand und Entwicklungstendenzen, in: zfo 3/1987, S. 137-150

Hasselberg, F., Strategische Kontrolle im Rahmen strategischer Unternehmensführung, Frankfurt/Main u. a. 1989

Helten, R., Risk-Management und Versicherung, Karlsruhe 1978

Jenner, Th., Controlling strategischer Erfolgspotenziale unter besonderer Berücksichtigung realer Optionen, in: Reinecke, S./Tomczak, T./Geis, G. (Hrsg.), Handbuch Marketingcontrolling: Marketing als Motor von Wachstum und Erfolg, Frankfurt/Wien 2003

Kreikebaum, H., Strategische Unternehmensplanung, 6. Auflage, Stuttgart 1997

Schreyögg, G./Steinmann, H., Strategische Kontrolle, in: Zeitschrift für betriebswirtschaftliche Forschung, 37. Jg. (1985), S. 394-410

Schreyögg, G./Steinmann, H., Zur organisatorischen Umsetzung der strategischen Kontrolle, in: Zeitschrift für betriebswirtschaftliche Forschung, 38. Jg. (1986), S. 747-764

Wild, J., Grundlagen der Unternehmensplanung, Reinbek bei Hamburg 1974

Stichwortverzeichnis